高等职业教育校企合作系列教材·大数据技术与应用专业

大数据平台搭建与配置管理

主　编◎邓建萍
副主编◎周　锋

中国铁道出版社有限公司
CHINA RAILWAY PUBLISHING HOUSE CO., LTD.

内 容 简 介

"大数据平台搭建与配置管理"课程是大数据技术与应用专业的必修核心课程。本书重点培养读者深入认识和使用 Hadoop 平台,学习并掌握 Hadoop 大数据平台的搭建与配置管理,并利用 Hadoop 知识处理和解决实际问题的能力。主要内容为 Hadoop 安装与配置、分布式文件系统 HDFS、分布式编程框架 MapReduce、分布式服务框架 Zookeeper、数据仓库 Hive、分布式数据库 HBase、流式数据处理框架 Storm。本书具有较强的实用性和可操作性,通俗易懂,操作步骤描述详尽,并配有微课视频。

本书适合作为高等职业院校大数据技术与应用、软件技术、云计算技术与应用等专业大数据相关课程的教材,也可作为从事大数据相关工作人员的参考用书,还可供有 Java 编程基础的读者参考学习。

图书在版编目(CIP)数据

大数据平台搭建与配置管理/邓建萍主编. —北京:中国铁道出版社有限公司,2020.8(2021.8 重印)
高等职业教育校企合作系列教材. 大数据技术与应用专业
ISBN 978-7-113-27135-0

Ⅰ.①大… Ⅱ.①邓… Ⅲ.①数据处理-高等职业教育-教材
Ⅳ.①TP274

中国版本图书馆 CIP 数据核字(2020)第 144507 号

书　　名:大数据平台搭建与配置管理
作　　者:邓建萍

策　　划:翟玉峰　　**编辑部电话:**(010)83517321
责任编辑:翟玉峰　包　宁
封面设计:郑春鹏
封面制作:刘　莎
责任校对:张玉华
责任印制:樊启鹏

出版发行:中国铁道出版社有限公司(100054,北京市西城区右安门西街 8 号)
网　　址:http://www.tdpress.com/51eds/
印　　刷:三河市兴达印务有限公司
版　　次:2020 年 8 月第 1 版　2021 年 8 月第 2 次印刷
开　　本:787 mm×1 092 mm 1/16　**印张:**14　**字数:**331 千
书　　号:ISBN 978-7-113-27135-0
定　　价:42.00 元

前言

随着计算机技术的进步和发展，人类社会产生的数据正呈爆炸式增长。数据是人类社会重要的战略资源，大数据是“未来的新石油”，大数据对未来的科技与经济发展将带来重大影响，一个国家拥有数据的规模和运用数据的能力将成为综合国力的重要组成部分，对数据的占有和控制也将成为国家和企业间争夺的焦点。大数据如此重要，但大数据人才却十分短缺，据统计，截至2018年美国大数据分析人才缺口是19万人，中国作为全球第二大经济体，拥有的数据占全球总量的13%，增长速度保持在50%左右，明显高于全球的增长速度。如此巨大的市场，大数据处理技术人才必将供不应求，未来几年我国将需要十几万大数据相关人才。

“大数据平台搭建与配置管理”课程是大数据技术与应用专业的必修核心课程，基于能力本位教育理念设计，以学生为中心，强调参与式、互动式的主动学习过程。本书基于学生能力的发展，旨在培养学生深入认识和使用Hadoop平台，掌握Hadoop大数据平台的搭建与配置管理，并利用Hadoop知识处理和解决实际问题。

本教材的参考学时为114学时，建议采用理论实践一体化教学模式，各项目的参考学时见表1。

表1　学时分配表

单　　元	学　　时
单元1　Hadoop安装与配置	12
单元2　分布式文件系统HDFS	18
单元3　分布式编程框架MapReduce	24
单元4　分布式服务框架Zookeeper	12
单元5　数据仓库Hive	18
单元6　分布式数据库HBase	18
单元7　流式数据处理框架Storm	12
课时总计	114

本书由邓建萍任主编，并负责编写单元1～单元4；周锋任副主编，并负责编写单元5、单元6；蔡斐负责编写单元7和教材中所有代码部分的检查测试工作。

本书配套的资源包、运行脚本、电子教案等可登录http://www.1daoyun.com下载。

大数据技术发展日新月异，笔者在撰写本书过程中，参考了大量国内外的教材、博客、专著、论文和资料，对大数据知识进行了系统的梳理，但限于时间和水平，书中疏漏和不足之处在所难免，殷切希望广大读者批评指正。

编　者

2020 年 6 月

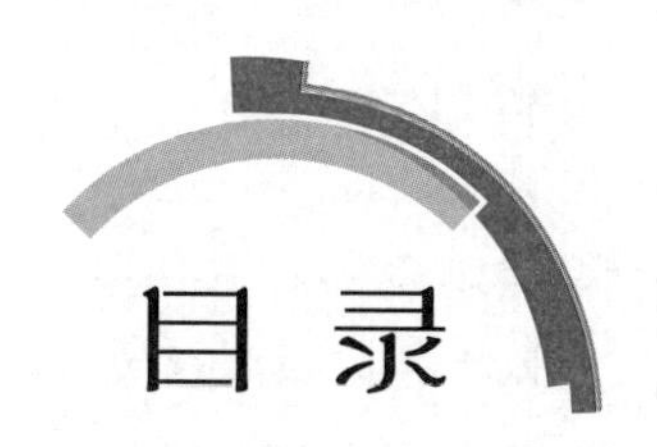

目录

单元 1 Hadoop安装与配置

单元描述

Hadoop 是一个开源的、可运行于大规模集群上的分布式计算平台，它实现了 MapReduce 计算模型和分布式文件系统 HDFS 等功能，在业内得到了广泛应用，同时也成为大数据的代名词。借助 Hadoop，程序员可以轻松地编写分布式并行程序，将其运行于计算机集群上，完成海量数据的存储与处理分析。因此，本单元将介绍 Hadoop 安装与配置，通过对安装 Linux 虚拟环境、使用 Linux 基础操作命令、安装 Java 以及安装 Hadoop 单节点和集群的讲解，使读者掌握 Linux 虚拟环境的安装、Linux 基本操作命令的使用以及如何在 Linux 系统下安装和配置 Hadoop 的知识点和技能点。

学习目标

【知识目标】

(1)了解 Linux 系统和开源协议。

(2)了解 Linux 文件、目录、用户和用户组管理。

(3)了解 Linux Shell。

(4)了解 Java 与 Hadoop 的关系。

(5)了解什么是 Hadoop，理解 Hadoop 系统架构。

【能力目标】

(1)掌握安装 Linux 操作系统。

(2)掌握 Linux 基本命令练习。

(3)掌握 Java 安装与环境变量的配置。

(4)掌握 Hadoop 单节点安装。

(5)掌握 Hadoop 集群安装。

视　频

安装Linux
虚拟环境

任务 1.1　安装 Linux 虚拟环境

任务描述

本任务需要读者对 Linux 系统介绍和开源协议有一定的了解，并独立完成 Linux 虚拟环境的安装与配置。

知识学习

1. Linux 系统介绍

1)操作系统简述

Linux 是众多操作系统之一,要想了解什么是 Linux,首先要了解一下什么是操作系统。

计算机是一台机器,它按照用户的要求接收信息、存储数据、处理数据,然后再将处理结果输出(文字、图片、音频、视频等),如图 1-1-1 所示。计算机由硬件和软件组成。硬件是计算机赖以工作的实体,包括显示器、键盘、鼠标、硬盘、CPU、主板等;软件会按照用户的要求协调整台计算机的工作,比如 Windows、Linux、Mac OS、Android 等操作系统,以及 Office、QQ、迅雷、微信等应用程序。

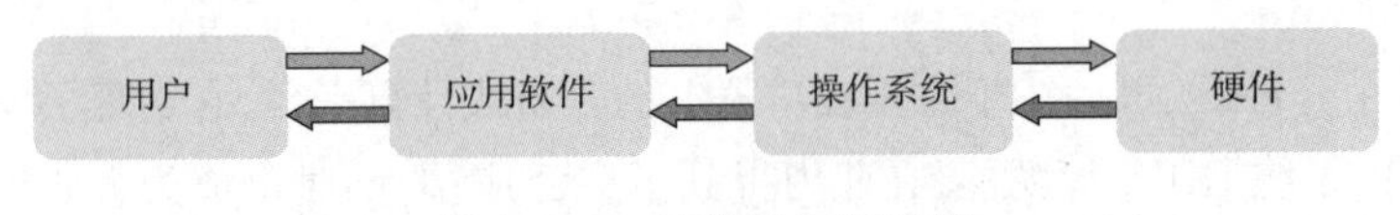

图 1-1-1　计算机工作流程

操作系统(Operating System,OS)是软件的一部分,它是硬件基础上的第一层软件,是硬件和其他软件沟通的桥梁(或者说接口、中间人、中介等)。

操作系统会控制其他程序运行,管理系统资源,提供最基本的计算功能,如管理及配置内存、决定系统资源供需的优先次序等,同时还提供一些基本的服务程序,例如:

①文件系统:提供计算机存储信息的结构,信息存储在文件中,文件主要存储在计算机的内部硬盘中,在目录的分层结构中组织文件。文件系统为操作系统提供了组织管理数据的方式。

②用户接口:操作系统需要为用户提供一种运行程序和访问文件系统的方法。如常用的 Windows 图形界面,可以理解为一种用户与操作系统交互的方式;智能手机的 Android 或 iOS 系统,也是一种操作系统的交互方式。

③设备驱动程序:提供连接计算机的每个硬件设备的接口,设备驱动器使程序能够写入设备,而不需要了解执行每个硬件的细节。

④系统服务程序:当计算机启动时,会自启动许多系统服务程序,执行安装文件系统、启动网络服务、运行预定任务等操作。

目前流行的服务器和 PC 端操作系统有 Linux、Windows、UNIX 等,手机操作系统有 Android、iOS、Windows Phone(简称 WP),嵌入式操作系统有 Windows CE、PalmOS、eCos、uClinux 等。

2)Linux 和 UNIX 的关系

Linux 与 UNIX 之间的关系是一个很有意思的话题。在目前主流的服务器端操作系统中,UNIX 诞生于 20 世纪 60 年代末,Windows 诞生于 20 世纪 80 年代中期,Linux 诞生于 20 世纪 90 年代初,可以说 UNIX 是操作系统中的“老大”,后来的 Windows 和 Linux 都参考了 UNIX。

(1)UNIX 的历史

UNIX 操作系统由肯·汤普森(Ken Thompson)和丹尼斯·里奇(Dennis Ritchie)发明(见图 1-1-2)。它的部分技术来源可追溯到从 1965 年开始的 Multics 工程计划,该计划由贝尔实验室、美国麻省理工学院和通用电气公司联合发起,目标是开发一种交互式的、具有多道程序处理能力的分时操作系统[分时操作系统使一台计算机可以同时为多个用户服务,连接计算机的终端用户交互式发出命令,操作系统采用时间片轮转的方式处理用户的服务请求并在终端上显示结果(操作系统将CPU的时间划分成若干个片段,称为时间片)。操作系统以时间片为单位,轮流为每个终端用户服务,每次服务一个时间片],以取代当时广泛使用的批处理操作系统。

图1-1-2 肯·汤普森和丹尼斯·里奇

可惜,由于Multics工程计划所追求的目标太庞大、太复杂,以至于它的开发人员都不知道要做成什么样子,最终以失败收场。以肯·汤普森为首的贝尔实验室研究人员吸取了Multics工程计划失败的经验教训,于1969年实现了一种分时操作系统的雏形,1970年该系统正式取名为UNIX。想一下英文中的前缀Multi和Uni,就明白了UNIX的隐意。Multi是大的意思,大而且繁;而Uni是小的意思,小而且巧。这是UNIX开发者的设计初衷,这个理念一直影响至今。

有意思的是,肯·汤普森当年开发UNIX的初衷是运行他编写的一款计算机游戏Space Travel,这款游戏模拟太阳系天体运动,由玩家驾驶飞船,观赏景色并尝试在各种行星和月亮上登陆。他先后在多个系统上试验,但运行效果不甚理想,于是决定自己开发操作系统,就这样,UNIX诞生了。自1970年后,UNIX系统在贝尔实验室内部的程序员之间逐渐流行起来。1971—1972年,肯·汤普森的同事丹尼斯·里奇发明了C语言,这是一种适合编写系统软件的高级语言,它的诞生是UNIX系统发展过程中的一个重要里程碑,它宣告了在操作系统的开发中,汇编语言不再是主宰。

到了1973年,UNIX系统的绝大部分源代码都用C语言进行了重写,这为提高UNIX系统的可移植性打下了基础(之前操作系统多采用汇编语言,对硬件依赖性强),也为提高系统软件的开发效率创造了条件。可以说,UNIX系统与C语言是一对孪生兄弟,具有密不可分的关系。20世纪70年代初,计算机界还有一项伟大的发明——TCP/IP协议,这是当年美国国防部接手ARPAnet后所开发的网络协议。美国国防部把TCP/IP协议与UNIX系统、C语言捆绑在一起,由AT&T发行给美国各个大学非商业的许可证,这为UNIX系统、C语言、TCP/IP协议的发展拉开了序幕,它们分别在操作系统、编程语言、网络协议这三个领域影响至今。肯·汤普森和丹尼斯·里奇因在计算机领域做出的杰出贡献,于1983年获得了计算机科学的最高奖——图灵奖。

随后出现了各种版本的UNIX系统，目前常见的有Sun Solaris、FreeBSD（见图1-1-3）、IBM AIX、HP-UX等。

下面分别介绍Solaris和FreeBSD：

①Solaris：Solaris是UNIX系统的一个重要分支。Solaris除可以运行在SPARC CPU平台上外，还可以运行在x86 CPU平台上。在服务器市场上，Sun的硬件平台具有高可用性和高可靠性，是市场上处于支配地位的UNIX系统。对于难以接触到Sun SPARC架构计算机的用户来说，可以通过使用Solaris x86来体验世界知名大厂的商业UNIX风采。当然，Solaris x86也可以用于实际生产应用的服务器，在遵守Sun的有关许可条款的情况下，Solaris x86可以免费用于学习研究或商业应用。

图1-1-3　FreeBSD

②FreeBSD：FreeBSD源于美国加利福尼亚大学伯克利分校开发的UNIX版本，它由来自世界各地的志愿者开发和维护，为不同架构的计算机系统提供不同程度的支持。FreeBSD在BSD许可协议下发布，允许任何人在保留版权和许可协议信息的前提下随意使用和发行，并不限制将FreeBSD的代码在另一协议下发行，因此商业公司可以自由地将FreeBSD代码融入自己的产品中。苹果公司的OS X就是基于FreeBSD的操作系统。

FreeBSD与Linux的用户群有相当一部分是重合的，二者支持的硬件环境也比较一致，所采用的软件也比较类似。FreeBSD的最大特点就是稳定和高效，是作为服务器操作系统的不错选择；但其对硬件的支持没有Linux完备，所以并不适合作为桌面系统。

（2）Linux的历史

Linux内核最初是由李纳斯·托瓦兹（Linus Torvalds，见图1-1-4）在赫尔辛基大学读书时出于个人爱好而编写的，当时他觉得教学用的迷你版UNIX操作系统Minix太难用了，于是决定自己开发一个操作系统。第1版本于1991年9月发布，当时仅有10 000行代码。

李纳斯·托瓦兹没有保留Linux源代码的版权，公开了代码，并邀请他人一起完善Linux。与Windows及其他有专利权的操作系统不同，Linux开放源代码，任何人都可以免费使用它。

据估计，现在只有2%的Linux核心代码是由李纳斯·托瓦兹自己编写的，虽然他仍然拥有Linux内核（操作系统的核心部分），并且保留了选择新代码和需要合并的新方法的最终裁定权。现在人们所使用的Linux，其实是由李纳斯·托瓦兹和后来陆续加入的众多Linux爱好者共同开发完成的。

关于Linux Logo的由来是一个很有意思的话题，它是一只企鹅，如图1-1-5所示。

为什么选择企鹅，而不是选择狮子、老虎或者小白兔？有人说因为李纳斯·托瓦兹是芬兰人，所以选择企鹅，有人说因为其他动物图案都被用光了，李纳斯·托瓦兹只好选择企鹅。

但编者更愿意相信以下说法，企鹅是南极洲的标志性动物，根据国际公约，南极洲为全人类共同所有，不属于世界上的任何国家，任何国家都无权将南极洲纳入其版图。Linux选择企鹅图案作为Logo，其含义是——开放源代码的Linux为全人类共同所有，任何公司无权将其私有。

图 1-1-4　李纳斯·托瓦兹

图 1-1-5　Linux Logo

(3) UNIX 和 Linux 的区别

UNIX 和 Linux 不是兄弟的关系,"UNIX 是 Linux 的父亲"这个说法更恰当。Linux 与 UNIX 有很多共通之处,它们的主要区别如下:

①UNIX 系统大多是与硬件配套的,也就是说,大多数 UNIX 系统如 AIX、HP-UX 等是无法安装在 x86 服务器和个人计算机上的,而 Linux 则可以运行在多种硬件平台上。

②UNIX 是商业软件,而 Linux 是开源软件,是免费、公开源代码的。用户不用支付任何费用就可以获得它和它的源代码,并且可以根据自己的需要对其进行必要修改,无偿使用,无约束地继续传播;Linux 具有 UNIX 的全部功能,任何使用 UNIX 操作系统或想要学习 UNIX 操作系统的人都可以从 Linux 中获益。

(4) UNIX/Linux 系统结构

UNIX/Linux 系统可以粗略地抽象为 3 个层次(所谓粗略,就是不够细致、精准,但是便于初学者抓住重点理解),如图 1-1-6 所示。底层是 UNIX/Linux 操作系统,即系统内核(Kernel);中间层是 Shell 层,即命令解释层;高层则是应用层。

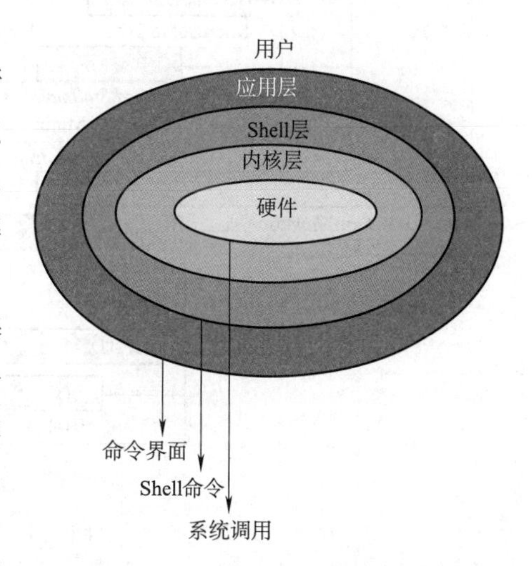

图 1-1-6　UNIX/Linux 系统结构层次

①内核层:内核层是 UNIX/Linux 系统的核心和基础,它直接附着在硬件平台之上,控制和管理系统内各种资源(硬件资源和软件资源),有效地组织进程的运行,从而扩展硬件的功能,提高资源的利用效率,为用户提供方便、高效、安全、可靠的应用环境。

②Shell 层:Shell 层是与用户直接交互的界面。用户可以在提示符下输入命令行,由 Shell 解释执行并输出相应结果或者有关信息,所以 Shell 又称命令解释器,利用系统提供的丰富命令可以快捷而简便地完成许多工作。

③应用层:应用层提供基于 X Window 协议的图形环境。X Window 协议定义了一个系统所必须具备的功能(就如同 TCP/IP 是一个协议,定义软件所应具备的功能),可系统能满足此协议及符合 X 协会其他的规范,便可称为 X Window。现在大多数 UNIX 系统上(包括 Solaris、HP-UX、

AIX 等)都可以运行 CDE(Common Desktop Environment,通用桌面环境,是运行于 UNIX 的商业桌面环境)的用户界面;而在 Linux 上广泛应用的有 Gnome、KDE 等。

3)类 UNIX 系统

类 UNIX 系统(UNIX-like)既包括各种传统的 UNIX 系统,比如 FreeBSD、OpenBSD、Sun Solaris 等,还包括与 UNIX 相似的系统,比如 Linux、QNX、Minix 等,它们都相当程度地继承了原始 UNIX 的特性,有很多相似之处,并且都在一定程度上遵守 POSIX 规范(UNIX 可移植接口规范)。类 UNIX 系统不都是免费的,有相当一部分是收费的,而且还比较昂贵。Linux 几乎是最著名的一个类 UNIX 系统,甚至有点"喧宾夺主",剥夺了原来属于 UNIX 的市场份额,但是 UNIX 也经历了时间的考验,其在操作系统发展历程中的地位是不可否认的。图 1-1-7 所示为类 UNIX 系统的发展史。

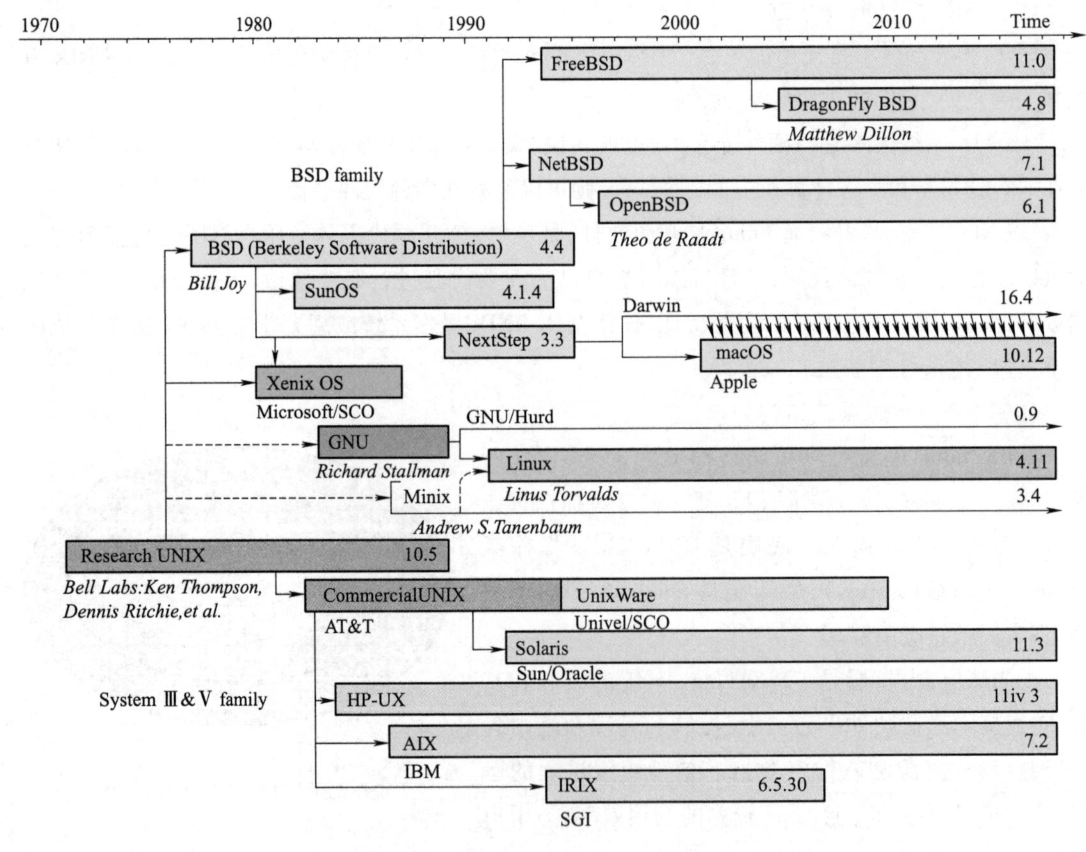

图 1-1-7 类 UNIX 系统发展史

4)Linux 的特点

①兼容大量软件。Linux 系统上有着大量的可用软件,且绝大多数是免费的,如 Apache、Samba、PHP、MySQL 等,构建成本低廉,是 Linux 被众多企业青睐的原因之一。当然,这和 Linux 出色的性能是分不开的,否则,节约成本就没有任何意义。

②良好的可移植性。Linux 系统具有良好的可移植性,它几乎支持所有的 CPU 平台,这使得它便于裁剪和定制。人们可以把 Linux 放在 U 盘、光盘等存储介质中,也可以在嵌入式领域广泛

应用。

③优良的安全性和稳定性。Linux 开放源代码,将所有代码放在网上,全世界的程序员都看得到,有什么缺陷和漏洞,很快就会被发现,从而成就了它的安全性和稳定性。

④支持所有网络协议。前面在 UNIX 发展史中已经介绍了,UNIX 系统是与 C 语言、TCP/IP 协议一同发展起来的,而 Linux 是 UNIX 的一种,C 语言又衍生出了现今主流的语言 PHP、Java、C ++ 等,而哪一个网络协议与 TCP/IP 无关呢? 所以,Linux 对网络协议和开发语言的支持很好。

5) Linux 发行版本

从技术上来说,李纳斯·托瓦兹开发的 Linux 只是一个内核。内核指一个提供设备驱动、文件系统、进程管理、网络通信等功能的系统软件,内核并不是一套完整的操作系统,它只是操作系统的核心。一些组织或厂商将 Linux 内核与各种软件和文档包装起来,并提供系统安装界面和系统配置、设定与管理工具,就构成了 Linux 的发行版本。

在 Linux 内核的发展过程中,各种 Linux 发行版本起了巨大的作用,正是它们推动了 Linux 的应用,从而让更多人开始关注 Linux。因此,把 Red Hat、Ubuntu、SUSE 等直接说成 Linux 其实是不确切的,它们是 Linux 的发行版本,更确切地说,应该叫作"以 Linux 为核心的操作系统软件包"。

Linux 的各个发行版本使用的是同一个 Linux 内核,因此在内核层不存在什么兼容性问题,每个版本有不一样的特点,只是在发行版本的最外层(由发行商整合开发的应用)才有所体现。

Linux 发行版本可分为两大类,分别是商业公司维护的发行版本,以著名的 Red Hat 为代表和社区组织维护的发行版本,以 Debian 为代表。

下面介绍几款常用的 Linux 发行版本:

(1) Red Hat Linux

Red Hat(红帽公司,Logo 见图 1-1-8)创建于 1993 年,是目前世界上资深的 Linux 厂商,也是最获认可的 Linux 品牌。Red Hat 公司的产品主要包括 RHEL(Red Hat Enterprise Linux,收费版本)和 CentOS(RHEL 的社区克隆版本,免费版本)、Fedora Core(由 Red Hat 桌面版发展而来,免费版本)。

本书以中国国内互联网公司常用的 Linux 发行版本 CentOS 为例讲解,它是基于 Red Hat Enterprise Linux 源代码重新编译、去除 Red Hat 商标的产物,各种操作使用和付费版本没有区别,且完全免费。

(2) Ubuntu Linux

Ubuntu(Logo 见图 1-1-9)基于知名的 Debian Linux 发展而来,界面友好,容易上手,对硬件的支持非常全面,是目前最适合做桌面系统的 Linux 发行版本,而且 Ubuntu 的所有发行版本都免费提供。

2. 开源协议介绍

1) 开源软件

Linux 是一款开源软件,人们可以随意浏览和修改它的源代码,学习 Linux,不得不谈到开源精神。Linux 本身就是开源精神的受益者,它几乎是全球最大的开源软件。简单来说,开源软件就是把软件程序与源代码文件一起打包提供给用户,用户既可以不受限制地使用该软件的全部功能,也可以根据自己的需求修改源代码,甚至编制成衍生产品再次发布出去。

图 1-1-8　Red Hat 的 Logo

图 1-1-9　Ubuntu 的 Logo

用户具有使用自由、修改自由、重新发布自由和创建衍生品自由，这正好符合了黑客和极客对自由的追求，因此开源软件在国内外都有着很高的人气，人们聚集在开源社区，共同推动开源软件的进步。表 1-1-1 和表 1-1-2 分别简述了开源软件的特点以及市面上典型的一些开源软件。

表 1-1-1　开源软件的特点

特点	说　明
低风险	使用闭源软件无疑是把命运交给他人，一旦封闭的源代码没有人来维护，用户将进退维谷；而且相较于商业软件公司，开源社区很少存在倒闭的问题
高品质	相较于闭源软件产品，开源项目通常是由开源社区来研发及维护的，参与编写、维护、测试的用户量众多，一般的 bug 还没有爆发就已经被修补
低成本	开源工作者都是在幕后默默且无偿地付出劳动成果，为美好的世界贡献一份力量，因此使用开源社区推动的软件项目可以节省大量的人力、物力和财力
更透明	没有用户会把木马、后门等放到开放的源代码中，这样无疑是把自己的罪行暴露在阳光之下

表 1-1-2　典型的开源软件

软件	说　明
Linux	Linux 是一款开源的操作系统，它的内核由多名极客共同维护。Linux 是开源软件的经典之作、代表之作、巅峰之作
Apache	世界使用排名第一的 Web 服务器软件
MySQL	世界上最流行的关系型数据库，适合中小型网站
Firefox	火狐浏览器。在 Chrome（谷歌浏览器）推出之前，Firefox 几乎是最快速的浏览器，直到现在也是 Web 开发人员的调试利器
OpenOffice	跨平台的办公软件套件，类似 Microsoft Office
GCC	C 语言/C ++ 编译器
Java、PHP、Python	开源的编程语言

2)开源协议

开源软件在追求"自由"的同时,不能牺牲程序员的利益,否则将会影响程序员的创造激情,因此世界上现在有60多种被开源促进组织(Open Source Initiative)认可的开源许可协议来保证开源工作者的权益。

开源协议虽然不一定具备法律效力,但是当涉及软件版权纠纷时,开源协议也是非常重要的证据之一。

对于准备编写一款开源软件的开发人员,也非常建议先了解一下当前最热门的开源许可协议,选择一个合适的开源许可协议来最大限度地保护自己的软件权益。

(1)Apache许可证版本(Apache License Version)协议

Apache和BSD类似,都适用于商业软件。Apache协议在为开发人员提供版权及专利许可的同时,允许用户拥有修改代码及再发布的自由。图1-1-10所示为Apache基金会Logo。

现在热门的Hadoop、Apache HTTP Server、MongoDB等项目都是基于该许可协议研发的,程序开发人员在开发遵循该协议的软件时,要严格遵守下面4个条件:

①该软件及其衍生品必须继续使用Apache许可协议。

②如果修改了程序源代码,需要在文档中进行声明。

③若软件是基于他人的源代码编写而成的,则需要保留原始代码的协议、商标、专利声明及其他原作者声明的内容信息。

④如果再发布的软件中有声明文件,则需在此文件中标注Apache许可协议及其他许可协议。

(2)GNU GPL(GNU General Public License,GNU通用公共许可证)

只要软件中包含了遵循GPL协议的产品或代码,该软件就必须也遵循GPL许可协议,也就是必须开源免费,不能闭源收费,因此这个协议并不适合商用软件。遵循GPL协议的开源软件数量极其庞大,包括Linux系统在内的大多数开源软件都是基于这个协议的。图1-1-11所示为GNU的Logo。

图1-1-10 Apache基金会Logo

图1-1-11 GNU的Logo

(3)BSD(Berkeley Software Distribution,伯克利软件发布版)协议

BSD 协议基本上允许用户“为所欲为”,用户可以使用、修改和重新发布遵循该许可的软件,并且可以将软件作为商业软件发布和销售,前提是需要满足下面 3 个条件:

①如果再发布的软件中包含源代码,则源代码必须继续遵循 BSD 许可协议。

②如果再发布的软件中只有二进制程序,则需要在相关文档或版权文件中声明原始代码遵循了 BSD 协议。

③不允许用原始软件的名字、作者名字或机构名称进行市场推广。

BSD 对商业比较友好,很多公司在选用开源产品的时候都首选 BSD 协议,因为可以完全控制这些第三方的代码,甚至在必要的时候可以修改或者二次开发。图 1-1-12 所示为 BSD 的 Logo。

图 1-1-12　BSD 的 Logo

如何选择开源协议?图 1-1-13 解释了如何选择用户需要的开源协议。

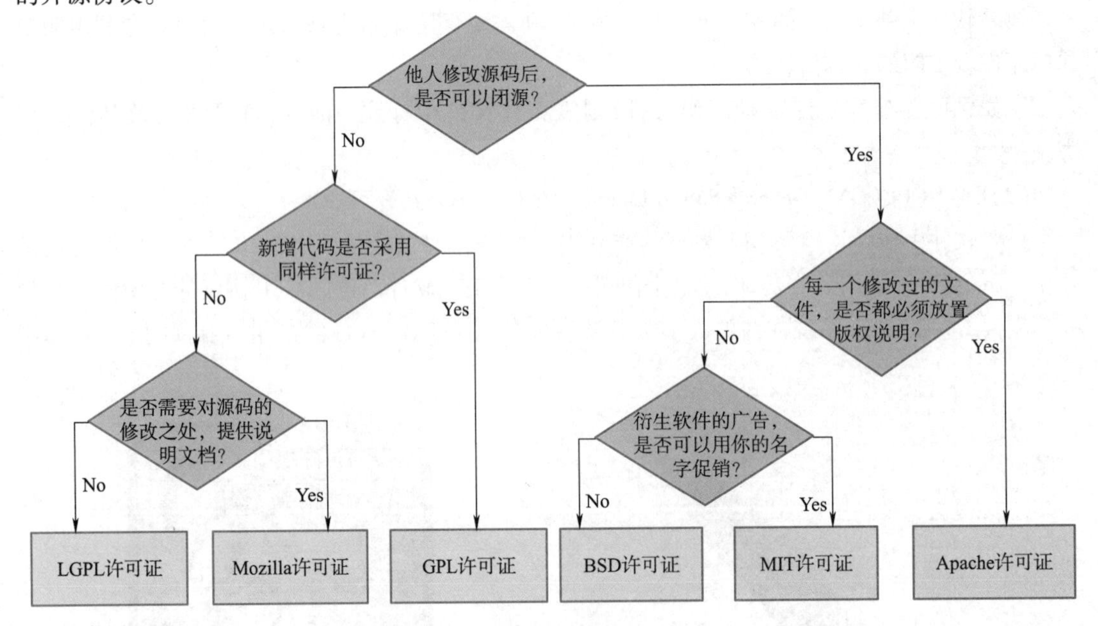

图 1-1-13　选择和分析开源协议图

任务实施

安装 Linux 虚拟环境

在 VMware 中安装 Linux 系统的步骤如下(本实验中 VMware 版本为 VMware WorkStation 12 Pro)。

①启动 VMware 软件,进入主界面,如图 1-1-14 所示。

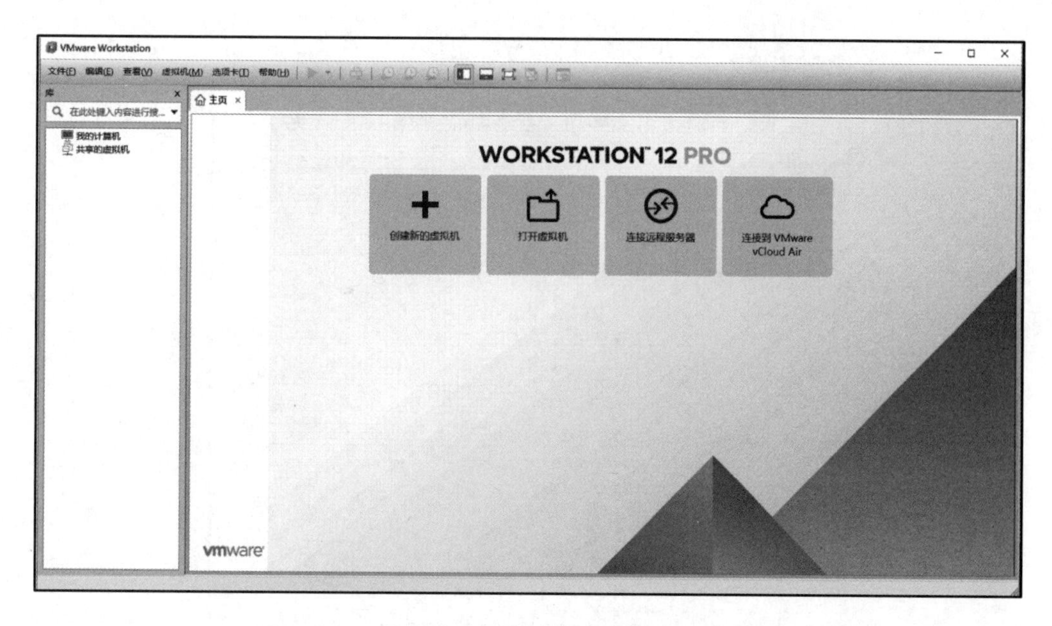

图 1-1-14　VMware 主界面

②单击“创建新的虚拟机”图标，进入虚拟机设置向导界面，这里建议初学者选择“典型(推荐)”单选按钮，如图 1-1-15 所示。

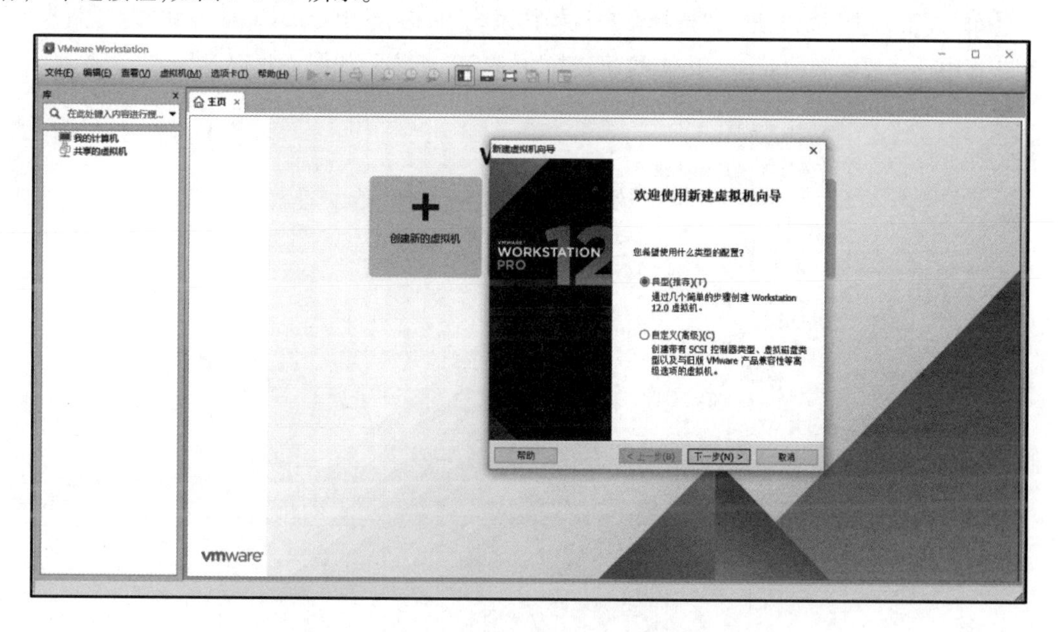

图 1-1-15　设置向导界面

③单击“下一步”按钮，进入“安装客户机操作系统”页面，若初学者已提前准备好 Linux 系统的映像文件(.iso 文件)，此处可选择“安装程序光盘映像文件”单选按钮，并通过“浏览”按钮找到要安装 Linux 系统的 iso 文件；否则选择“稍后安装操作系统”单选按钮，如图 1-1-16 所示。

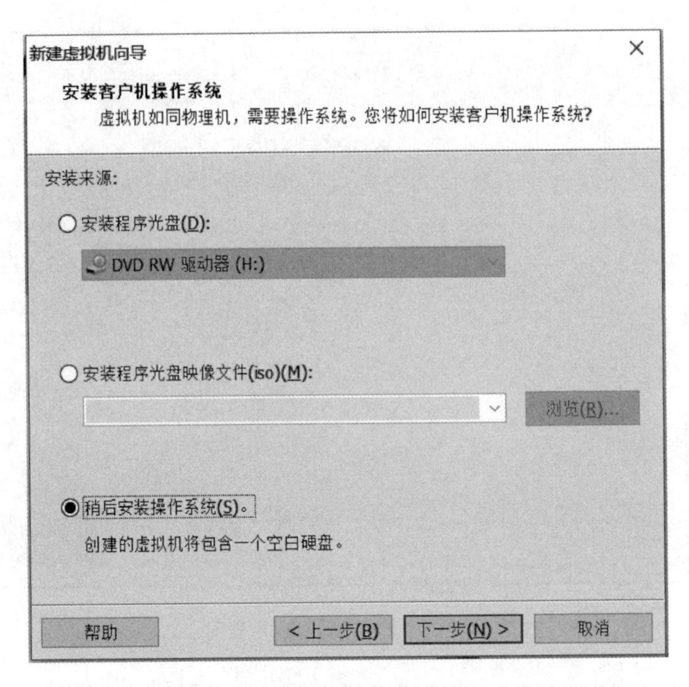

图 1-1-16　“安装客户机操作系统”页面

④单击“下一步”按钮，进入“选择客户机操作系统”页面，选中 Linux 单选按钮并在“版本”下拉列表框中选择要安装的 Linux 版本，这里选择“CentOS 64 位”，如图 1-1-17 所示。

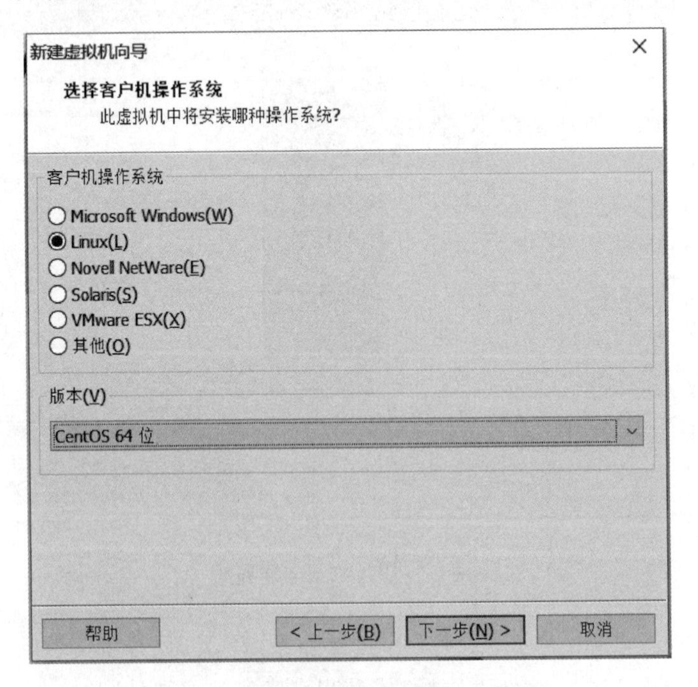

图 1-1-17　“选择客户机操作系统”页面

⑤单击“下一步”按钮，进入“命名虚拟机”页面，给虚拟机起一个名字（如“CentOS 64 位”），然后单击“浏览”按钮，选择虚拟机系统安装文件的保存位置，如图 1-1-18 所示。

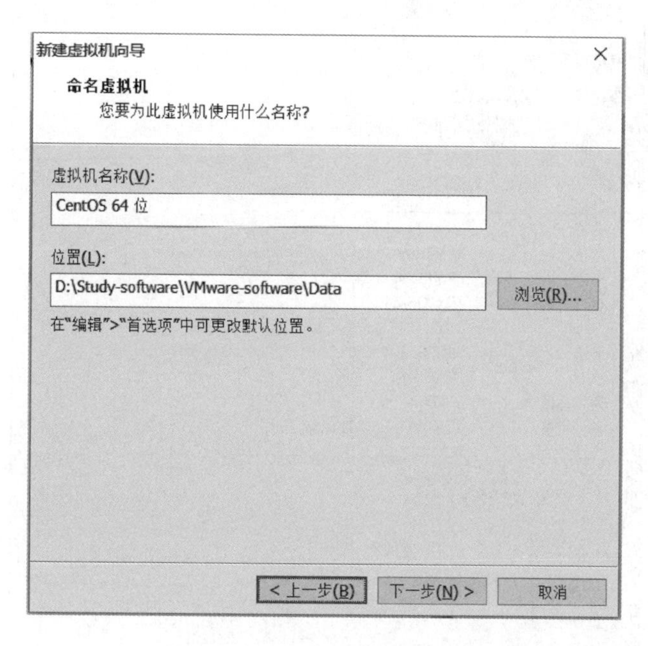

图 1-1-18 “命名虚拟机”页面

⑥单击“下一步”按钮，进入“指定磁盘容量”页面。默认虚拟硬盘大小为 20 GB(虚拟硬盘会以文件形式存放在虚拟机系统安装目录中)。虚拟硬盘的空间可以根据需要调整大小，但不用担心其占用的空间，因为实际占用的空间还是以安装的系统大小而非此处划分的硬盘大小为依据的。此“指定磁盘容量”页面保持默认设置即可，如图 1-1-19 所示。

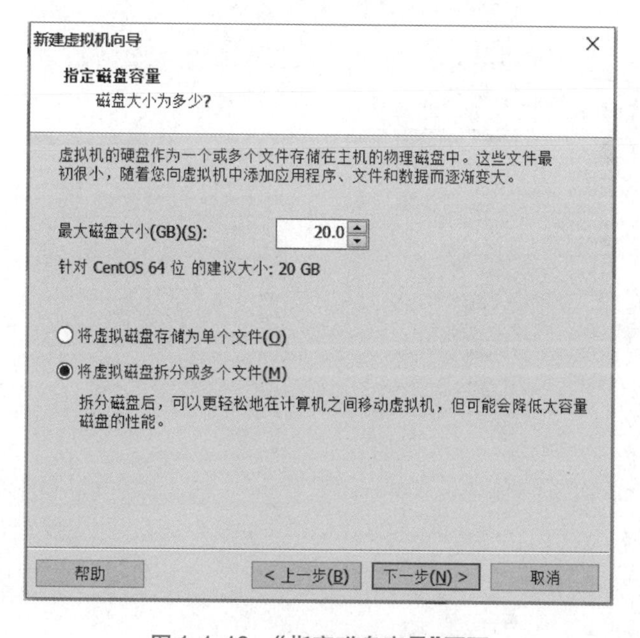

图 1-1-19 “指定磁盘容量”页面

⑦单击“下一步”按钮进入“已准备好创建虚拟机”页面，确认虚拟机设置，无须改动则单击“完成”按钮，开始创建虚拟机，如图 1-1-20 所示。

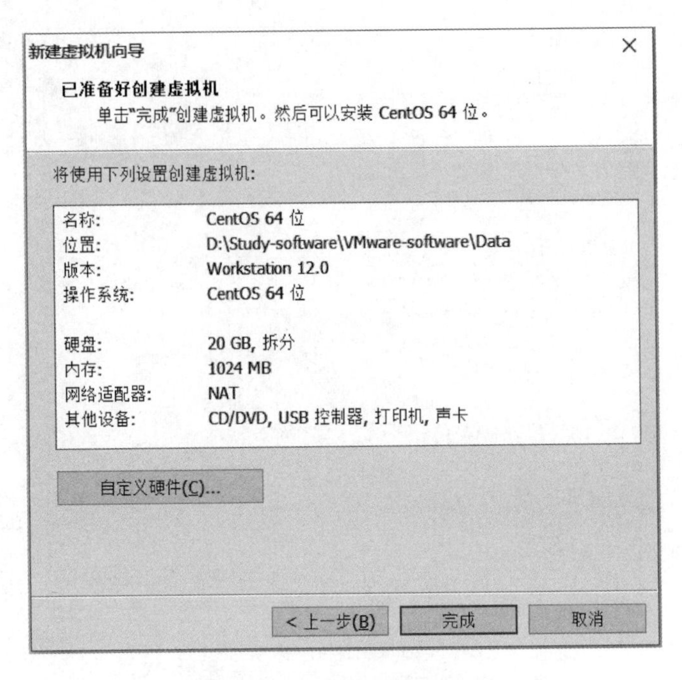

图 1-1-20　准备创建虚拟机

⑧这里可以略做调整，单击“自定义硬件”按钮进入硬件调整页面，如图 1-1-21 所示。为了让虚拟机中的系统运行速度快一点，选择“内存”选项调整虚拟机内存大小，但是建议虚拟机内存不要超过宿主机内存的一半。CentOS 6. x 最少需要 628 MB 及以上内存分配，否则会开启简易安装过程。

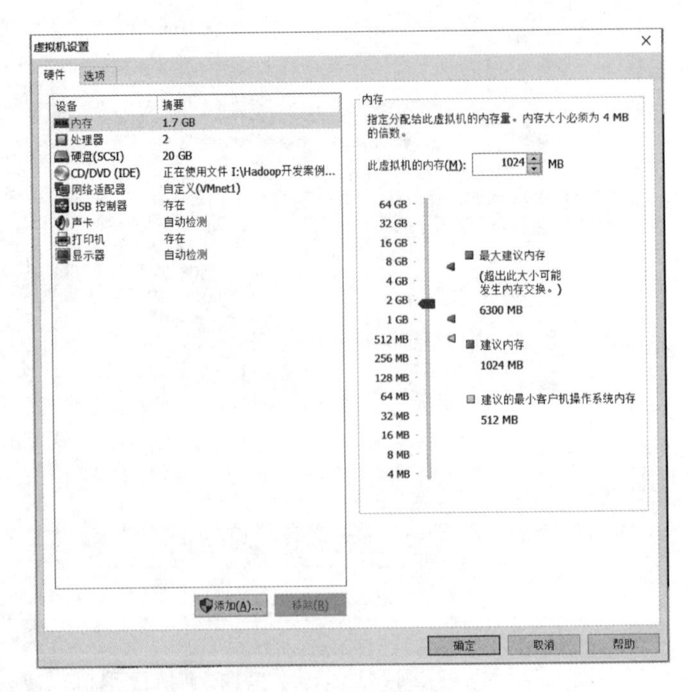

图 1-1-21　定制硬件

⑨选择“CD/DVD(IDE)”选项可以选择光驱配置。如果选择“使用物理驱动器”单选按钮,则虚拟机会使用宿主机的物理光驱;如果选择“使用 ISO 映像文件”单选按钮,则可以直接加载 ISO 映像文件,单击“浏览”按钮找到 ISO 映像文件位置即可,如图 1-1-22 所示。

图 1-1-22　光盘配置

⑩选择“网络适配器”选项进入 VMware 新手设置中最难以理解的部分——设置网络类型。此设置较复杂,不过网络适配器配置在虚拟机系统安装完成后还可以再行修改,如图 1-1-23 所示。

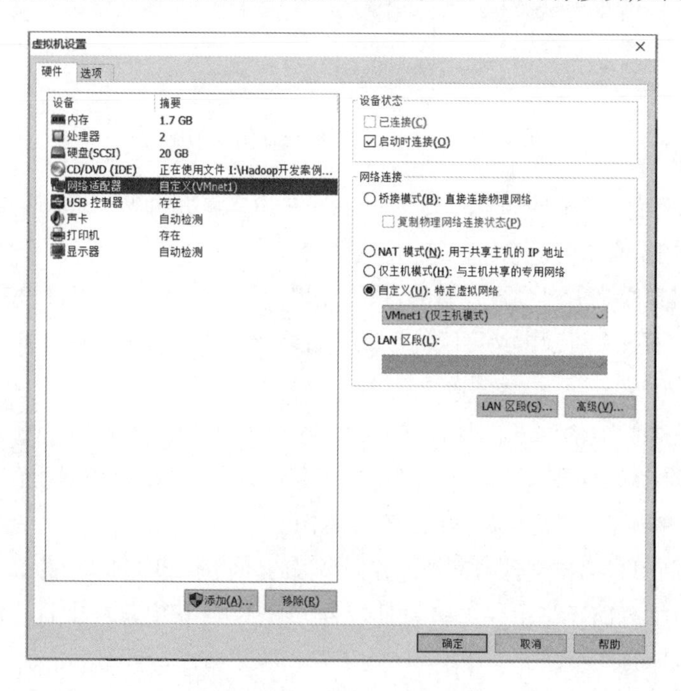

图 1-1-23　网络适配器配置

经过以上步骤，读者就成功地用 VMware 虚拟机安装好了 Linux 系统。

任务 1.2　使用 Linux 基础操作命令

任务描述

本任务需要读者对 Linux 文件和目录管理、Linux 用户和用户组管理以及 Linux Shell 有一定的了解，并独立完成 Linux 基本命令练习。

知识学习

1. Linux 文件和目录管理

(1) Linux 文件层次结构

在 Linux 操作系统中，所有文件和目录都被组织成以一个根节点"/"开始的倒置的树状结构，如图 1-2-1 所示。

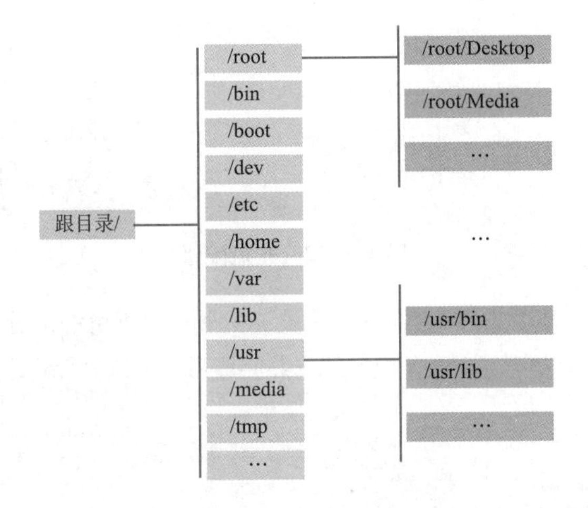

图 1-2-1　Linux 文件和目录组织树状图

其中，目录就相当于 Windows 中的文件夹，目录中存放的既可以是文件，也可以是其他子目录，而文件中存储的是真正的信息。

文件系统的最顶层是由根目录开始的，系统使用"/"表示根目录，根目录之下的既可以是目录，也可以是文件，而每个目录中又可以包含（子）目录或文件。如此反复就可以构成一个庞大的文件系统。

现实中也有许多类似的例子，例如，整个学校管理体制中，年级就相当于文件，年级属于学校，学校就是存储年级的目录。许多班级又组成了年级，这个年级就相当于存储班级的目录，依此类推，最终就构建出了一个庞大的学校管理结构图。

需要注意的是：目录名或文件名都是区分大小写的，如 pig、PIG 和 Pig 为 3 个不同的目录或文件。完整的目录或文件路径是由一连串的目录名所组成的，其中每一个目录由"/"来分隔。如 cat 的完整路径是/home/cat。

在文件系统中，有两个特殊的目录，一个是用户所在的工作目录，即当前目录，可用一个点

“.”表示;另一个是当前目录的上一层目录,又称父目录,用两个点“..”表示。为了方便管理和维护,Linux 系统采用了文件系统层次标准,又称 FHS 标准,它规定了根目录下各个目录应该存放哪些类型的文件(或子目录),比如说,在/bin 和/sbin 目录中存放的应该是可执行文件。

在 Linux 下能看到类似于/etc、/bin 的目录,而在 Windows 下能看到 C 盘、D 盘等,同时可以很轻松地增加、删除文件,这就是文件系统提供的功能。如果没有文件系统的大力支持,看似很简单的操作就会变得非常复杂。使用文件系统和使用裸设备是相对而言的,裸设备是一种没有格式化的磁盘或磁盘分区,也就是让操作系统或者程序直接操作磁盘设备。通过文件系统的方式来组织磁盘存储和数据管理与使用裸设备相比有 3 方面优点,分别是:

①数据的读取、管理操作变得简单。文件系统给用户提供了一个简单的操作界面,用户可以通过对文件系统的简单操作,实现对磁盘的管理。虽然 Linux 系统下也可以直接使用裸设备,但是在读取性能上,裸设备并不比文件系统高出多少,同时还造成了管理与维护的麻烦,普通用户是无法接受的。

②磁盘分区管理灵活。在文件系统下提供了很多磁盘分区管理工具,例如 LVM 等,通过这些工具可以灵活地对磁盘分区进行大小的修改,而在裸设备下,必须预先规划好磁盘空间,可能造成空间的不足或者浪费。

③支持数据容错机制,数据安全能得到保障。一个好的文件系统提供了对于数据读取和写入的各种容错和保护机制,很好地保障了数据的安全,而裸设备没有这种灵活的管理机制,对于数据安全只能通过手工的备份方式来实现。

文件系统是操作系统和磁盘之间的一个桥梁,因此对磁盘的任何写操作,都要经过文件系统,然后才到磁盘。通过文件系统可以合理简单地组织磁盘数据,但在大量写操作下,文件系统本身也会产生开销,例如对元数据的维护、文件系统缓存等,这个桥梁就成了一个障碍。

(2)Linux 目录管理

在介绍完 Linux 文件层次结构之后,下面介绍 Linux 目录管理,也就是如何为文件或目录命名。

在 Linux 系统中,一切都是文件,既然是文件,就必须要有文件名。同其他系统相比,Linux 操作系统对文件或目录命名的要求相对比较宽松。Linux 系统中,文件和目录的命名规则如下:

①除了字符“/”之外,所有的字符都可以使用,但是要注意,在目录名或文件名中,使用某些特殊字符并不是明智之举。例如,在命名时应避免使用 <、>、?、* 和非打印字符等。如果一个文件名中包含了特殊字符,例如空格,那么在访问这个文件时就需要使用引号将文件名括起来。

②目录名或文件名的长度不能超过 255 个字符。

③目录名或文件名是区分大小写的。如 pig、PIG、Pig 和 PIg 是互不相同的目录名或文件名,但使用字符大小写来区分不同的文件或目录,也是不明智的。

④与 Windows 操作系统不同,文件的扩展名对 Linux 操作系统没有特殊含义,换句话说,Linux 系统并不以文件的扩展名区分文件类型。例如,dog. exe 只是一个文件,其扩展名 .exe 并不代表此文件就一定是可执行文件。

需要注意的是,在 Linux 操作系统中,硬件设备也是文件,也有各自的文件名称。Linux 操作系统内核中的 udev 设备管理器会自动对硬件设备的名称进行规范,目的是让用户通过设备文件的名称,就可以大致猜测到设备的属性以及相关信息,具体见表 1-2-1。

表 1-2-1 Linux 硬件设备文件名称

硬件设备	文件名称
IDE 设备	/dev/hd[a-d],现在的 IDE 设备已经很少见了,因此一般的硬盘设备会以 /dev/sd 开头
SCSI/SATA/U 盘	/dev/sd[a-p],一台主机可以有多块硬盘,因此系统采用 a ~ p 代表 16 块不同的硬盘
软驱	/dev/fd[0-1]
打印机	/dev/lp[0-15]
光驱	/dev/cdrom
鼠标	/dev/mouse
磁带机	/dev/st0 或/dev/ht0

(3)Linux 路径

在 Linux 操作系统中,文件是存放在目录中的,而目录又可以存放在其他目录中,因此,用户(或程序)可以借助文件名和目录名,从文件树的任何地方开始,搜寻并定位所需的目录或文件。

说明目录或文件名位置的方法有两种,即使用绝对路径和相对路径。绝对路径指从根目录(/)开始写起的文件或目录名称,相对路径则指相对于当前路径的写法。

简而言之,绝对路径必须以一个正斜线(/),也就是根目录开始,到查找对象(目录或文件)所必须经过的每个目录的名字,它是文件位置的完整路标,因此,在任何情况下都可以使用绝对路径找到所需的文件。例如:

```
[root@ simple02 ~]# cd /usr/local/src
[root@ simple02 src]# cd /etc/rc.d/init.d
[root@ simple02 init.d]#
```

这些切换目录的方法使用的就是绝对路径。

而相对路径,就不是以正斜线开始,它是从当前所在目录开始,到查找对象(目录或文件)所必须经过的每一个目录的名字。例如:

```
[root@ simple02 /]# cd etc
[root@ simple02 etc]# cd etc
bash: cd: etc:没有那个文件或目录
[root@ simple02 etc]#
```

其中,[root@ simple02 /]# cd etc 的当前所在路径是/目录,而/目录下有 etc 目录,所以可以切换;而同样的命令,[root@ simple02 etc]# cd etc,由于当前所在目录改变了,所以即使是同一个命令也会报错,除非在/etc/目录中还有一个 etc 目录。

通常情况下,相对路径比绝对路径短,这也是为什么许多用户喜欢使用相对路径的原因。

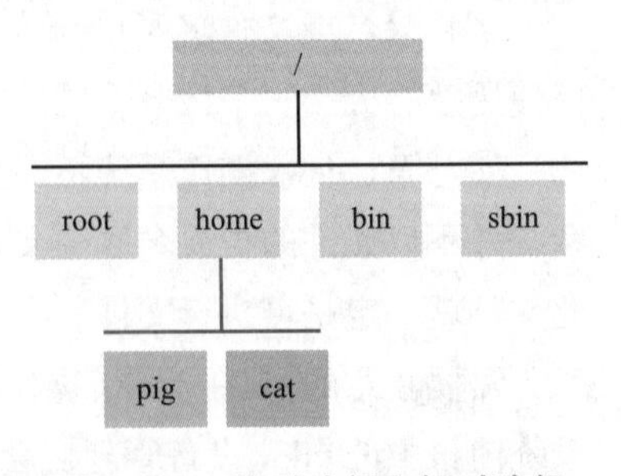

图 1-2-2 绝对路径和相对路径

如图 1-2-2 所示,假设用户当前所在目录是 cat,而此时要切换到 pig 目录。在这种情况下,切换路径有以下 2 种表达方式：

①使用绝对路径，写法为/home/pig，表示要切换的目录为根目录下 home 目录中的 pig 目录。

②也可以使用相对路径，写法为../pig，其中，“..”表示当前目录的父目录（home 目录），也就是说，相对于目前所在目录 cat，要切换到父目录 home 下的 pig 目录。

绝对路径和相对路径，该如何选择呢？假设读者编写完成了一个软件，该软件的安装文件分为 3 个目录，分别是 etc、bin 和 man 目录。但是，由于不同用户会将软件安装到不同目录中，比如用户甲将软件安装到/usr/local/package 目录中，而用户乙将软件安装到/home/packages 目录中。考虑到这种情况，如果软件中涉及使用路径调取资源，就只能使用相对路径。

此外，通常人们会将目录名写得很长，好让自己知道哪个目录是干什么的。例如，有一个目录的路径为/cluster/raid/output/c. biancheng. net/cyuyan，同时还有一个目录的路径为/cluster/raid/output/c. biancheng. net/java，此时如果要从第一个目录切换到第二个目录，虽然可以使用绝对路径，但明显使用相对路径更加方便，直接运行 cd ../java 命令即可直接切换。

需要注意的是，虽然绝对路径的写法相对比较麻烦，但可以肯定，这种写法绝对不会有问题，而使用相对路径，可能会由于程序运行的工作环境不同，导致产生一些问题。因此，选择使用绝对路径还是相对路径，要结合具体的实际情况。有时，只能使用相对路径；而更多时候两种方式都可以，可以根据自己的喜好选择。

2. Linux 用户和用户组管理

在讨论用户管理时，有三个重要的术语需要了解：用户、组、权限。

(1) CentOS 用户

CentOS 中的账户有两种类型，分别是：

➢ 系统账户：用于守护程序或者其他软件。

➢ 交互式账户：通常分配给用户以访问系统资源。

两种用户类型之间的主要区别是：

➢ 守护进程使用系统账户来访问文件和目录。这些通常不会通过 shell 或物理控制台登录进行交互式登录。

➢ 最终用户使用交互式账户从 shell 或物理控制台登录访问计算资源。

(2) 用户组

用户组是具有相同特征用户的逻辑集合。简单的理解是，有时需要让多个用户具有相同权限，比如查看、修改某一个文件的权限，一种方法是分别对多个用户进行文件访问授权，如果有 10 个用户的话，就需要授权 10 次，那如果有 100、1 000 甚至更多的用户呢？显然，这种方法不太合理。最好的方式是建立一个组，让这个组具有查看、修改此文件的权限，然后将所有需要访问此文件的用户放入这个组中。那么，所有用户就具有了和组一样的权限，这就是用户组。

将用户分组是 Linux 操作系统中对用户进行管理及控制访问权限的一种手段，通过定义用户组，在程序上简化了对用户的管理工作。

(3) Linux 用户和用户组的关系

用户与用户组有以下 4 种关系：

①一对一：一个用户可以存在一个组中，是组中的唯一成员。

②一对多：一个用户可以存在多个用户组中，此用户具有这多个组的共同权限。

③多对一：多个用户可以存在一个组中，这些用户具有和组相同的权限，如图 1-2-3 所示。

④多对多：多个用户可以存在多个组中，也就是以上 3 种关系的扩展。

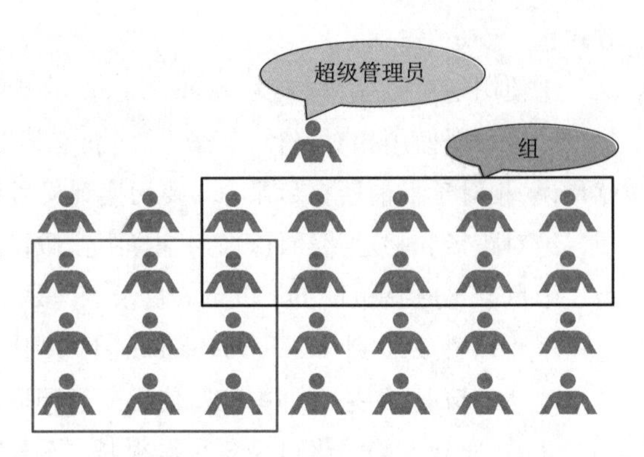

图 1-2-3　Linux 用户和组

(4) Linux 用户 ID 和组 ID

登录 Linux 操作系统时，虽然输入的是自己的用户名和密码，但其实 Linux 并不认识用户名称，它只认识用户名对应的 ID 号（也就是一串数字）。Linux 操作系统将所有用户的名称与 ID 的对应关系都存储在/etc/passwd 文件中。

Linux 操作系统中，每个用户的 ID 细分为 2 种，分别是用户 ID（UserID，UID）和组 ID（Group ID，GID），这与文件有拥有者和拥有群组两种属性相对应。

从图 1-2-4 中可以看出，该文件的所有者是超级管理员 root，拥有群组也是 root。由于 Linux 操作系统不认识用户名，那么文件是如何判别它的拥有者名称和群组名称的呢？每个文件都有自己的拥有者 ID 和群组 ID，当显示文件属性时，系统会根据/etc/passwd 和/etc/group 文件中的内容，分别找到 UID 和 GID 对应的用户名和群组名，然后显示出来。

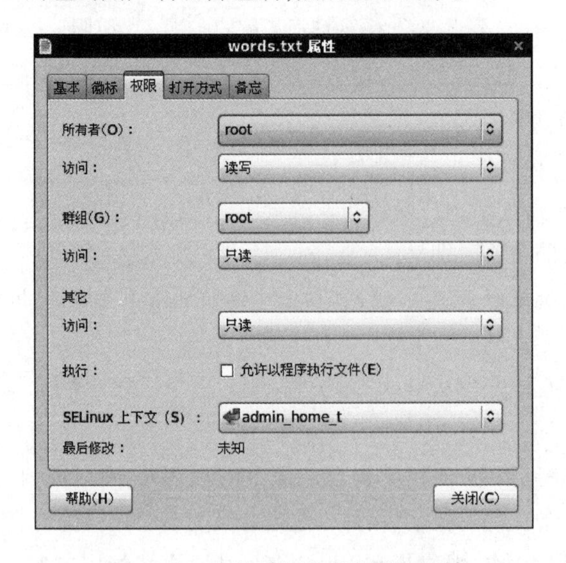

图 1-2-4　文件的拥有者和群组属性

3. Linux Shell 简介

1) Shell 概述

人们平时所说的 Shell 可以理解为 Linux 系统提供给用户的使用界面。Shell 为用户提供了输入命令和参数并可得到命令执行结果的环境。当一个用户登录 Linux 之后，系统初始化程序 init 就根据/etc/passwd 文件中的设定，为每个用户运行一个被称为 Shell（外壳）的程序。确切地说，Shell 是一个命令行解释器，它为用户提供了一个向 Linux 内核发送请求以便运行程序的界面系统级程序,用户可以用 Shell 来启动、挂起、停止甚至编写一些程序。

Shell 处在内核与外层应用程序之间,起着协调用户与系统的一致性、在用户与系统之间进行交互的作用。如前文的图 1-1-6 所提到的 Linux 系统层次结构图,Shell 接收用户输入的命令,并把用户的命令从类似 abed 的 ASCII 码解释为类似 0101 的机器语言,然后把命令提交到系统内核处理;当内核处理完毕之后,把处理结果再通过 Shell 返回给用户。

Shell 与其他 Linux 命令一样,都是实用程序,但它们之间还是有区别的。一旦用户注册到系统后,Shell 就被系统装入内存并一直运行到用户退出系统为止;而一般命令仅当被调用时,才由系统装入内存执行。

与一般命令相比,Shell 除了是一个命令行解释器,同时还是一门功能强大的编程语言,易编写,易调试,灵活性较强。作为一种命令级语言,Shell 是解释性的,综合功能很强,与操作系统有密切关系,可以在 Shell 脚本中直接使用系统命令。大多数 Linux 系统的启动相关文件(一般在/etc/rc. d 目录下)都是使用 Shell 脚本编写的。

同传统编程语言一样,Shell 提供了很多特性,这些特性可以使 Shell 脚本编程更为有用,如数据变量、参数传递、判断、流程控制、数据输入和输出、子程序及中断处理等。

2)Shell 的分类

目前 Shell 的版本有很多种,如 Bourne Shell、C Shell、Bash、ksh、tcsh 等,它们各有特点,下面简要介绍一下。

最重要的 Shell 是 Bourne Shell,这个命名是为了纪念此 Shell 的发明者 Steven Bourne。从 1979 年起,UNIX 就开始使用 Bourne Shell。Bourne Shell 的主文件名为 sh,开发人员便以 sh 作为 Bourne Shell 的主要识别名称。

虽然 Linux 与 UNIX 一样,可以支持多种 Shell,但 Bourne Shell 的重要地位至今没有改变,许多 UNIX 系统中仍然使用 sh 作为重要的管理工具。它的工作从开机到关机,几乎无所不包。在 Linux 中,用户 Shell 主要是 Bash,但在启动脚本、编辑等很多工作中仍然使用 Bourne Shell。

C Shell 是广为流行的 Shell 变种。C Shell 主要在 BSD 版的 UNIX 系统中使用,发明者是柏克莱大学的 Bill Joy。C Shell 因为其语法和 C 语言类似而得名,这也使得 UNIX 的系统工程师在学习 C Shell 时感到相当方便。

Bourne Shell 和 C Shell 形成了 Shell 的两大主流派别,后来的变种大都吸取这两种 Shell 的特点,如 Korn、tcsh 及 Bash。Bash Shell 是 GNU 计划的重要工具之一,也是 GNU 系统中标准的 Shell。Bash 与 sh 兼容,所以许多早期开发出来的 Bourne Shell 程序都可以继续在 Bash 中运行。现在使用的 Linux 就使用 Bash 作为用户的基本 Shell。

Bash 于 1988 年发布,并在 1995—1996 年推出 Bash 2. 0。在这之前,广为使用的版本是 1. 14,Bash 2. 0 增加了许多新功能,以及具备更好的兼容性。

表 1-2-2 表述的是 Shell 各版本的对比介绍。

表 1-2-2　Shell 版本介绍

Shell 类别	易学性	可移植性	编辑性	快捷性
Bourne Shell (sh)	容易	好	较差	较差

续表

Shell 类别	易学性	可移植性	编辑性	快捷性
Korn Shell（ksh）	较难	较好	好	较好
Bourne Again（Bash）	难	较好	好	好
POSIX Shell（psh）	较难	好	好	较好
C Shell（csh）	较难	差	较好	较好
TC Shell（tcsh）	难	差	好	好
Z Shell（zsh）	难	差	好	好

注意：Shell 的两种主要语法类型有 Bourne 和 C，这两种语法彼此不兼容。Bourne 家族主要包括 sh、ksh、Bash、psh、zsh；C 家族主要包括 csh、tcsh（Bash 和 zsh 在不同程序上支持 csh 的语法）。

3）Shell 脚本基本格式

在介绍 Shell 脚本基本格式之前，先来看一个简单实例，命令如下：

```
[root@ simple02 ~]# mkdir sh
[root@ simple02 ~]# cd sh
[root@ simple02 sh]# vi hello.sh
[root@ simple02 sh]#

#The first program
#! /bin/bash
echl-e "c. biancheng.net"
 ~
 ~
```

从上面的实例中可以发现，在 Shell 脚本中可以直接使用 echo 命令。其实不止 echo 命令，所有 Linux 命令都可以直接在 Shell 脚本中调用。这种特性使得 Shell 脚本和 Linux 系统结合得更加紧密，也更加方便 Shell 脚本的编写。

（1）Shell 的基本结构

下面介绍上例脚本中的结构。

第一行："#! /bin/bash"，这句话的作用是标称以下写的脚本使用的是 Bash 语法，只要写的是基于 Bash 的 Shell 脚本都应该这样开头。不过，有一些比较喜欢钻研的人也会有疑问，他们在写 Shell 脚本时，不加"#! /bin/bash"这句话，Shell 脚本也可以正确执行。那是因为默认 Shell 就是 Bash 的 Linux 中编写的脚本，而且脚本是纯 Bash 脚本才能够正确执行。如果把脚本放在默认环境不是 Bash 的环境中运行，又或者编写脚本的不是纯 Bash 语言，而是嵌入了其他语言（如 Tcl 语言），那么这个脚本就不能正确执行了。所以，读者请记住 Shell 脚本都必须以"#! /bin/bash"开头。

第二行：注释，在 Linux 中，以"#"开头的一般都是注释，除了"#! /bin/bash"这行外，其他行只要以"#"开头的都是注释。第二行就是这个脚本的注释，建议读者在写程序时加入清晰而详尽的注释，这些都是建立良好编程规范时应该注意的问题。

第三行：程序的主体，既然 echo 命令可以直接打印"c. biancheng. net"，那么将这句话放入

Shell 脚本中也是可以正确执行的,因为 Linux 命令是可以直接在脚本中执行的。

(2)运行方式

Shell 脚本写好之后,接下来就需要运行了,在 Linux 中脚本的运行主要有两种方式,分别是:

①赋予执行权限,直接运行。这种方法是最常用的 Shell 脚本运行方法,也最为直接简单。就是赋予执行权限之后,直接运行。当然,运行时可以使用绝对路径,也可以使用相对路径。命令如下:

```
[root@ simple02 sh]# chmod 775 hello.sh
[root@ simple02 sh]# /root/sh/hello.sh
c.biancheng.net
[root@ simple02 sh]# ./hello.sh
c.biancheng.net
[root@ simple02 sh]#
```

Shell 脚本是否可以像 Linux 系统命令一样,不用指定路径,直接运行呢?当然是可以的,不过需要进行环境变量的配置。这里读者只需要知道,自己写的 Shell 脚本默认是不能运行的,要么使用绝对路径,要么使用相对路径。

②通过 Bash 调用运行脚本。

这种方式也很简便,命令如下:

```
[root@ simple02 sh]# bash hello.sh
c.biancheng.net
[root@ simple02 sh]#
```

这种方法的意思是直接使用 Bash 解释脚本中的内容,所以这个脚本也可以正常运行。使用这种方法运行脚本,甚至不需要脚本文件有“执行”权限,只要拥有“读”权限即可运行。

任务实施

1. 命令提示符

登录系统后右击,在终端打开,看到的内容如图 1-2-5 所示。

图 1-2-5 Linux 终端显示

这就是 Linux 系统的命令提示符。那么,这个提示符的含义是什么呢?

➢ [ ]:这是提示符的分隔符号,没有特殊含义。

➢ root:显示的是当前的登录用户,本实验当前使用的是 root 用户登录。

➢ @ :分隔符号,没有特殊含义。

➢ simple02:当前系统的简写主机名。

➢ ~ :代表用户当前所在的目录,此例中用户当前所在的目录是家目录。

➢ #:命令提示符,Linux 用这个符号标识登录的用户权限等级。如果是超级用户,提示符就是 #;如果是普通用户,提示符就是 $ 。

2. 命令的基本格式

Linux 命令的基本格式如下：

```
[root@ simple02 ~]#命令[选项][参数]
```

命令格式中的[]代表可选项，也就是有些命令可以不写选项或参数，也能执行。

3. Linux 基础操作命令

(1)cd 命令

cd 命令是 change directory 的缩写，用来切换工作目录。

Linux 命令按照来源方式可分为两种，分别是 Shell 内置命令和外部命令。Shell 内置命令就是 Shell 自带的命令，这些命令没有执行文件；外部命令是由程序员单独开发的命令，这些命令有执行文件。Linux 中的绝大多数命令是外部命令，而 cd 命令是一个典型的 Shell 内置命令，所以 cd 命令没有执行文件所在路径。

cd 命令的基本格式如下：

```
[root@ simple02 ~]#cd[相对路径或绝对路径]
```

cd 命令后面还可以跟一些特殊符号，表达固定的含义，见表 1-2-3。

表 1-2-3　cd 命令的特殊符号

特殊符号	作　用
"~"	代表当前登录用户的主目录
"~用户名"	表示切换至指定用户的主目录
"-"	代表上次所在目录
"."	代表当前目录
".."	代表上级目录

(2)pwd 命令

pwd 命令是 print working directory(打印工作目录)的缩写，功能是显示用户当前所处的工作目录。该命令的基本格式为：

```
[root@ simple02 ~]# pwd
```

(3)ls 命令

ls 命令是 list 的缩写，是最常见的目录操作命令，其主要功能是显示当前目录下的内容。该命令的基本格式为：

```
[root@ simple02 ~]# [选项]目录名称
```

ls 命令的常用选项及其功能，见表 1-2-4。

表 1-2-4　ls 命令的常用选项及其功能

选项	功　能
-a	显示全部文件，包括隐藏文件(开头为 . 的文件)也一起罗列出来，这是最常用的选项之一

续表

选项	功能
-A	显示全部文件,连同隐藏文件,但不包括 . 与 .. 这两个目录
-d	仅列出目录本身,而不是列出目录内的文件数据
-f	ls 默认会以文件名排序,使用 -f 选项会直接列出结果,而不进行排序
-F	在文件或目录名后加上文件类型的指示符号,例如,* 代表可运行文件,/代表目录,= 代表 socket 文件,| 代表 FIFO 文件
-h	以人们易读的方式显示文件或目录大小,如 1KB、234 MB、2 GB 等
-i	显示 inode 节点信息
-l	使用长格式列出文件和目录信息
-n	以 UID 和 GID 分别代替文件用户名和群组名显示出来
-r	将排序结果反向输出,比如,若原本文件名由小到大,反向则为由大到小
-R	连同子目录内容一起列出来,等于将该目录下的所有文件都显示出来
-S	以文件容量大小排序,而不是以文件名排序
-t	以时间排序,而不是以文件名排序
--color=never --color=always --color=auto	never 表示不依据文件特性给予颜色显示 always 表示显示颜色,ls 默认采用这种方式 auto 表示让系统自行依据配置来判断是否给予颜色
--full-time	以完整时间模式(包含年、月、日、时、分)输出
--time={atime,ctime}	输出 access 时间或改变权限属性时间(ctime),而不是内容变更时间

注意:当 ls 命令不使用任何选项时,默认只会显示非隐藏文件的名称,并以文件名进行排序,同时会根据文件的具体类型给文件名配色(蓝色显示目录,白色显示一般文件)。

(4)mkdir 命令

mkdir 命令是 make directories 的缩写,用于创建新目录,此命令所有用户都可以使用。该命令的基本格式为:

```
[root@ simple02 ~]# mkdir [-mp]目录名
```

其中,-m 选项用于手动配置所创建目录的权限,而不再使用默认权限;-p 选项递归创建所有目录,以创建/home/test/demo 为例,在默认情况下,用户需要一层一层地创建各个目录,而使用 -p 选项,则系统会自动帮助用户创建/home、/home/test 以及/home/test/demo。

(5)rmdir 命令

和 mkdir 命令(创建空目录)恰好相反,rmdir(remove empty directories 的缩写)命令用于删除空目录。该命令的基本格式为:

```
[root@ simple02 ~]# rmdir[-p]目录名
```

其中,-p 选项用于递归删除空目录。

(6)touch 命令

在 Linux 系统中创建目录后若想在这些目录中创建一些文件,可以使用 touch 命令。

注意:touch 命令不仅可以用来创建文件(当指定操作文件不存在时,该命令会在当前位置建立一个空文件),此命令更重要的功能是修改文件的时间参数(但当文件存在时,会修改此文件的时间参数)。

Linux 系统中,每个文件主要拥有 3 个时间参数(通过 stat 命令进行查看),分别是文件的访问时间、数据修改时间以及状态修改时间。

①访问时间(access time,atime):只要文件的内容被读取,访问时间就会更新。例如,使用 cat 命令查看文件的内容,此时文件的访问时间就会发生改变。

②数据修改时间(modify time,mtime):当文件的内容数据发生改变,此文件的数据修改时间就会随着相应改变。

③状态修改时间(change time,ctime):当文件的状态发生变化,就会相应改变这个时间。比如说,如果文件的权限或者属性发生改变,该时间就会相应改变。

touch 命令的基本格式如下:

```
[root@ simple02 ~]# [选项] 文件名
```

touch 命令的常用选项及其功能,见表 1-2-5。

表 1-2-5　touch 命令的常用选项及其功能

选项	功　　能
-a	只修改文件的访问时间
-c	仅修改文件的时间参数(3 个时间参数都改变),如果文件不存在,则不建立新文件
-d	后面可以跟欲修订的日期,而不用当前的日期,即把文件的 atime 和 mtime 时间改为指定的时间
-m	只修改文件的数据修改时间 命令后面可以跟欲修订的时间,而不用目前的时间,时间书写格式为:YYMMDDhhmm

可以看到,touch 命令可以只修改文件的访问时间,也可以只修改文件的数据修改时间,但是不能只修改文件的状态修改时间。因为,不论是修改访问时间,还是修改文件的数据时间,对文件来讲,状态都会发生改变,即状态修改时间会随之改变(更新为操作当前文件的真正时间)。

(7)ln 命令

ln 命令用于给文件创建链接,根据 Linux 系统存储文件的特点,链接的方式分为软链接和硬链接两种。

①软链接:类似于 Windows 操作系统中给文件创建快捷方式,即产生一个特殊的文件,该文件用来指向另一个文件,此链接方式同样适用于目录。

②硬链接:文件的基本信息都存储在 inode 中,而硬链接指的就是给一个文件的 inode 分配多个文件名,通过任何一个文件名,都可以找到此文件的 inode,从而读取该文件的数据信息。

ln 命令的基本格式如下:

```
[root@ simple02 ~]# ln [选项] 源文件 目标文件
```

ln 命令的常用选项及其功能，见表 1-2-6。

表 1-2-6 ln 命令的常用选项及其功能

选项	功　能
-s	建立软链接文件。如果不加“-s”选项，则建立硬链接文件
-f	强制。如果目标文件已经存在，则删除目标文件后再建立链接文件

(8) cp 命令

cp 命令主要用来复制文件和目录，同时借助某些选项，还可以实现复制整个目录，以及比对两文件的新旧而予以升级等功能。

cp 命令的基本格式如下：

```
[root@ simple02 ~]# cp [选项] 源文件 目标文件
```

cp 命令的常用选项及其功能，见表 1-2-7。

表 1-2-7 cp 命令的常用选项及其功能

选项	功　能
-a	相当于 -d、-p、-r 选项的集合
-d	如果源文件为软链接(对硬链接无效)，则复制出的目标文件也为软链接
-i	询问，如果目标文件已经存在，则会询问是否覆盖
-l	把目标文件建立为源文件的硬链接文件，而不是复制源文件
-s	把目标文件建立为源文件的软链接文件，而不是复制源文件
-p	复制后目标文件保留源文件的属性(包括所有者、所属组、权限和时间)
-r	递归复制，用于复制目录
-u	若目标文件比源文件有差异，则使用该选项可以更新目标文件，此选项可用于对文件的升级和备用

(9) rm 命令

当 Linux 系统使用很长时间之后，可能会有一些已经没用的文件(即垃圾)，这些文件不但会消耗宝贵的硬盘资源，还会降低系统的运行效率，因此需要及时清理。

rm 是强大的删除命令，它可以永久性地删除文件系统中指定的文件或目录。在使用 rm 命令删除文件或目录时，系统不会产生任何提示信息。此命令的基本格式为：

```
[root@ simple02 ~]# rm[选项] 文件或目录
```

rm 命令的常用选项及其功能，见表 1-2-8。

表 1-2-8 rm 命令的常用选项及其功能

选项	功　能
-f	强制删除(force)，和 -i 选项相反，使用 -f，系统将不再询问，而是直接删除目标文件或目录

续表

选项	功　能
-i	和 -f 正好相反，在删除文件或目录之前，系统会给出提示信息，使用 -i 可以有效防止不小心删除有用的文件或目录
-r	递归删除，主要用于删除目录，可删除指定目录及包含的所有内容，包括所有的子目录和文件

注意：rm 命令是一个具有破坏性的命令，因为 rm 命令会永久性地删除文件或目录，这就意味着，如果没有对文件或目录进行备份，一旦使用 rm 命令将其删除，将无法恢复，因此，尤其在使用 rm 命令删除目录时，要慎之又慎。

(10) mv 命令

mv 命令是 move 的缩写，既可以在不同目录之间移动文件或目录，也可以对文件和目录进行重命名。该命令的基本格式如下：

```
[root@ simple02 ~]# mv [选项] 源文件 目标文件
```

mv 命令的常用选项及其功能，见表 1-2-9。

表 1-2-9　mv 命令的常用选项及其功能

选项	功　能
-f	强制覆盖，如果目标文件已经存在，则不询问，直接强制覆盖
-i	交互移动，如果目标文件已经存在，则询问用户是否覆盖（默认选项）
-n	如果目标文件已经存在，则不会覆盖移动，而且不询问用户
-v	显示文件或目录的移动过程
-u	若目标文件已经存在，但两者相比，源文件更新，则会对目标文件进行升级

注意：同 rm 命令类似，mv 命令也是一个具有破坏性的命令，如果使用不当，很可能给系统带来灾难性的后果。

任务 1.3　安装 Java

视　频

安装Java

任务描述

本任务需要读者对 Java 基本内容、Java 与 Hadoop 的关系有一定的了解，最后独立完成 Java 安装与环境变量的配置。

知识学习

1. Java 简介

Java 是由 Sun Microsystems 公司于 1995 年 5 月推出的 Java 程序设计语言和 Java 开发运行平台总称。

1)Java 的历史

Java 的历史要追溯到 1991 年,当时美国 Sun Microsystems 公司的 Patrick Naughton 及其伙伴 James Gosling 带领的工程师小组想要设计一种小型的计算机语言,主要应用对象是有线电转换盒这类的消费设备。由于这些消费设备的处理能力和内存都很有限,所以语言必须非常小且能够生成非常紧凑的代码。另外,由于不同的设备生厂商会选择不同的中央处理器(CPU),因此这种语言的关键是不能与任何特定的体系结构捆绑在一起。这个项目被命名为 Green。

项目开始时,项目组首先从改写 C/C ++ 语言编译器着手,但是在改写过程中感受到仅仅使用 C 语言无法满足需要,而 C ++ 语言又过于复杂,安全性也差,无法满足项目设计的需要。于是项目组从 1991 年 6 月开始研发一种新的编程语言,并将其命名为 Oak,但后来发现 Oak 已是另一个公司的注册商标,于是便改名为 Java,并配了一杯冒着热气的咖啡图案作为其 logo。

Java 名字的由来,实际上是一个有趣的故事。人们所见到的 Java 标志,总是一杯热咖啡。这杯热咖啡、Java 名字的由来,是 Java 创始人员团队中一名成员由于灵感想到的。他想起自己在 Java 岛(爪哇岛)上曾喝过一种美味的咖啡,于是就将这种计算机编程语言命名为 Java,与此同时它的 Logo 是人们最熟悉不过的一杯热咖啡。

开发之初,就要求 Java 必须非常小而且能够生成紧凑的代码,还要求该语言与平台无关。这些要求促使团队想起了很早以前的一种模型,某些 Pascal 的实现曾经在早期的 PC 上尝试过这种模型。以 Pascal 的发明者 Niklaus Wirth 为先驱,率先设计出一种为假想的机器(虚拟机)生成中间代码的可移植语言,这种中间代码可以应用于所有已经正确安装解释器的机器上。于是 Green 项目组的工程师也使用了虚拟机(Java 虚拟机),从而解决了主要问题(平台无关系)。

1992 年,Green 项目组发布了它的第一个产品,称为"*7"。这个产品具有非常智能的远程控制。遗憾的是 Sun 公司对生产这个产品并不感兴趣,并且 Green 项目组的人员也没有找出其他方法将他们的技术推向市场。到了 1994 年 Green 项目组(这时换了一个新名字——First Person 公司)解散了。

在此期间,Internet 日渐发展壮大,Web 的关键是把超文本页面转换到显示器的浏览器中,当时的浏览器主要是 Mosaic。

Java 语言的开发者设计并开发了一个功能更加强大的浏览器,该浏览器最终演变为 HotJava 浏览器。为了炫耀 Java 语言的强大功能,HotJava 浏览器采用 Java 编写,他们让 HotJava 浏览器具有执行网页中内嵌代码的能力。这一"技术印证"在 1995 年的 Sun World 上得到了展示,同时引发了人们延续至今的对 Java 的喜爱。

1996 年初,Sun 发布了 Java 的第一个版本 Java 1.0,但 Java 1.0 不能用来进行真正的应用开发,后来的 Java 1.1 弥补了其中的大部分明显的缺陷,大大改进了反射能力,并为 GUI 编程增加了新的事件处理模型。

1998 年,JavaOne 会议的头号新闻是即将发布 Java 1.2 版本。这个版本取代了早期玩具式的 GUI,并且它的图形工具更加精细而且具有较强的可伸缩性,更加接近"一次编写,随处运行"的承诺。然后,Sun 公司将其名称更改为更加吸引人的"Java 2 标准版软件开发工具 1.2 版"。

标准版的 1.3 和 1.4 版本对最初的 Java 2 版本做出了某些改进,扩展了标准类库,提高了系统性能。5.0 版是自 1.1 版以来第一个对 Java 语言做出重大改进的版本(这一版本原来被命名为 type),其挑战性在于添加这一特性并没有对虚拟机做出任何修改。

2005 年 6 月,JavaOne 大会召开,Sun 公司发布了 Java SE6。此时,Java 的各种版本已经更名并取消其中的数字“2”,J2EE 更名为 JavaEE,J2SE 更名为 Java SE,J2ME 更名为 Java ME。

2009 年 Sun 公司被 Oracle 公司收购。

2)Java 版本介绍

1996 年 1 月 23 日,JDK 1.0 发布,Java 语言有了第一个正式版本的运行环境。JDK 1.0 提供了一个纯解释执行的 Java 虚拟机实现(Sun Classic VM)。JDK 1.0 版本的代表技术包括:Java 虚拟机、Applet、AWT 等。

1997 年 2 月 19 日,Sun 公司发布了 JDK 1.1,Java 技术的一些最基础的支撑点(如 JDBC 等)都是在 JDK 1.1 版本中发布的,JDK 1.1 版的技术代表有:JAR 文件格式、JDBC、JavaBeans、RMI。Java 语法也有了一定的发展,如内部类(Inner Class)和反射(Reflection)都是在这个时候出现的。

1998 年 12 月 4 日,JDK 迎来了一个里程碑式的版本 JDK 1.2,工程代号为 Playground(竞技场),Sun 在这个版本中把 Java 技术体系拆分为 3 个方向,分别是面向桌面应用开发的 J2SE(Java 2 Platform,Standard Edition)、面向企业级开发的 J2EE(Java 2 Platform,Enterprise Edition)和面向手机等移动终端开发的 J2ME(Java 2 Platform,Micro Edition)。在这个版本中出现的代表性技术非常多,如 EJB、Java Plug-in、Java IDL、Swing 等,并且这个版本中 Java 虚拟机第一次内置了 JIT(Just In Time)编译器(JDK 1.2 中曾并存过 3 个虚拟机,Classic VM、HotSpot VM 和 Exact VM,其中 Exact VM 只在 Solaris 平台出现过;另外两个虚拟机都是内置 JIT 编译器的,而之前版本所带的 Classic VM 只能以外挂的形式使用 JIT 编译器)。在语言和 API 级别上,Java 添加了 strictfp 关键字与现在 Java 编码中极为常用的一系列 Collections 集合类。

2000 年 5 月 8 日,工程代号为 Kestrel(美洲红隼)的 JDK 1.3 发布,JDK 1.3 相对于 JDK 1.2 的改进主要表现在一些类库上(如数学运算和新的 Timer API 等),JNDI 服务从 JDK 1.3 开始被作为一项平台级服务提供(以前 JNDI 仅仅是一项扩展),使用 CORBA IIOP 来实现 RMI 的通信协议,等等。这个版本还对 Java 2D 做了很多改进,提供了大量新的 Java 2D API,并且新添加了 JavaSound 类库。JDK 1.3 有 1 个修正版本 JDK 1.3.1,工程代号为 Ladybird(瓢虫),于 2001 年 5 月 17 日发布。

2002 年 2 月 13 日,JDK 1.4 发布,工程代号为 Merlin(灰背隼)。JDK 1.4 是 Java 真正走向成熟的一个版本,Compaq、Fujitsu、SAS、Symbian、IBM 等著名公司都有参与甚至实现自己独立的 JDK 1.4。哪怕是在十多年后的今天,仍然有许多主流应用(Spring、Hibernate、Struts 等)能直接运行在 JDK 1.4 上,或者继续发布能运行在 JDK 1.4 上的版本。JDK 1.4 同样发布了很多新的技术特性,如正则表达式、异常链、NIO、日志类、XML 解析器和 XSLT 转换器等。

2004 年 9 月 30 日,JDK 1.5 发布,工程代号 Tiger(老虎)。从 JDK 1.2 以来,Java 在语法层面上的变化一直很小,而 JDK 1.5 在 Java 语法易用性上做出了非常大的改进。例如,自动装箱、泛型、动态注解、枚举、可变长参数、遍历循环(foreach 循环)等语法特性都是在 JDK 1.5 中加入的。在虚拟机和 API 层面上,这个版本改进了 Java 的内存模型(Java Memory Model,JMM)、提供了 java.util.concurrent 并发包等。另外,JDK 1.5 是官方声明可以支持 Windows 9x 平台的最后一个 JDK 版本。

2006 年 12 月 11 日,JDK 1.6 发布,工程代号 Mustang(野马)。在这个版本中,Sun 终结了从

JDK 1.2 开始已经有 8 年历史的 J2EE、J2SE、J2ME 的命名方式，启用 Java SE 6、Java EE 6、Java ME 6 的命名方式。JDK 1.6 的改进包括：提供动态语言支持（通过内置 Mozilla Java Rhino 引擎实现）、提供编译 API 和微型 HTTP 服务器 API 等。同时，这个版本对 Java 虚拟机内部做了大量改进，包括锁与同步、垃圾收集、类加载等方面的算法都有相当多的改动。

2009 年 2 月 19 日，工程代号为 Dolphin（海豚）的 JDK 1.7 完成了其第一个里程碑版本。根据 JDK 1.7 的功能规划，一共设置了 10 个里程碑。最后一个里程碑版本原计划于 2010 年 9 月 9 日结束，但由于各种原因，JDK 1.7 最终无法按计划完成。

从 JDK 1.7 最开始的功能规划来看，它本应是一个包含许多重要改进的 JDK 版本，其中的 Lambda 项目（Lambda 表达式、函数式编程）、Jigsaw 项目（虚拟机模块化支持）、动态语言支持、GarbageFirst 收集器和 Coin 项目（语言细节进化）等子项目对于 Java 业界都会产生深远的影响。在 JDK 1.7 开发期间，Sun 公司由于相继在技术竞争和商业竞争中都陷入泥潭，公司的股票市值跌至仅有高峰时期的 3%，已无力推动 JDK 1.7 的研发工作按正常计划进行。为了尽快结束 JDK 1.7 长期“跳票”的问题，Oracle 公司收购 Sun 公司后不久便宣布将实行“B 计划”，大幅裁剪了 JDK 1.7 预定目标，以便保证 JDK 1.7 的正式版能够于 2011 年 7 月 28 日准时发布。“B 计划”把不能按时完成的 Lambda 项目、Jigsaw 项目和 Coin 项目的部分改进延迟到 JDK 1.8 之中。最终，JDK 1.7 的主要改进包括：提供新的 G1 收集器（G1 在发布时依然处于 Experimental 状态，直至 2012 年 4 月的 Update 4 中才正式“转正”）、加强对非 Java 语言的调用支持（JSR-292，这项特性到目前为止依然没有完全实现定型）、升级类加载架构等。

到目前为止，JDK 1.7 已经发布了 9 个 Update 版本，最新的 Java SE 7 Update 9 于 2012 年 10 月 16 日发布。从 Java SE 7 Update 4 起，Oracle 开始支持 Mac OS X 操作系统，并在 Update 6 中达到完全支持的程度，同时，在 Update 6 中还对 ARM 指令集架构提供了支持。至此，官方提供的 JDK 可以运行于 Windows（不含 Windows 9x）、Linux、Solaris 和 Mac OS 平台上，支持 ARM、x86、x64 和 Sparc 指令集架构类型。

2011 年 Oracle 公司发布 Java 7.0 正式版。

2014 年 Oracle 公司发布 Java 8.0 正式版。

2017 年 Oracle 公司发布 Java 9.0 正式版。

2018 年 3 月 Oracle 公司发布 Java 10.0 正式版。

2018 年 9 月 Oracle 公司发布 Java 11.0 正式版。

2019 年 Oracle 公司发布 Java 12.0 正式版。

3）Java 的特点

Java 众多的突出特点使得它受到大众的喜爱。Java 具有以下一些显著特点：

（1）简单

人们希望构建一个无须深奥的专业训练就可以进行编程的系统，并且要符合当今的标准惯例。尽管工程师发现 C++ 不太适用，但在设计 Java 时还是尽可能地接近 C++，以便系统更容易理解。Java 剔除了 C++ 中许多很少使用、难以理解、易混淆的特性。例如，Java 中没有指针、结构和类型定义等概念，没有#include 和#define 等预处理器，也没有多重继承的机制。

简单的另一个方面是小。Java 的目标之一是支持开发能够在小型机器上独立运行的软件。

基本的解释器以及类支持大约仅为 40 KB;再加上基础的标准类库和对线程的支持(基本上是一个自包含的微内核)大约需要增加 175 KB、在当时,这是一个了不起的成就。当然,由于不断的扩展,类库已经相当庞大了。现在有一个独立的具有较小类库的 Java 微型版(Java Micro Edition)用于嵌入式设备。

(2)面向对象

Java 是一个纯粹的面向对象的语言,强调的是面向对象的特性,能够为软件工程技术提供很强的支持。Java 语言的设计集中于对象及其接口,它提供了简单的类机制及动态的接口模型。与其他面向对象的语言一样,Java 具备继承、封装及多态性这些通常的特性,更提供了一些类的原型,程序员可以通过继承机制,实现代码的复用。另外,Java 的继承机制很独特,在设计时去掉了不安全的因素,因此使用 Java 可以编制出非常复杂但逻辑清晰的系统。

(3)分布式与安全性

Java 从诞生之日起就与网络联系在一起,由于它强调网络特性,使它成为一种分布式程序设计语言。Java 语言包括一个支持 HTTP 和 FTP 等基于 TCP/IP 协议的子库,它提供一个 Java.net 包,通过它可以完成各种层次上的网络连接。因此 Java 语言编写的应用程序可以凭借 URL 打开并访问网络上的对象,其访问方式与访问本地文件系统几乎完全相同。Java 语言的另一个 Socket 类提供了可靠流式网络的连接,使程序设计者可以非常方便地创建分布式应用程序。

Java 程序在语言定义阶段、字节码检查阶段及程序执行阶段进行的三级代码安全检查机制,对参数类型匹配、对象访问权限、内存回收、Java 小应用程序的正确使用等都进行了严格的检查和控制,可以有效地防止非法代码入侵,阻止对内存的越权访问,能够避免病毒的侵害。

(4)与平台无关性

如果基本数据类型设计依赖于具体的计算机和操作系统,会给程序的移植带来很大的不便。Java 语言通过定义独立于软、硬件平台的基本数据类型及其相关运算,确保数据在任何硬件平台上保持一致。为了实现平台无关性,Java 语言规定了统一的基本数据类型。

Java 程序编译后生成二进制代码,即字节码(bytecode)。字节码就是虚拟机的机器指令,与平台无关。字节码有统一的格式,不依赖于具体的硬件环境。在任何安装 Java 运行时环境的系统上,都可以执行这些代码。也就是说,只要安装了 Java 运行环境,Java 程序就可以在任意的处理器上运行。这些字节码指令对应于 Java 虚拟机中的表示,Java 解释器得到字节码后,对它进行转换,使之能够在不同的平台上运行。运行环境针对不同的处理器指令系统,把字节码转换为不同的具体指令,保证了程序能“到处运行”。

(5)解释和编译特性

Java 开发环境在 Java 源程序编译后生成一种称为字节代码(bytecode)的中间代码,字节代码非常类似于机器指令代码,但并不是二进制的机器指令代码,且字节代码不专对一种特定的机器,所以 Java 程序不需重新编译便可在众多不同的计算机上执行,只要该机器上预先安装有 Java 语言运行系统,这是其编译特性。

Java 程序编译后产生字节代码,其运行要借助于 Java 解释器,Java 解释器直接对 Java 字节代码进行解释执行。以字节代码形式发布的 Java 程序运行在 JVM 环境上,JVM 将字节码编译成具体的 CPU 机器指令,一次 Java 解释器是与硬、软件平台有关的,在不同的平台上用不同的 JVM 实现（与平台相关部分的工作由 JVM 而不是 Java 编译器来完成，因为平台的种类比起应用软件的数量要少得多）。Java 解释器使 Java 程序在某一特定硬、软件平台环境中直接运行目标代码指令，这种连接程序通常比编译程序所需的资源少，所以程序员可以将更多的时间用在创建源程序上，而不必考虑运行环境，这是其解释特性。

（6）多线程

多线程机制使应用程序能够并行执行，通过使用多线程，程序设计者可以分别用不同的线程完成特定的行为，而不需要采用全局的事件循环机制，这样就很容易实现网络上的实时交互行为和实时控制性能。

大多数高级语言（包括 C、C ++ 等）都不支持多线程，用它们只能编写顺序执行的程序（除非有操作系统 API 的支持）。Java 内置了语言多线程功能，提供线程的 Thread 类，只要继承这个类就可以编写多线程的程序，使用户程序并行执行。Java 提供的同步机制可以保证各线程对共享数据的正确操作，完成各自的特定任务。在硬件条件允许的情况下，这些线程可以直接分布到各个 CPU 上，充分发挥硬件性能，减少用户等待时间。

（7）动态执行

Java 执行代码是在运行时动态载入的，这种动态特性使它适合于一个不断发展的环境。在网络环境下，Java 语言编写的代码用于瘦客机架构，可减少维护工作。另外，类库中增加的新方法和其他实例不会影响原有程序的执行，并且 Java 语言通过接口来支持多重继承，使之比严格的类继承具有更灵活的方式和可扩展性。

（8）自动废区回收

在用 C 及 C ++ 编写大型软件时，编程人员必须自己管理所用的内存块，这项工作非常困难，并往往成为出错和内存不足的根源。在 Java 环境下，编程人员不必为内存管理操心，Java 语言系统有一个称为“无用单元收集器”的内置程序，它扫描内存，并自动释放那些不再使用的内存块。

Java 语言的这种自动废区收集机制，对程序不再引用的对象自动取消其所占资源，彻底消除了出现存储器泄露之类的错误，并免去了程序员管理存储器的烦琐工作。

（9）丰富的 API 文档和类库

Java 为用户提供了详细的 API 文档说明。Java 开发工具包中的类库包丰富多彩，这使程序员的开发工作可以在一个较高的层次上展开。这也正是 Java 深受大众喜爱的原因之一。

（10）Java 是高性能的

与那些解释型的高级脚本语言相比，Java 的确是高性能的。事实上，Java 的运行速度随着 JIT（just-in-time）编译器技术的发展越来越接近于 C ++。

（11）体系结构中立

Java 程序（扩展名为 java 的文件）在 Java 平台上被编译为体系结构中立的字节码格式（扩展名为 class 的文件），然后可以在实现这个 Java 平台的任何系统中运行。这种途径适合于异构的网络环境和软件的分发。

4）Java 对软件开发技术的影响以及应用前景

Java 是新一代面向对象的程序设计语言，特别适合于 Internet 应用程序的开发，它的硬件和软件平台的无关性直接威胁到了 Windows 和 Intel 的垄断地位。用 Java 编程成为技术人员的一种时尚,并对未来软件的开发产生了重大影响。

(1)Java 对软件开发技术的影响

Java 对软件开发技术的影响有以下几个方面:

①软件的需求分析。可将用户的需求进行动态的、可视化描述,以提供设计者更加直观的要求。而用户的需求是各种各样的,不受地区、行业、部门、爱好的影响,这些需求都可以用 Java 语言描述清楚。

②软件的开发方法。由于 Java 语言是纯面向对象的程序设计语言,所以完全可以用面向对象的技术与方法来开发软件,这符合最新的软件开发规范要求。

③软件最终产品。用 Java 语言开发的软件具有“可视化、可听化、可操作化、交互、动画、动作”等特点。

④动画效果。Java 语言的动画效果远比 GUI 技术逼真,尤其是利用 WWW 提供的巨大资源空间,可以共享全世界的动态画面资源。

(2)Java 的应用前景

Java 语言有着广泛的应用前景,大体上可以从以下几个方面来考虑其应用:

①所有面向对象的应用开发,包括面向对象的事件描述、处理等。

②计算过程的可视化、可操作化的软件开发。

③动态画面的设计,包括图像的调用。

④交互操作的设计。

⑤Internet 的系统管理功能模块的设计,Web 页的动态设计、管理交互操作设计等。

⑥Internet 上的软件开发。

⑦其他应用类型的程序。

2. Java 与 Hadoop 的关系

Hadoop 是使用 Java 开发的,它运行时需要有一个 Java 环境,因此在安装运行 Hadoop 之前需要安装 JDK。JDK 是 Java 开发工具箱(Java development kit)的缩写。自从 Java 推出以来,JDK 已经成为使用最广泛的 Java SDK(software development kit)。JDK 是整个 Java 的核心,包括 Java 运行环境(Java runtime environment)、一些 Java 工具和 Java 基础的类库(rt. jar)。不论什么 Java 应用服务器实质都是内置了某个版本的 JDK。因此掌握 JDK 是运行 Java 应用的基础。最主流的 JDK 是 Sun 公司(现在已经被 Oracle 收购)发布的 JDK,除了 Sun 之外,还有许多公司组织都开发了自己的 JDK。

(1)Hadoop 介绍

①Hadoop 是 Apache 旗下的一套开源软件平台。

②Hadoop 提供的功能:利用服务器集群,根据用户的自定义业务逻辑,对海量数据进行分布式处理。

③Hadoop 的核心组件有:HDFS(分布式文件系统)、YARN(运算资源调度系统)、MapReduce(分布式计算框架)。

④广义上来说,Hadoop 通常是指一个更广泛的概念——Hadoop 生态圈。

(2)Hadoop 产生背景

①Hadoop 最早起源于 Nutch。Nutch 的设计目标是构建一个大型的全网搜索引擎,包括网页抓取、索引、查询等功能,但随着抓取网页数量的增加,遇到了严重的可扩展性问题——如何解决数十亿网页的存储和索引问题。

②2003 年、2004 年谷歌发表的两篇论文为该问题提供了可行的解决方案——分布式文件系统(GFS),可用于处理海量网页的存储——分布式计算框架 MapReduce,可用于处理海量网页的索引计算问题。

③Nutch 的开发人员完成了相应的开源实现 HDFS 和 MapReduce,并从 Nutch 中剥离成为独立项目 Hadoop,到 2008 年 1 月,Hadoop 成为 Apache 顶级项目,迎来了它的快速发展期。

(3)Hadoop 重要组件

①HDFS:分布式文件系统。

②MapReduce:分布式计算框架。

③Hive:基于大数据技术(文件系统 + 运算框架)的 SQL 数据仓库工具。

④HBase:基于 Hadoop 的分布式海量数据库。

⑤Zookeeper:分布式协调服务基础组件。

⑥Mahout:基于 MapReduce/Spark/Flink 等分布式运算框架的机器学习算法库。

⑦Oozie:工作流调度框架。

⑧Sqoop:数据导入导出工具。

⑨Flume:日志数据采集框架。

(4)Hadoop 常见项目处理流程

①数据采集:定制开发采集程序,或使用开源框架 Flume。

②数据预处理:定制开发 MapReduce 程序运行于 Hadoop 集群。

③数据仓库技术:基于 Hadoop 之上的 Hive。

④基于 Hadoop 的 Sqoop 数据导入导出工具。

⑤数据可视化:定制开发 Web 程序或使用 Kettle 等产品。

⑥整个过程的流程调度:Hadoop 生态圈中的 Oozie 工具或其他类似开源产品。

任务实施

Java 安装与环境变量的配置

要开发 Java 程序,必须要有一个开发环境,而一提到开发环境,读者可能首先想到的就是那些集成开发工具,如 Eclipse、JBuilder、JCreator Pro、Net Beans、Sun Java Studio、Microsoft Visual J ++等。但实际上,在如此众多的开发工具中,除了 Microsoft Visual J ++是用自己的编译器外,其余的大多是使用 Sun 公司提供的免费的 JDK 作为编译器,只不过是开发了一个集成环境套在外面,方便程序员编程而已。

这些集成开发工具,虽然方便了程序员开发大型软件,但是它们封装了很多有关 JDK 的基本使用方法,在某些方面又过于复杂,并不太适合初学者使用。因此先来介绍 JDK 的安装。

JDK 是 Sun 公司发布的免费的 Java 开发工具,它提供了调试及运行一个 Java 程序所有必需的工具和类库。在正式开发 Java 程序之前,需要先安装 JDK。目前最新版本是 2019 年 Oracle 发布的 Java 12.0 正式版本。根据运行时所对应的操作系统，JDK 可以划分为 for Windows、for Linux 和 for Mac OS 等不同版本。

下面就以 for Linux 为例来安装和配置 JDK：

(1)检查系统

检查系统是否有已经有安装好的 JDK。具体操作如下：

```
rpm-qa |grep jdk   #查看已安装的 jdk
```

如果系统已经安装 jdk，则需要先卸载对应的 JDK，命令如下：

```
rpm-e-nodeps jdk-1.7.0_25-fcs.x86_64   #卸载对应的 jdk
```

(2)下载 JDK

访问图 1-3-1 所示的网站下载相应产品，JDK 有 32 位版本和 64 位版本之分，这里选择 64 位版本下载，下载后使用 SecureCRT 的 SecureFX 上传到 Linux 服务器的/home/hadoop 目录下。

Java SE开发工具包8u211

您必须接受Oracle Java SE的Oracle技术网络许可协议才能下载此软件。
感谢您接受Oracle Java SE的Oracle技术网许可协议；您现在可以下载此软件。

产品/文件说明	文件大小	下载
Linux ARM 32 Hard Float ABI	72.86 MB	JDK-8u211-Linux的ARM32，VFP，hflt.tar.gz
Linux ARM 64 Hard Float ABI	69.76 MB	JDK-8u211-Linux的arm64-VFP，hflt.tar.gz
Linux x86	174.11 MB	JDK-8u211 Linux的-i586.rpm
Linux x86	188.92 MB	JDK-8u211-Linux的i586.tar.gz
Linux x64	171.13 MB	JDK-8u211-Linux的x64.rpm
Linux x64	185.96 MB	JDK-8u211-Linux的x64.tar.gz
Mac OS X x64	252.23 MB	JDK-8u211，MacOSX的，x64.dmg
Solaris SPARC 64位（SVR4包）	132.98 MB	JDK-8u211-Solaris的sparcv9.tar.Z
Solaris SPARC 64位	94.18 MB	JDK-8u211-Solaris的sparcv9.tar.gz
Solaris x64（SVR4包）	133.57 MB	JDK-8u211-Solaris的x64.tar.Z
Solaris x64	91.93 MB	JDK-8u211-Solaris的x64.tar.gz
Windows x86	202.62 MB	JDK-8u211窗口-i586.exe
Windows x64	215.29 MB	JDK-8u211窗口-x64.exe程序

图 1-3-1　下载 JDK

(3)安装 JDK

进入 JDK 所在的目录，输入以下命令安装 JDK：

```
yum install jdk-8u211-Linux-x64.rpm
```

按照提示，按[Enter]键，即可完成安装。

(4)配置 Java 环境

```
vim /etc/profile
```

在文件的末尾加上如下信息：

```
export JAVA_HOME=/usr/java/jdk1.8.0_40
export PATH=$JAVA_HOME/bin:$PATH
export CLASSPATH=.:$JAVA_HOM/lib/dt.jar:$JAVA_HOME/lib/tools.jar
```

(5)使环境变量生效

输入以下命令，使环境变量生效：

```
source /etc/profile
```

(6)测试 Java 是否安装成功

输入以下命令,测试 Java 是否安装成功:

```
java-version
```

如果屏幕上显示图 1-3-2 所示信息,则证明安装成功。

```
[root@simple02 桌面]# java -version
java version "1.8.0_40"
Java(TM) SE Runtime Environment (build 1.8.0_40-b25)
Java HotSpot(TM) 64-Bit Server VM (build 25.40-b25, mixed mode)
[root@simple02 桌面]#
```

图 1-3-2 验证成功

任务 1.4 安装 Hadoop 单节点和集群

视 频

安装Hadoop单节点和集群

任务描述

本任务需要读者对 Hadoop 基本内容、Hadoop 系统架构有一定的了解,最后独立完成 Hadoop 单节点安装和 Hadoop 集群安装。

知识学习

1. Hadoop 简介

在介绍大数据之前,首先需要对云计算这个术语有一个大致的了解,社会各界对云计算下的定义各不相同,用户对云计算的认识也各不相同,美国国家标准与技术研究院(NIST)下的定义是:云计算是一种按使用量付费的模式,这种模式提供可用的、便捷的、按需的网络访问,进入可配置的计算资源共享池(资源包括网络、服务器、存储、应用软件、服务),这些资源能够被快速提供,只需投入很少的管理工作,或与服务供应商进行很少的交互。云计算按照其服务形式可以分为以下 3 种:

➢ 基础设施即服务(Infrastructure-as-a-Service,IaaS)。消费者通过 Internet 可以从完善的计算机基础设施获得服务。比如服务器的租用。

➢ 平台即服务(Platform-as-a-Server,PaaS)。PaaS 实际上是指将软件研发的平台作为一种服务,以 SaaS 的模式提交给用户。因此,PaaS 也是 SaaS 模式的一种应用。但是 PaaS 的出现可以加快 SaaS 的发展,尤其是加快 SaaS 应用的开发速度。比如软件的个性化开发。

➢ 软件即服务(Software-as-a-Server,SaaS)。SaaS 是一种通过 Internet 提供软件的模式,用户无须购买软件,只需向提供商租用基于 Web 的软件,就可以管理企业经营活动。比如阳光云服务器。

下面再来看一下云计算和大数据的关系,如图 1-4-1 所示。从技术上看,云计算与大数据的关系就像一枚硬币的正反面一样密不可分。大数据必然无法用单台计算机进行处理,必须采用分布式计算架构。它的特色在于对海量数据的挖掘,但又必须依托云计算的分布式处理、分布式数据库、云存储和虚拟化技术。

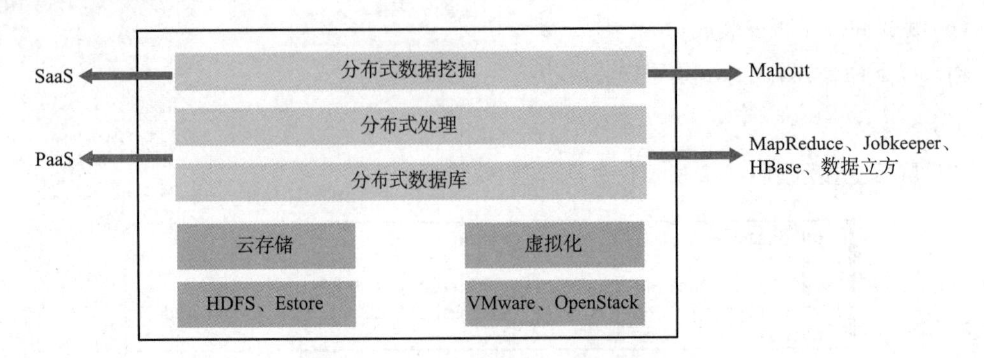

图 1-4-1　云计算与大数据关系

Hadoop 作为开源的云计算基础架构，由 Apache 基金会开发。用户可以在不了解分布式底层细节的情况下，开发分布式程序，充分利用集群的威力高速运算和存储。它实现了一个分布式文件系统(Hadoop Distrubuted File System，HDFS)，HDFS 具有高容错性的特点，并且设计用来部署在价格低廉的硬件上，为海量的数据提供了存储。它实现了 MapReduce 计算模式，为海量数据计算提供了支持。其下的 HBase 是一个基于列存储的 NoSQL 数据库，适合于非结构化数据的存储。Hive 是 Hadoop 下的一个数据仓库，支持类似于 SQL 的语句，操作起来非常简便。

(1)Hadoop 项目的起源

Google 之所以成为一家在搜索引擎领域发展最好的公司之一，是有原因的。它的创始人拉里・佩奇和谢尔盖・布林发明了 PageRank 算法，依靠该算法，Google 提高了对互联网信息的搜准率，使 Google 发展壮大起来。当然，Google 发展壮大还有另外三个重要的因素：

①GFS 文件系统。

②MapReduce 计算模型。

③BigTable 数据库。

搜索引擎面临的最大挑战是如何存储来源于互联网的海量非结构化的数据。为了应对海量数据的存储问题，Google 的两位创始人研制了独有的分布式文件系统(Google File System，GFS)，该文件系统运行于低成本的硬件之上，采用多副本策略有效地规避了低成本硬件的故障问题。GFS 隐藏了下层的分布式技术细节，为用户提供了文件系统 API 接口，用户可以透明地对 GFS 进行访问。Google 根据系统的特点——需要访问超大文件、读数据远多于写数据、廉价硬件极易发生故障等，对文件系统进行优化。集群节点分为两类：主控节点和从节点。主控节点是集群的管理节点，在逻辑上集群中只有一个主控节点，主控节点内存储着文件系统的元数据，并负责从节点的调度与管理。文件按固定大小的块进行存储，默认为 64 MB。

MapReduce 模型包含了一系列的并行处理、容错处理、本地化运算、网络通信以及负载均衡等技术，其原理是：MapReduce 模型采用“分而治之”的思想，把对大数据集的操作分发给主节点管理下的从节点共同完成，通过整合各从节点的中间结果，从而得到最终结果。MapReduce 模型包括两个函数：Map 和 Reduce。Map 负责把任务分解为多个任务，Reduce 负责把分解后的多个任务的处理结果汇总起来。MapReduce 模型处理的数据必须具有这样的特点：需要处理的数据集必须可以分解成许多小的数据集,而且每个小数据集可以完全运行并进行处理。

BigTable 是非关系数据库,是一个稀疏的、分布式的、持久化存储的多维度排序 Map。BigTable 的设计目的是可靠地处理 PB 级别的数据,并且能够部署到成千上万台计算机上。BigTable 已经实现了适用性广、可扩展、高性能和高可用性等几个目标。BigTable 已经在超过 60 个 Google 产品和项目中得到应用,包括 Google Analytics、Google Finance、Orkut、Personalized Search、Writely 和 GoogleEarth。这些产品对 BigTable 提出了截然不同的需求,有的需要高吞吐量的批处理,有的则需要及时响应,快速返回数据给最终用户。它们使用的 BigTable 集群的配置也有很大的差异,有的集群只需要几台服务器,而有的则需要上千台服务器、存储几百 TB 的数据。

(2)Hadoop 的由来

2003 年,Google 发表了一篇名为 The Google File System 的论文,论文中提出了一种分布式文件系统。Doug Cutting 正在研发一个开源的搜索引擎 Nutch,他马上意识到 GFS 可以帮助他解决引擎抓取网页和建立索引产生的大文件存储问题,在此论文的基础之上。Doug Cutting 写了一个开源的分布式文件系统——Nutch Distributed File System,即 NDFS 分布式文件系统。

2004 年,Google 发表了 *MapReduce:Simplified Data Processing on Large Clusters* 论文,该文中提出了 MapReduce 模式,该模式解决了大型分布式并行计算的问题,使分布式并行计算程序的编写变的简单而高效。

2005 年初,为了支持 Nutch 搜索引擎项目,Nutch 的开发者基于 Google 发布的 MapReduce 报告,在 Nutch 上开发了一个可工作的 MapReduce 应用。

2005 年中,所有主要的 Nutch 算法被移植到使用 MapReduce 和 NDFS 来运行。

2006 年 1 月,Doug Cutting 加入雅虎,Yahoo 提供一个专门的团队和资源将 Hadoop 发展成一个可在网络上运行的系统。

2006 年 2 月,Apache Hadoop 项目正式启动以支持 MapReduce 和 HDFS 的独立发展。

2007 年,百度开始使用 Hadoop 做离线处理,目前差不多 80% 的 Hadoop 集群用作日志处理。

2007 年,中国移动开始在"大云"研究中使用 Hadoop 技术,规模超过 1 000 台。

2008 年,淘宝开始投入研究基于 Hadoop 的系统——云梯,并将其用于处理电子商务相关数据。云梯 1 的总容量大概为 9.3 PB,包含了 1 100 台计算机,每天处理约 18 000 道作业,扫描 500 TB 数据。

2008 年 1 月,Hadoop 成为 Apache 顶级项目。

2008 年 2 月,Yahoo 宣布其搜索引擎产品部署在一个拥有 1 万个内核的 Hadoop 集群上。

2008 年 7 月,Hadoop 打破 1 TB 数据排序基准测试记录。Yahoo 的一个 Hadoop 集群用 209 s 完成 1 TB 数据的排序,比上一年的纪录 297 s 快了将近 90 s。

2009 年 3 月,Cloudera 推出 CDH(Cloudera's Distribution including Apache Hadoop)平台,完全由开放源码软件组成,目前已经进入第 4 版。

2009 年 5 月,Yahoo 的团队使用 Hadoop 对 1 TB 的数据进行排序只花了 62 s。

2009 年 7 月,Hadoop Core 项目更名为 Hadoop Common。

2009 年 7 月,MapReduce 和 HDFS 成为 Hadoop 项目的独立子项目。

2009 年 7 月,Avro 和 Chukwa 成为 Hadoop 新的子项目。

2010 年 5 月，Avro 脱离 Hadoop 项目，成为 Apached 顶级项目。

2010 年 5 月，HBase 脱离 Hadoop 项目，成为 Apached 顶级项目。

2010 年 5 月，IBM 提供了基本 Hadoop 的大数据分析软件——IodoSphere BigInsights，包括基础版和企业版。

2010 年 9 月，Hive（Facebook）脱离 Hadoop，成为 Apache 顶级项目。

2010 年 9 月，Pig 脱离 Hadoop，成为 Apache 顶级项目。

2011 年 1 月，Zookeeper 脱离 Hadoop，成为 Apache 顶级项目。

2011 年 3 月，Apache Hadoop 获得 Media Guardian Innovation Awards。

2011 年 3 月，Platfrom Computing 宣布在它的 Symphony 软件中支持 Hadoop MapReduce API。

2011 年 5 月，Mapr Technologies 公司推出分布式文件系统和 MapReduce 引擎——MapR Distribution for Apache Hadoop。

2011 年 5 月，HCatalog 1.0 发布。该项目由 Hoetonwoeks 在 2010 年 3 月提出，HCatalog 主要用于解决数据存储、元数据的问题，主要解决 HDFS 的瓶颈，它提供了一个地方来存储数据的状态信息，这使得数据清理后归档工具可以很容易地进行处理。

2011 年 4 月，SGI（Silicon Graphics International）基于 SGI Rackable 和 CloudRack 服务器产品线提供 Hadoop 优化的解决方案。

2011 年 5 月，EMC 为客户推出一种全新的基于开源 Hadoop 解决方案的数据中心设备——GreenPlum HD，以助其满足客户日益增长的数据分析需求。GreenPlum 是 EMC 在 2010 年 7 月收购的一家开源数据库公司。

2011 年 5 月，在收购了 Engenio 之后，NetApp 推出与 Hadoop 应用结合的产品 E5400 存储系统。

2011 年 6 月，Calxeda 公司（之前公司的名字是 Smooth-Stone）发起了“开拓者行动”，一个由 10 家软件公司组成的团队将为 Calxeda 即将推出的基于 ARM 芯片的服务器提供支持，并为 Hadoop 提供低功耗服务器技术。

2011 年 6 月，数据集成提供商 Informatica 发布了其旗舰产品，产品设计初衷是处理当今事务和社会媒体所产生的海量数据，同时支持 Hadoop。

2011 年 7 月，Yahoo 和硅谷风险投资公司 Benchmark Capital 创建了 Hortonworks 公司，旨在让 Hadoop 更加健壮（可靠），并让企业用户更容易安装、管理和使用 Hadoop。

2011 年 8 月，Cloudera 公布了一项有利于合作伙伴生态系统的计划——创建一个生态系统，以便硬件供应商、软件供应商以及系统集成商可以一起探索如何使用 Hadoop 更好地洞察数据。

2011 年 8 月，Dell 与 Cloudera 联合推出 Hadoop 解决方案——Cloudera Enterprise。Cloudera Enterprise 基于 Dell PowerEdge C2100 机架服务器以及 Dell PowerConnect 6248 以太网交换机。

2011 年 12 月，在 Hadoop 0.20.205 版的基础上发布了 Hadoop1.0.0 版。

2011 年 10 月，Hadoop 推出了新一代架构的 Hadoop 0.23.0 测试版，该版本最终发展成为 Hadoop 2.0 版本，即新一代 Hadoop 系统 YARN。

2012 年 3 月，在 Hadoop 1.0 版本的基础上发布了 Hadoop 1.2.1 稳定版。

2013 年 10 月，Hadoop 2.2.0 版本成功发布。

2014 年 11 月,Hadoop 已经发展到了 2.6.0 版本。

说了这么长时间的 Hadoop,Hadoop 到底是什么意思呢?Hadoop 这个名字不是一个缩写,而是一个虚构的名字。该项目创始者 Doug Cutting 解释 Hadoop 名字的来源时说:"这个名字是我孩子给一个棕黄色的大象玩具起的名字。我的命名标准就是简短,容易发音好拼写,没有太多的意义,并且不会被用于别处。小孩子恰恰是这方面的高手。"

2. Hadoop 系统架构

Hadoop 是一个用 Java 编写的 Apache 开源框架,它允许使用简单的编程模型跨计算机集群分布式处理大型数据集。Hadoop 框架应用程序在一个跨计算机集群提供分布式存储和计算的环境中工作。Hadoop 旨在从单个服务器扩展到数千台计算机,每台计算机都提供本地计算和存储。

Hadoop 实现了一个分布式文件系统(HDFS)。HDFS 有高容错性的特点,并且设计用来部署在低廉的(low-cost)硬件上;而且它提供高吞吐量(high throughput)来访问应用程序的数据,适合那些有着超大数据集(large data set)的应用程序。HDFS 放宽了(relax)POSIX 的要求,可以以流的形式访问(streaming access)文件系统中的数据。

(1)Hadoop 系统架构

Hadoop 的核心是两个主要层次,即处理/计算层(MapReduce)和存储层(Hadoop 分布式文件系统),如图 1-4-2 所示。

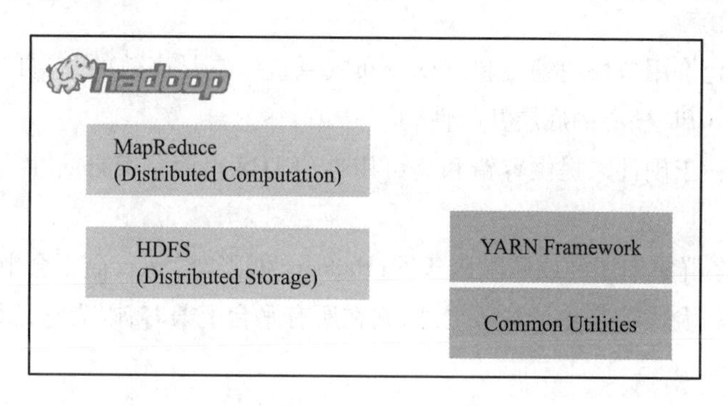

图 1-4-2 Hadoop 核心

(2)MapReduce

MapReduce 是一种并行编程模型,用于编写 Google 设计的分布式应用程序,以便以可靠、容错的方式在大型集群(数千个节点)的商用硬件上高效处理大量数据(TB 级数据集)。MapReduce 程序在 Hadoop 上运行,Hadoop 是一个 Apache 开源框架。

(3)Hadoop 分布式文件系统

Hadoop 分布式文件系统(HDFS)基于 Google 文件系统(GFS),提供分布式文件系统,旨在在商用硬件上运行。它与现有的分布式文件系统有许多相似之处。但是,与其他分布式文件系统的差异很大。它具有高度容错性,旨在部署在低成本硬件上。它提供对应用程序数据的高吞吐量访问,适用于具有大型数据集的应用程序。

除了上述两个核心组件外,Hadoop 框架还包括以下两个模块:

①Hadoop YARN:这是一个用于作业调度和集群资源管理的框架。

②Hadoop Common：这些是其他 Hadoop 模块所需的 Java 库和实用程序。

(4) Hadoop 工作方式

构建具有处理大规模处理能力的大型配置的大型服务器是相当昂贵的，但作为替代方案，用户可以将许多商用计算机与单 CPU 连接在一起，作为单个功能分布式系统，实际上，群集机器可以读取数据集并行并提供更高的吞吐量。而且，它比一个高端服务器便宜。因此，这是使用 Hadoop 的第一个动机因素，它运行在集群和低成本机器上。

Hadoop 在一组计算机上运行代码。此过程包括 Hadoop 执行的以下核心任务：

①将数据最初分为目录和文件。文件被分成 128 MB 和 64 MB(最好是 128 MB)的统一大小的块。

②划分的文件分布在各个集群节点上以进行进一步处理。

③HDFS 位于本地文件系统之上，负责监督处理。

④复制块用以处理硬件故障。

⑤检查代码是否已成功执行。

⑥执行地图和减少阶段之间的排序。

⑦将排序后的数据发送到某台计算机。

⑧为每个作业编写调试日志。

(5) Hadoop 的优点

①Hadoop 框架允许用户快速编写和测试分布式系统。它是高效的，它自动分配数据并跨机器工作，反过来利用 CPU 核心的底层并行性。

②Hadoop 不依赖于硬件来提供容错和高可用性(FTHA)，而是 Hadoop 库本身旨在检测和处理应用层的故障。

③可以动态地在群集中添加或删除服务器，Hadoop 可以继续运行而不会中断。

④Hadoop 的另一大优势是除了开源之外，它在所有平台上兼容，因为它是基于 Java 的。

任务实施

1. Hadoop 单节点安装

通过以上知识介绍，读者对 Hadoop 有了一定的了解，下面介绍 Hadoop 单节点安装的步骤。

①下载 Hadoop 压缩文件并上传解压到 CentOS 系统中(这里下载的是'hadoop-2. 7. 5. tar. gz')。

```
# cd /usr                                          --切换到 usr 目录下
# mkdir hadoop                                     --创建 hadoop 空目录
# tar-azxvf /root/hadoop-2. 7. 5. tar. gz-C /usr/hadoop  #解压到刚刚创建的 hadoop 目录中去
```

②配置相关信息，修改 hadoop-env. sh 文件，配置 Hadoop 依赖 jdk。

```
# vim  /usr/hadoop/hadoop-2. 7. 5/etc/hadoop/hadoop-env. sh  #编辑该文件
# export JAVA_HOME = $ JAVA_HOME  #加入 jdk 环境变量，按【Esc】键后输入：wq 即可修改保存退出
```

③修改 core-site. xml 文件。

```
vim /usr/hadoop/hadoop-2. 7. 5/etc/hadoop/core-site. xml
<property>
```

```
<name>fs.default.name</name>
<value>hdfs://localhost:9000</value>
</property>
<property>
<name>hadoo.tmp.dir</name>
<value>/usr/hadoop/hadoop-2.7.5/tmp</value>
</property>
```

④修改 hdfs-site.xml 文件。

```
vim /usr/hadoop/hadoop-2.7.5/etc/hadoop/hdfs-site.xml
<property>
    <name>dfs.http.address</name>
    <value>192.168.73.128:50070</value>
</property>
<property>
    <name>dfs.replication</name>
    <value>1</value>
</property>
<property>
    <name>dfs.namenode.name.dir</name>
    <value>file:/usr/hadoop/hadoop-2.7.5/tmp/dfs/name</value>
</property>
<property>
    <name>dfs.datanode.data.dir</name>
    <value>file:/usr/hadoop/hadoop-2.7.5/tmp/dfs/data</value>
</property>
```

⑤修改 marped-site.xml 文件。

```
vim /usr/hadoop/hadoop-2.7.5/etc/hadoop/marped-site.xml
<property>
    <name>marped.job.tracker</name>
    <value>localhost:9001</value>
</property>
```

⑥格式化 Hadoop 的 HDFS 文件系统，在 Hadoop 文件中输入以下命令。

```
# bin/Hadoop NameNode-format
```

⑦如果没有异常显示，即说明格式化成功，就可以启动 Hadoop 了。启动 Hadoop 的命令如下。

```
# sbin/start-all.sh
```

⑧测试是否安装成功，输入：

```
#jps
```

显示结果如图 1-4-3 所示，表明 Hadoop（单节点）安装成功。

```
[root@simple02 桌面]# jps
2497 DataNode
2658 SecondaryNameNode
3019 Jps
2911 NodeManager
[root@simple02 桌面]#
```

图 1-4-3　验证单节点安装结果

2. Hadoop 集群安装

通常，集群里的一台机器被指定为 Namenode，另一台不同的机器被指定为 JobTracker，这些机器是 masters。余下的机器既作为 Datanode 也作为 TaskTracker，这些机器是 slaves。

Hadoop 集群具体来说包含两个集群:HDFS 集群和 YARN 集群,两者逻辑上分离,但物理上常在一起。

➢ HDFS 集群:负责海量数据的存储,集群中的角色主要有 Namenode / Datanode。

➢ YARN 集群:负责海量数据运算时的资源调度,集群中的角色主要有 ResourceManager / NodeManager。

本集群搭建案例,以 3 节点为例进行搭建,角色分配如下:

```
hdp-node-01     NameNode     SecondaryNameNode     ResourceManager
hdp-node-02     DataNode     NodeManager
hdp-node-03     DataNode     NodeManager
```

(1)服务器准备

本案例使用虚拟机服务器搭建 Hadoop 集群,所用软件及版本如下。

➢ Vmware 12.0。

➢ CentOS 6.6 64bit。

(2)网络环境准备

➢ 采用 NAT 方式联网。

➢ 网关地址:192.168.33.1。

➢ 3 个服务器节点 IP 地址:192.168.33.101、192.168.33.102、192.168.33.103。

➢ 子网掩码:255.255.255.0。

(3)服务器系统设置

➢ 添加 Hadoop 用户。

➢ 为 Hadoop 用户分配 sudoer 权限。

➢ 同步时间。

➢ 设置主机名。

```
A:hdp-node-01
B:hdp-node-02
C:hdp-node-03
```

➢ 配置内网域名映射。

```
(A)192.168.33.101        hdp-node-01
(B)192.168.33.102        hdp-node-02
(C)192.168.33.103        hdp-node-03
```

➢ 配置 SSH 免密登录。

➢ 配置防火墙

(4)JDK 环境安装

①上传 JDK 安装包。

②规划安装目录/home/hadoop/apps/jdk_1.8.0。

③解压安装包。

④配置环境变量/etc/profile。

(5)Hadoop 安装部署

①上传 Hadoop 安装包。

②规划安装目录/home/hadoop/apps/hadoop-2. 6. 5。

③解压安装包 tar-zxvf hadoop-2. 6. 5-C apps/。

④修改配置文件 $HADOOP_HOME/etc/hadoop/。

⑤分布式集群环境配置文件:

```
vi  hadoop-env. sh
# The java implementation to use.
export JAVA_HOME = /home/hadoop/apps/jdk1. 7. 0_45
vi  core-site. xml
 < configuration >
   < property >
     < name > fs. defaultFS < /name >
     < value > hdfs://hdp-node-01:9000 < /value >
   < /property >
   < property >
     < name > hadoop. tmp. dir < /name >
     < value > /home/HADOOP/apps/hadoop-2. 6. 5/tmp < /value >
   < /property >
 < /configuration >
vi  hdfs-site. xml
 < configuration >
   < property >
     < name > dfs. replication < /name >
     < value > 1 < /value >
   < /property >
   < property >
     < name > dfs. secondary. http. address < /name >
     < value > hdp-node-01:50090 < /value >
   < /property >
 < /configuration >
vi  mapred-site. xml
 < configuration >
V < property >
     < name > mapreduce. framework. name < /name >
     < value > yarn < /value >
   < /property >
 < /configuration >
vi  yarn-site. xml
 < configuration >
   < property >
     < name > yarn. resourcemanager. hostname < /name >
     < value > hadoop01 < /value >
   < /property >
   < property >
     < name > yarn. nodemanager. aux-services < /name >
    < value > mapreduce_shuffle < /value >
   < /property >
 < /configuration >
vi  salves
hdp-node-02
hdp-node-03
```

(6)集群启动

①初始化 HDFS,命令如下:

```
bin/hadoop  namenode  -format
```

②启动 HDFS,命令如下:

```
sbin/start-dfs.sh
```

③启动 YARN,命令如下:

```
sbin/start-yarn.sh
```

④查看集群状态,命令如下:

```
jps
bin/hdfs dfsadmin-report
```

小结

Hadoop 被视为事实上的大数据处理标准,本单元开头介绍了 Linux 虚拟环境、Linux 操作命令、Java 安装以及 Hadoop 单节点和集群安装,该部分是后续章节实践环节的基础。在本单元中阐述了 Hadoop 的高可靠性、高扩展性、高容错性、成本低、运行在 Linux 平台上、支持多种编程语言等特性。

通过对本单元的学习,读者熟悉了 Hadoop 的安装与配置,在实验中掌握 Linux 虚拟环境的安装、Linux 基本操作命令的使用以及如何在 Linux 系统下安装和配置 Hadoop 的知识点和技能点。

习题

一、选择题

1. 下列(　　)程序通常与 Namenode 在同一个节点启动。

A. TaskTracker　B. Datanode　C. SecondaryNamenode　D. Jobtracker

2. 用"rm-i",系统会提示(　　)让用户确认。

A. 是否真的删除　B. 是否有写的权限　C. 命令行的每个选项　D. 文件的位置

二、填空题

1. 编写的 Shell 程序运行前必须赋予该脚本文件________权限。

2. 在 Shell 脚本中,用来读取文件内各个域的内容并将赋值给 Shell 变量的命令是________。

三、问答题

1. Hadoop 三大核心是什么?

2. 配置 Hadoop 时,Java 路径 JAVA_HOME 是在哪一个配置文件中进行设置的?

3. Hadoop 启动之后具有哪几个进程?

四、操作题

1. 上机练习,安装 Linux 虚拟环境。

2. 上机练习,安装 Java。

3. 上机练习,安装配置 Hadoop 单节点及集群。

试　题

单元1 试题

单元 2
分布式文件系统HDFS

单元描述

大数据时代必须解决海量数据的高效存储问题，为此，谷歌开发了分布式文件系统（GFS），通过网络实现文件在多台机器上的分布式存储，较好地满足了大规模数据存储的需求。Hadoop 分布式文件系统（HDFS）是 Hadoop 项目的两大核心之一，是针对谷歌文件系统（GFS）的开源实现。它提供了在廉价服务器集群中进行大规模分布式文件存储的能力。HDFS 具有很好的容错能力，并且兼容廉价的硬件设备，因此可以以较低的成本利用现有机器实现大流量和大数据的读写。因此，本单元将介绍分布式文件系统 HDFS，通过对 HDFS 读写过程、使用 Java 操作 HDFS 过程的讲解，令读者掌握什么是 HDFS 的读和写以及 Java 如何操作 HDFS 的知识点和技能点。

学习目标

【知识目标】

（1）了解 HDFS 文件系统是什么，以及它的设计原则和核心理念。

（2）了解 HDFS 的 HA 方案。

（3）了解 HDFS 读写数据原理。

【能力目标】

（1）掌握 HDFS 常用操作命令。

（2）掌握搭建 Java 操作 HDFS 的环境。

（3）掌握 Java 操作 HDFS 的接口。

视　频

理解HDFS的读写过程

任务 2.1　理解 HDFS 的读写过程

任务描述

本任务需要读者对 HDFS 文件系统基本内容、HDFS 设计原则、HDFS 核心概念、HDFS 的 HA 方案以及 HDFS 的命令行接口有一定的了解，最后独立完成 HDFS 常用操作命令的练习。

知识学习

1. HDFS 文件系统简介

在大数据时代，需要处理分析的数据集的大小已经远远超过了单台计算机的存储能力，因此需要将数据集进行分区并存储到若干台独立的计算机中。但是,分区存储的数据不方便管理和维护,迫切需要一种文件系统来管理多台机器上的文件,这就是分布式文件系统。

分布式文件系统是一种允许文件通过网络在多台主机上进行分享的文件系统,可让多台机器上的多用户分享文件和存储空间。HDFS 是 Hadoop 的一个分布式文件系统,是 Hadoop 应用程序使用的主要分布式存储。HDFS 被设计成适合运行在通用硬件上的分布式文件系统。在 HDFS 体系结构中有两类节点:一类是 Namenode,又称"名称节点";另一类是 Datanode,又称"数据节点"。这两类节点分别承担 Master 和 Worker 具体任务的执行。

HDFS 总的设计思想是分而治之,即将大文件和大批量文件分布式存放在大量独立的服务器上,以便采取分而治之的方式对海量数据进行运算分析。

HDFS 是一个主/从体系结构,从最终用户的角度来看,它就像传统的文件系统一样,可以通过目录路径对文件执行 CRUD(Create、Read、Update 和 Delete)操作。但由于分布式存储的性质,HDFS 集群拥有一个 Namenode 和一些 Datanode。Namenode 管理文件系统的元数据,Datanode 存储实际的数据。

HDFS 主要针对"一次写入,多次读取"的应用场景,不适合实时交互性很强的应用场景,也不适合存储大量小文件。

Hadoop 文件系统是使用分布式文件系统设计开发的。它在商品硬件上运行。与其他分布式系统不同,HDFS 具有高度容错能力,并使用低成本硬件进行设计。

HDFS 可以容纳大量数据并提供更轻松的访问。为了存储如此庞大的数据,文件存储在多台机器上。这些文件以冗余方式存储,以便在发生故障时使系统免于可能的数据丢失。HDFS 还使应用程序可用于并行处理。

1)HDFS 的功能

①HDFS 适用于分布式存储和处理。

②Hadoop 提供了一个与 HDFS 交互的命令接口。

③Namenode 和 Datanode 的内置服务器可以帮助用户轻松检查集群的状态。

④流式访问文件系统数据。

⑤HDFS 提供文件权限和身份验证。

2)HDFS 架构

图 2-1-1 所示为 Hadoop 文件系统的体系结构。

HDFS 遵循主从架构,它具有以下元素。

(1)Namenode

Namenode 管理文件系统的命名空间。它维护着文件系统树及整棵树内的所有文件和目录。具有 Namenode 的系统充当主服务器,它执行以下任务:

①管理文件系统命名空间。

②规范客户端对文件访问权限。

③它还执行文件系统操作,比如重命名,关闭和打开文件和目录。

(2)Datanode

Datanode 提供真实文件数据的存储服务,它维护 block(块)到 Datanode 的映射关系。对于群集中的每个节点(商品硬件/系统),都会有一个 Datanode。这些节点管理其系统的数据存储。

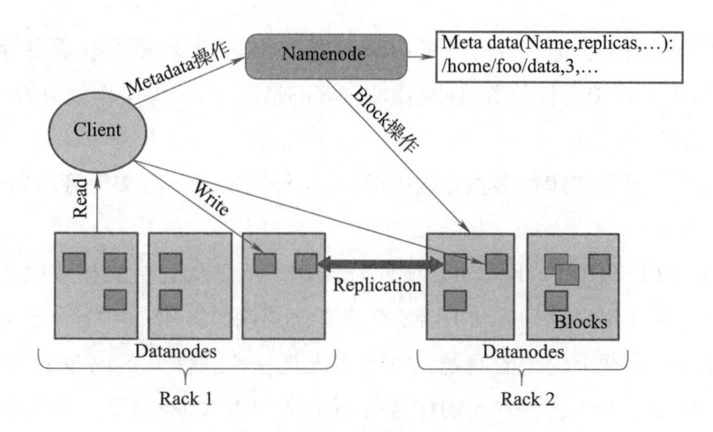

图 2-1-1 Hadoop 文件系统的体系结构

①Datanodes 根据客户端请求对文件系统执行读写操作。

②它们还根据 Namenode 的指令执行块创建、删除和复制等操作。

(3)块

通常,用户数据存储在 HDFS 的文件中。文件系统中的文件将被分成一个或多个段或存储在各个数据节点中。这些文件段称为块。换句话说,HDFS 可以读取或写入的最小数据量称为块。默认块大小为 64 MB,但可以根据 HDFS 配置更改的需要增加。

3)HDFS 的用途

①故障检测和恢复:由于 HDFS 包含大量商用硬件,因此组件故障频繁发生。因此,HDFS 应该具有快速和自动故障检测和恢复的机制。

②巨大的数据集:HDFS 每个集群应该有数百个节点来管理具有庞大数据集的应用程序。

③数据硬件:当计算发生在数据附近时,可以有效地完成请求的任务。特别是在涉及大量数据集的情况下,它可以减少网络流量并提高吞吐量。

2. HDFS 设计原则

1)HDFS 基本原理

文件系统是操作系统提供的磁盘空间管理服务,该服务只需要用户指定文件的存储位置及文件读取路径,而不需要用户了解文件在磁盘上是如何存放的。

当文件所需空间大于本机磁盘空间时,处理方法如下:

①加磁盘,但是加到一定程度就有限制了。

②加机器,即用远程共享目录的方式提供网络化的存储,这种方式可以理解为分布式文件系统的雏形,它可以把不同文件放入不同的机器中,而且空间不足时可继续加机器,突破了存储空间的限制。

但是以上两种传统的分布式文件系统存在如下 3 个具体问题。

①各个存储节点的负载不均衡,单机负载可能极高。例如,如果某个文件是热门文件,则会有很多用户经常读取这个文件,这就会造成该文件所在机器的访问压力极高。

②数据可靠性低。如果某个文件所在的机器出现故障,那么这个文件就不能访问了,甚至会造成数据的丢失。

③文件管理困难。如果想把一些文件的存储位置进行调整,就需要查看目标机器的空间是否够用,并且需要管理员维护文件位置,在机器非常多的情况下,这种操作就极为复杂。

2)HDFS 基本思想

HDFS 是个抽象层,底层依赖很多独立的服务器,对外提供统一的文件管理功能。HDFS 的基本架构如图 2-1-2 所示。

比如,用户访问 HDFS 中的/a/b/c. mpg 文件时,HDFS 负责从底层的相应服务器中读取该文件,然后返回给用户,这样用户就只需和 HDFS 打交道,而不用关心该文件是如何存储的。

为了解决存储节点负载不均衡的问题,HDFS 首先把一个文件分割成多个块,然后再把这些文件块存储在不同服务器上。这种方式的优势是不怕文件太大,并且读文件的压力不会全部集中在一台服务器上,从而可以避免某个热点文件会带来的单机负载过高的问题。比如,用户需要保存文件/a/b/xxx. avi 时,HDFS 首先会把该文件进行分割,如分为 4 块,然后分别存放到不同的服务器上,如图 2-1-3 所示。

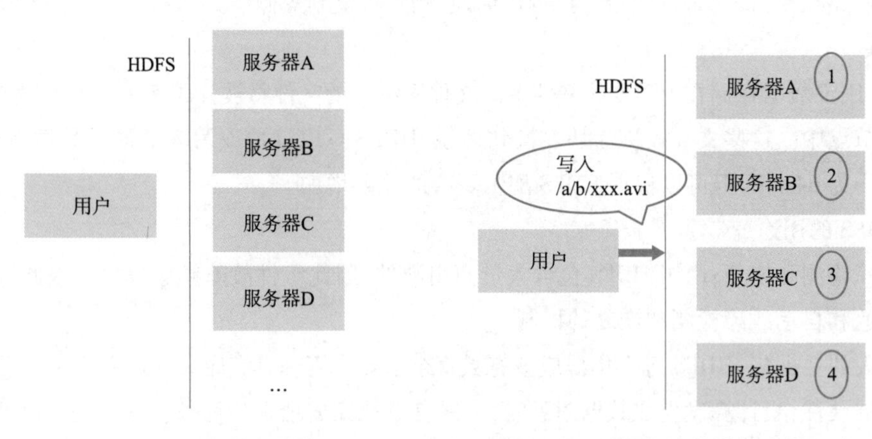

图 2-1-2 HDFS 基本架构　　图 2-1-3 HDFS 文件分块存储示意

但是如果某台服务器坏了,那么文件就会读不全。如果磁盘不能恢复,那么存储在上面的数据就会丢失。为了保证文件的可靠性,HDFS 会把每个文件块进行多个备份,一般情况下是 3 个备份。

假如要在由服务器 A、B、C 和 D 的存储节点组成的 HDFS 上存储文件/a/b/xxx. avi,则 HDFS 会把文件分成 4 块,分别为块 1、块 2、块 3 和块 4。为了保证文件的可靠性,HDFS 会把数据块按以下方式存储到 4 台服务器上,如图 2-1-4 所示。

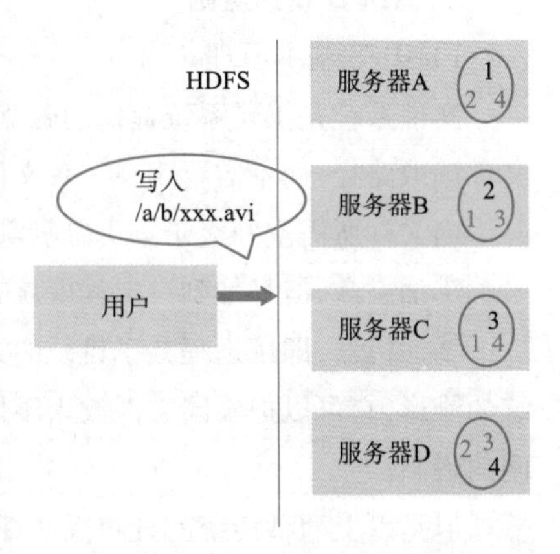

图 2-1-4 HDFS 文件多副本存储示意

采用分块多副本存储方式后,HDFS 文件的可靠性就大大增强了,即使某个服务器出现故障,也仍然可以完整地读取文件,该方式同时还带来一个很大的好处,就是增加了文件的并发访问能力。例如,多个用户读取该文件时,都要读取块1,HDFS可以根据服务器的繁忙程度,选择从哪台服务器读取块1。

为了管理文件,HDFS需要记录维护一些元数据,也就是关于文件数据信息的数据,如HDFS中存了哪些文件,文件被分成了哪些块,每个块被放在哪台服务器上等。

HDFS把这些元数据抽象为一个目录树,来记录这些复杂的对应关系。这些元数据由一个单独的模块进行管理,这个模块称为名称节点(Namenode)。存放文件块的真实服务器称为数据节点(Datanode)。

3)HDFS设计原则

简单来说,HDFS的设计原则是,可以运行在普通机器上,以流式数据方式存储文件,一次写入、多次查询,具体有以下几点。

①可构建在廉价机器上:HDFS的设计理念之一就是让它能运行在普通的硬件之上,即便硬件出现故障,也可以通过容错策略来保证数据的高可用性。

②高容错性:由于HDFS需要建立在普通计算机上,所以节点故障是正常的事情。HDFS将数据自动保存为多个副本,副本丢失后,自动恢复,从而实现数据的高容错性。

③适合批处理:HDFS适合一次写入、多次查询(读取)的情况。在数据集生成后,需要长时间在此数据集上进行各种分析。每次分析都将涉及该数据集的大部分数据甚至全部数据,因此读取整个数据集的时间延迟比读取第一条记录的时间延迟更重要。

④适合存储大文件:这里说的大文件包含两种意思:一是指文件大小超过100 MB及达到GB甚至TB、PB级的文件;二是百万规模以上的文件数量。

4)HDFS的局限性

HDFS的设计理念是为了满足特定的大数据应用场景,所以HDFS具有一定的局限性,不能适用于所有的应用场景,HDFS的局限主要有以下几点。

①实时性差:要求低时间延迟的应用不适合在HDFS上运行,HDFS是为高数据吞吐量应用而优化的,这可能会以高时间延迟为代价。

②小文件问题:由于Namenode将文件系统的元数据存储在内存中,因此该文件系统所能存储的文件总量受限于Namenode的内存总容量。根据经验,每个文件、目录和数据块的存储信息大约占150 B。过多的小文件存储会大量消耗Namenode的存储量。

③文件修改问题:HDFS中的文件只有一个写入者,而且写操作总是将数据添加在文件的末尾。HDFS不支持具有多个写入者的操作,也不支持在文件的任意位置进行修改。

3. HDFS核心概念

(1)Namenode介绍

Namenode管理着文件系统的Namespace。它维护着文件系统树(filesystem tree)以及文件树中所有文件和文件夹的元数据(metadata)。管理这些信息的文件有两个,分别是Namespace镜像文件(Namespace image)和操作日志文件(edit log),这些信息被Cache在RAM中,当然,这两个文件也会被持久地存储在本地硬盘中。Namenode记录着每个文件中各个块所在的数据节点的位置信息,但是它并不持久化地存储这些信息,因为这些信息会在系统启动时从数据节点重建。

如图1-2-5所示,客户(Client)代表用户与Namenode和Datanode交互来访问整个文件系统。

客户端提供了一系列的文件系统接口,因此在编程时,几乎无须知道 Datanode 和 Namenode,即可完成所需要的功能。

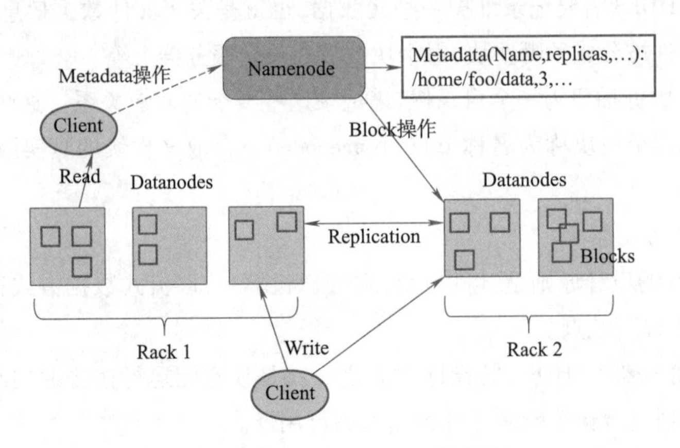

图 2-1-5　Namenode 结构图

(2) Namenode 容错机制

没有 Namenode,HDFS 就不能工作。事实上,如果运行 Namenode 的机器出现故障,系统中的文件将会完全丢失,因为没有其他方法能够将位于不同 Datanode 上的文件块(block)重建文件。因此,Namenode 的容错机制非常重要,Hadoop 提供了两种机制。

第一种方式是备份持久地存储在本地硬盘的文件系统元数据。Hadoop 可以通过配置让 Namenode 将其持久化状态文件写到不同的文件系统中。这种写操作是同步并且是原子化的。比较常见的配置是在将持久化状态写到本地硬盘的同时,也写入到一个远程挂载的网络文件系统。

第二种方式是运行一个辅助的 Namenode(Secondary Namenode)。事实上 Secondary Namenode 并不能被用作 Namenode,其主要作用是定期地将 Namespace 镜像与操作日志文件(edit log)合并,以防止操作日志文件变得过大。通常,Secondary Namenode 运行在一个单独的物理机上,因为合并操作需要占用大量的 CPU 时间以及和 Namenode 相当的内存。辅助 Namenode 保存着合并后的 Namespace 镜像的一个备份,万一哪天 Namenode 出现了故障,这个备份就可以用得上。

但是辅助 Namenode 总是落后于主 Namenode,所以在 Namenode 故障时,数据丢失是不可避免的。在这种情况下,一般要结合第一种方式中提到的远程挂载的网络文件系统(NFS)中的 Namenode 的元数据文件来使用,把 NFS 中的 Namenode 元数据文件复制到辅助 Namenode,并把辅助 Namenode 作为主 Namenode 运行。

(3) Datanode 介绍

Datanode 是文件系统的工作节点,它们根据客户端或者是 Namenode 的调度存储和检索数据,并且定期向 Namenode 发送它们所存储的块(block)的列表。

集群中的每个服务器都运行一个 Datanode 后台程序,这个后台程序负责把 HDFS 数据块读写到本地的文件系统。当需要通过客户端读/写某个数据时,先由 Namenode 告诉客户端去哪个 Datanode 进行具体的读/写操作,然后,客户端直接与这个 Datanode 服务器上的后台程序进行通信,并且对相关的数据块进行读/写操作。

(4) Secondary Namenode 介绍

Secondary Namenode 是一个用来监控 HDFS 状态的辅助后台程序。就像 Namenode 一样,每个集群都有一个 Secondary Namenode,并且部署在一个单独的服务器上。Secondary Namenode 不同于 Namenode,它不接受或者记录任何实时的数据变化,但是,它会与 Namenode 进行通信,以便定期地保存 HDFS 元数据的快照。由于 Namenode 是单点的,通过 Secondary Namenode 的快照功能,可以将 Namenode 的故障时间和数据损失降低到最小。同时,如果 Namenode 发生问题,Secondary Namenode 可以及时地作为备用 Namenode 使用。

(5) Namenode 的目录结构

Namenode 的目录结构如下:

```
${dfs.name.dir}/current/VERSION
    /edits
    /fsimage
    /fstime
```

(6) Secondary Namenode 的目录结构

Secondary Namenode 的目录结构如下:

```
${dfs.name.dir}/current/VERSION
    /edits
    /fsimage
    /fstime
/previous.checkpoint/VERSION
/edits
/fsimage
/fstime
```

(7) JobTracker 介绍

JobTracker 后台程序用来连接应用程序与 Hadoop。用户代码提交到集群以后,由 JobTracker 决定哪个文件将被处理,并且为不同的 task 分配节点。同时,它还监控所有的 task,一旦某个 task 失败了,JobTracker 就会自动重新开启这个 task,在大多数情况下这个 task 会被放在不用的节点上。每个 Hadoop 集群只有一个 JobTracker,一般运行在集群的 Master 节点上。

(8) TaskTracker 介绍

TaskTracker 与负责存储数据的 Datanode 相结合,其处理结构上也遵循主/从架构。JobTracker 位于主节点,统领 MapReduce 工作;而 TaskTracker 位于从节点,独立管理各自的 task。每个 TaskTracker 负责独立执行具体的 task,而 JobTracker 负责分配 task。虽然每个从节点仅有唯一的 TaskTracker,但是每个 TaskTracker 可以产生多个 Java 虚拟机(JVM),用于并行处理多个 map 以及 reduce 任务。TaskTracker 的一个重要职责就是与 JobTracker 交互。如果 JobTracker 无法准时地获取 TaskTracker 提交的信息,JobTracker 就判定 TaskTracker 已经崩溃,并将任务分配给其他节点处理。

4. HDFS 的 HA 方案

1) HA 定义

HA(High Availability,高可用性):系统对外提供正常服务时间的百分比。

Hadoop 运行时会有两种情况:一是 Hadoop 正常提供服务时间(MTTF);二是不能提供正常服

务时间，所以 HA = MTTF/(MTTF + MTTR) * 100%。通过上面两种情况可以看出，HA 能精确度量系统对外提供正常服务的能力，也就是说系统的高可用程度。HDFS 出现无法提供正常服务的情况：正常的软硬件升级、维护、客户误操作导致 HDFS 发生故障绝大部分是由于软件导致。

2) HDFS HA 原因分析及应对措施

①可靠性：Namenode 作为管理节点，统一维护和控制 HDFS 文件系统，而 Datanode 存储实际文件，且有副本，也就是说 Namenode 成为 HDFS 系统的单一故障点，Namenode 能否正常运行决定了 HDFS 的可靠性。

②可维护性：一旦 Namenode 无法提供正常服务，如果元数据没有损坏，那么重新启动即可；但元数据一旦损坏且没有任何措施，那么，Namenode 的维护时间将无限大。Datanode 因为有副本，既使块文件损坏，也会很快恢复，Namenode 也决定了系统的可维护性；准确地说，Namenode 元数据的可维护性决定 HDFS 的可维护性。

3) HDFS 的 HA 方案

主要是从使用者的角度出发，提高元数据的可靠性，减少 Namenode 服务恢复时间，措施主要是给元数据做备份，另外 HDFS 自身就有多种机制来确保元数据的可靠性，减少 Namenode 服务恢复时间的措施有两种思路：

①基于 Namenode 重启恢复模式，对 Namenode 自身启动过程进行分析，优化加载过程，减少启动时间。

②启动一个 Namenode 热备节点，当主节点不能正常提供服务，切换为热备节点，切换时间成为恢复时间。

从效率上分析，第一种思路尽管进行了优化，但 Namenode 的启动时间仍受文件系统规模的限制。第二种则突破了这种限制，现有比较成熟的 HA 解决方案有：

(1) Hadoop 元数据备份

利用 Hadoop 自身元数据备份机制，Namenode 可以将元数据保存到多个目录，一般是一个本地目录，多个远程目录（通过 NFS 进行共享），当 Namenode 发生故障，可以启动备用机器 Namenode 加载远程目录中的元数据信息提供服务。

优点：Hadoop 自带机制、成熟可靠、使用简单方便、无须开发、配置即可。元数据有多个备份，可有效保证元数据的可靠性，并且元数据内容保持在最新状态。

缺点：元数据需要同步写入多个备份目录，效率低于单个 Namenode。恢复 Namenode 也就是重启 Namenode，这样恢复时间与文件系统规模成正比。由于备份的元数据在远程目录上，那么 NFS 在操作阻塞情况下，将无法提供正常服务。

(2) Hadoop 的 Secondary Namenode 方案

启动一个 Secondary Namenode 节点，定期从元数据信息（fsimage）和元数据操作日志（edits）下载，然后将两个文件合并，生成新的镜像文件，推送给 Namenode 并重置 edits，Namenode 启动时，只需加载新的 fsimage。

优点：Hadoop 自带机制、成熟可靠、使用简单方便、无须开发、配置即可。减少 Namenode 启动所需时间，防止 edits 文件过于庞大。

缺点：没有做热备份，因此重启时文件系统的规模和启动时间成正比。有可能在 Namenode

故障时，Secondary Namenode 并未做同步，也就可能一部分操作数据会丢失，重启后的文件系统并不是最新的。

(3)Hadoop 的 CheckPoint node 方案

CheckPoint(检查点)原理基本与 Secondary Namenode 相同，实现方式不同。该方案利用 Hadoop 的 CheckPoint 机制进行备份，配置一个 CheckPoint node 节点，该节点定期合并元数据镜像文件和用户操作日志 edits，在本地形成最新的 CheckPoint 并上传到 Primary Namenode 进行更新，一旦 Namenode 故障，可以启动备份 Namenode 节点读取 CheckPoint 信息，并提供服务。

优点：使用简单方便，无须开发配置即可，元数据有多个备份。

缺点：没有做热备份，切换节点时间长。和 Secondary Namenode 一样，有可能恢复的元数据信息不是最新的。

任务实施

1. HDFS 的命令行接口

通过前面对 HDFS 基本概念、高可用性、数据读写流程的介绍，读者对 HDFS 已经有了大致的了解。这里还需要明确一点：

Hadoop 作为一个完整的分布式系统，它有一个抽象的文件系统的概念，而介绍的 HDFS 只是其中的一个实现，一个最常用的实现，实际上还有很多其他的分布式文件系统。

Hadoop 对文件系统提供了很多接口，一般使用 URI(统一资源标识符)来表示选取的文件系统具体是哪一个，比如 file://表示本地文件系统，而 hdfs://表示 HDFS，还有其他一些具体的实现，但是不常用到。

至此，读者对 HDFS 的理论技术基础已经基本了解，既然它是一个文件系统，类似于人们日常使用的本地文件系统，读者就可以通过命令行的一些命令来与其进行交互。下面主要介绍其命令行接口。

配置完成后，作为一个文件系统，其主要操作无非就是：读取文件、新建目录、移动文件、删除数据、列出目录等，可以使用 hadoop fs-help 查看命令帮助。

以下演示其命令行接口的基本使用方法：

①从本地文件系统将一个文件复制到 HDFS。

```
$ hadoop fs-copyFromLocal ~/1.txt hdfs://localhost/user/gz.shan/2.txt
```

②从本地文件系统将一个文件复制到 HDFS，省略 hdfs://localhost，因为在启动 Hadoop 时已经在配置文件中指定。

```
$ hadoop fs-copyFromLocal ~/1.txt /user/gz.shan/2.txt
```

③从本地文件系统将一个文件复制到 HDFS，相对路径，默认就是用户的 home 目录。

```
$ hadoop fs-copyFromLocal ~/1.txt 2.txt
```

④从 HDFS 中将文件复制回本地文件系统。

```
$ hadoop fs-copyToLocal  /user/gz.shan/2.txt ~/3.txt
```

⑤在 HDFS 中新建目录。

```
$ hadoop fs-mkdir test
```

⑥查看当前路径下的文件信息。

```
$ hadoop fs-ls
```

得到的结果是:

```
-rw-r--r--    1 gz.shan supergroup  60   2019-06-20 18:18   2.txt
drwxr-xr-x    - gz.shan supergroup  0    2019-06-20 18:21   test
```

第一列代表文件模式,第二列代表文件的副本数量,第三列和第四列是文件的所属用户和组别,第五列是文件的大小,以字节为单位,目录是0,第六列和第七列是文件最后的修改日期和时间,第八列是文件名

⑦删除文件。

```
$ hadoop fs-rm /user/gz.shan/2.txt
```

以上就是 Hadoop HDFS 的命令行接口简单示例,需要补充说明的是:HDFS 中的文件访问权限和 POSIX 中是差不多的,一共三类权限:只读、写入和可执行(分别对应 r、w、x),每个文件同样都有所属用户(owner)、所属组别(group)以及模式(mode),这个模式由所属用户的权限、组内成员的权限以及其他用户的权限组成。

2. HDFS 常用操作命令

调用文件系统(FS)Shell 命令应使用 bin/Hadoop fs <args> 的形式。所有 FS Shell 命令使用 URI 路径作为参数。URI 的格式是 scheme://authority/path。对 HDFS 文件系统,scheme 是 hdfs;对本地文件系统,scheme 是 file。其中 scheme 和 authority 参数都是可选的,如果未加指定,就会使用配置中指定的默认 scheme。一个 HDFS 文件或目录(如/parent/child)可以表示成:

```
hdfs://namenode:namenodeport/parent/child.
```

(1)cat 命令

用法:

```
hadoop fs-cat URI [URI…]
```

将路径指定文件的内容输出到 stdout。示例如下:

```
Hadoop fs-cat /user/input.txt
```

(2)chgrp 命令

用法:

```
hadoop fs-chgrp [-R] GROUP URI [URI…]
```

改变文件所属的组。使用 -R 将使改变在目录结构下递归进行。命令的使用者必须是文件的所有者或者超级用户。示例如下:

```
hadoop fs-chgrp group1 /hadoop/hadoopfile
```

(3)chmod 命令

用法:

```
hadoop fs-chmod [-R] <MODE[,MODE]… |OCTALMODE> URL [URI…]
```

改变文件的权限。使用 -R 将使改变在目录结构下递归进行。命令的使用者必须是文件的所有者或者超级用户。示例如下：

```
hadoop fs-chmod 764 /hadoop/hadoopfile
```

(4) chown 命令

用法：

```
hadoop fs-chown [-R] [OWNER][:[GROUP]] URI [URI]
```

改变文件的拥有者。使用 -R 将使改变在目录结构下递归进行。命令的使用者必须是超级用户。示例如下：

```
hadoop fs-chown user1 /hadoop/hadoopfile
```

(5) copyFromLocal 命令

用法：

```
hadoop fs-copyFromLocal <localsrc> URI
```

从本地文件复制到 HDFS 文件系统中。示例如下：

```
hadoop fs-copyFromLocal /home/hadoop/stdrj.flv /home/hadoop/
```

(6) cp 命令

用法：

```
hadoop fs-cp URI [URI...] <dest>
```

将文件从源路径复制到目标路径。该命令允许有多个源路径，此时目标路径必须是一个目录。示例如下：

```
hadoop fs-cp /user/hadoop/file1 /user/hadoop/file2
```

(7) du 命令

用法：

```
hadoop fs-du URI [URI...]
```

显示目录中所有文件的大小，或者当指定一个文件时，显示此文件的大小。示例如下：

```
hadoop fs-du /user/hadoop/
```

(8) dus 命令

用法：

```
hadoop fs-dus <args>
```

显示文件的大小，与 du 类似，区别在于对目录操作时显示的是目录下所有文件大小之和。示例如下：

```
hadoop fs-dus /user
```

(9) get 命令

用法：

```
hadoop fs-get [-ignorecrc] [-crc] <src> <localdst>
```

复制文件到本地文件系统。可用 - ignorecrc 选项复制 CRC 校验失败的文件。使用 - crc 选项复制文件以及 CRC 信息。示例如下：

```
hadoop fs-get /user/input.txt /home/hadoop
```

(10) expunge 命令

用法：

```
hadoop fs-expunge
```

清空回收站。

(11) mv 命令

用法：

```
hadoop fs-mv URI [URI…] <dest>
```

将文件从源路径移动到目标路径。该命令允许有多个源路径，此时目标路径必须是一个目录，不允许在不同的文件系统间移动文件。示例如下：

```
hadoop fs-mv /user/hadoop/aa.txt /user/hadoop/bb.txt
```

(12) put 命令

用法：

```
hadoop fs-put <localsrc>… <dst>
```

从本地文件系统中复制单个或多个源路径到目标文件系统。也支持从标准输入中读取输入写入到目标文件系统中。示例如下：

```
hadoop fs-put /home/hadoop/aa.txt /user/hadoop/
```

(13) rm 命令

用法：

```
hadoop fs-rm URI [URI…]
```

删除指定的文件。只删除非空目录和文件。示例如下：

```
hadoop fs-rm /user/hadoop/test.txt
```

(14) setrep 命令

用法：

```
hadoop fs-setrep [-R] <path>
```

改变一个文件的副本系数。 - R 选项用于递归改变目录下所有文件的副本系数。示例如下：

```
hadoop fs-setrep-w 3-R /user/hadoop/dir1
```

视　频

使用Java
操作HDFS

任务2.2　使用 Java 操作 HDFS

任务描述

本任务需要读者对 HDFS 读写数据原理有一定的了解，然后独立搭建

Java 操作 HDFS 环境以及使用 Java 操作 HDFS 的接口。

知识学习

1. HDFS 简介

HDFS 是 Hadoop 项目的核心子项目，是分布式计算中数据存储管理的基础，是基于流数据模式访问和处理超大文件的需求而开发的，可以运行于廉价的商用服务器上。它所具有的高容错、高可靠性、高可扩展性、高获得性、高吞吐率等特征为海量数据提供了不怕故障的存储，为超大数据集（Large Data Set）的应用处理带来了很多便利。

2. HDFS 读数据流程

客户端将要读取的文件路径发送给 Namenode，Namenode 获取文件的元信息（主要是 block 的存放位置信息）返回给客户端，客户端根据返回的信息找到相应 Datanode 逐个获取文件的 block 并在客户端本地进行数据追加合并从而获得整个文件。

HDFS 读数据流程如图 2-2-1 所示。

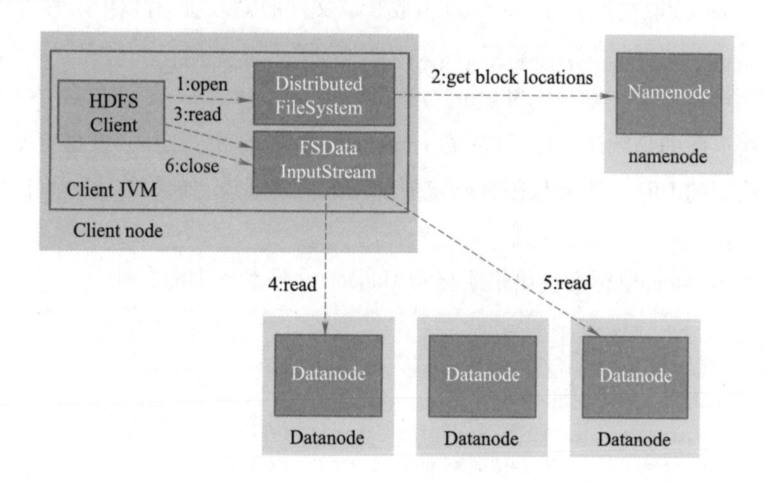

图 2-2-1 HDFS 读数据流程

HDFS 读数据流程详细步骤介绍：

①使用 HDFS 提供的客户端开发库，向远程的 Namenode 发起 RPC 请求。

②Namenode 会视情况返回文件的部分或者全部 block 列表，对于每个 block，Namenode 都会返回有该 block 副本的 Datanode 地址。

③客户端拿到 block 的位置信息后调用 FSDataInputStream API 的 read 方法并行地读取 block 信息，图 2-2-1 中 4 和 5 流程是并发的，block 默认有 3 个副本，所以每个 block 只需要从一个副本读取就可以。客户端开发库会选取离客户端最接近的 Datanode 来读取 block。

④读取完当前 block 的数据后，关闭与当前 Datanode 的连接，并为读取下一个 block 寻找最佳的 Datanode；返回给客户端。

⑤当读完列表的 block 后，且文件读取还没有结束，客户端开发库会继续向 Namenode 获取下一批 block 列表。

⑥读取完一个 block 都会进行 checksum 验证,如果读取 Datanode 时出现错误,客户端会通知 Namenode,然后再从下一个拥有该 block 副本的 Datanode 继续读。

注意:在读取数据的过程中,如果客户端在与数据节点通信中出现错误,则尝试连接包含此数据块的下一个数据节点。同时会记录这个节点的故障。这样它就不会再去尝试连接和读取块。客户端还会验证从 Datanode 传送过来的数据校验和。如果发现一个损坏的块,那么客户端将会再尝试从别的 Datanode 读取数据块,向 Namenode 报告这个信息,Namenode 也会更新保存的文件信息。

这里要关注的一个设计要点是,客户端通过 Namenode 引导获取最合适的 Datanode 地址,然后直接连接 Datanode 读取数据。这种设计的好处是,可以使 HDFS 扩展到更大规模的客户端并行处理,这是因为数据的流动是在所有 Datanode 之间分散进行的。同时 Namenode 的压力也变小了,使得 Namenode 只用提供请求块所在的位置信息即可,而不用通过它提供数据,这样就避免了 Namenode 随着客户端数量的增长而成为系统瓶颈。

使用 FileSystem 读取文件,调用 open( )函数获取文件的输入流,有以下两种方法:

```
Public FSDataInputStream open(Path f) throws IOException
Public abstract FSDataInputStream open(Path f, int bufferSize) throws IOException
```

第一种方法返回的是默认文件系统(在 conf/core-site. xml 中指定的,没指定则为默认的);第二种方法通过给定的 URI 方案和权限来确定要使用的文件系统,如果给定 URI 中没有指定方案,则返回默认文件系统。

然后使用 FileSystem 以标准输出格式显示 Hadoop 文件系统中的文件:

```
public class FileSystemCat {
    public static void main(String[] args) throws Exception {
        String uri = args[0];
        Configuration conf = new Configuration();  //获得 HDFS 文件系统中的 URI
        FileSystem fs = FileSystem.get(URI.create(uri), conf);
        InputStream in = null;
        try {
            in = fs.open(new Path(uri));                //返回一个 FSDatalnputStream
            IOUtils.copyBytes(in, System.out, 4096, false);
        } finally {
            IOUtils.closeStream(in);
        }
    }
}
IOUtils.copyBytes()
```

代码解析:

①in 表示复制源。

②System. out 表示复制目的地(也就是要复制到标准输出中去)。

③4096 表示用来复制的 buffer 大小。

④false 表明复制完后不关闭复制源和复制目的地(因为 System. out 不需要关闭,in 可以在 finally 语句中关闭)。

⑤IOUtils. closeStream( )用来关闭一个流。

3. HDFS 写数据流程

客户端要向 HDFS 写数据,首先要与 Namenode 通信,以确认可以写文件并获得接收文件 block 的 Datanode,然后,客户端按顺序将文件 block 逐个传递给相应 Datanode,并由接收到 block 的 Datanode 负责向其他 Datanode 复制 block 的副本。

HDFS 写数据流程图如图 2-2-2 所示。

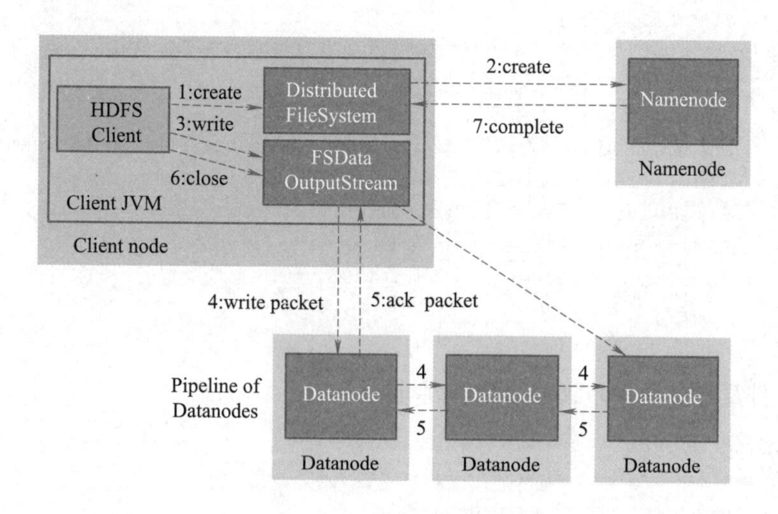

图 2-2-2 HDFS 写数据流程图

HDFS 写数据流程图详细介绍:

①使用 HDFS 提供的客户端开发库,向远程的 Namenode 发起 RPC 请求。

②Namenode 会检查要创建的文件是否已经存在,创建者是否有权限进行操作,成功则会为文件创建一个记录,否则会让客户端抛出异常。

③当客户端开始写入文件时,开发库会将文件切分成多个 packets(信息包),并在内部以 data queue 的形式管理这些 packets,并向 Namenode 申请新的 blocks,获取用来存储 replicas(复制品)的合适的 Datanodes 列表,列表的大小根据在 Namenode 中对 replication 的设置而定。

④开始以 pipeline(管道)的形式将 packet 写入所有的 replicas 中。开发库把 packet 以流的方式写入第一个 Datanode,该 Datanode 把该 packet 存储之后,再将其传递给在此 pipeline 中的下一个 Datanode,直到最后一个 Datanode,这种写数据的方式呈流水线的形式。

⑤最后一个 Datanode 成功存储之后会返回一个 ack packet,在 pipeline 中传递至客户端,在客户端的开发库内部维护着 ack queue,成功收到 Datanode 返回的 ack packet 后会从 ack queue 移除相应的 packet。

⑥如果传输过程中,有某个 Datanode 出现了故障,那么当前的 pipeline 会被关闭,出现故障的 Datanode 会从当前的 pipeline 中移除,剩余的 block 会继续从其他 Datanode 中继续以 pipeline 的形式传输,同时 Namenode 会分配一个新的 Datanode,保持 replicas 设定的数量。

使用 FileSystem 写入数据:

指定一个 Path 对象,然后返回一个用于写入数据的输出流。

```
public FSDataOutputStream create(Path f)throws IOException
```

create()方法能够为需要写入且当前不存在的文件创建父目录。

```
public FSDataOutputStream append(Path f)throws IOException
```

append()方法在一个已有文件末尾追加数据。

将本地文件复制到 Hadoop 文件系统(create):

```
    public class FileCopy{
        public static void main(String[] args) throws Exception {
            String localSrc = args[0];
            String dst = args[1];
            InputStream in = new BufferedInputStream(new FileInputStream(localSrc));
            Configuration conf = new Configuration();
            FileSystem fs = FileSystem.get(URI.create(dst), conf);
            FSDataOutputStream out = fs.create(new Path(dst));
            IOUtils.copyBytes(in, out, 4096, true);
        }
    }
```

将本地文件复制到 Hadoop 文件系统(append):

```
public class CopyFileAppend {
    public static void main(String[] args) {
        String localSrc = args[0];
        String dist = args[1];
        BufferedInputStream in = null;
        try{
            in = new BufferedInputStream(new FileInputStream(localSrc));
            Configuration conf = new Configuration();
            FileSystem fs = FileSystem.get(URI.create(dist), conf);
            FSDataOutputStream out = fs.append(new Path(dist));
            IOUtils.copyBytes(in, out, 4096, false);
        }catch(Exception e){
            e.printStackTrace();
        }finally{
            IOUtils.closeStream(in);
        }
    }
}
```

任务实施

1. 搭建 Java 操作 HDFS 环境

①使用编译器 IDLE 创建一个 Maven 项目。如图 2-2-3 所示,单击侧边栏 Maven 选项,选中右侧页面的 Create from archetype 复选框,选择列表中的 org.apache.maven.archetypes:maven-archetype-quickstart 选项,单击 Next 按钮。

输入 GroupId、ArtifactId 和 Version(版本),如图 2-2-4 所示,单击 Next 按钮进入下一步操作。

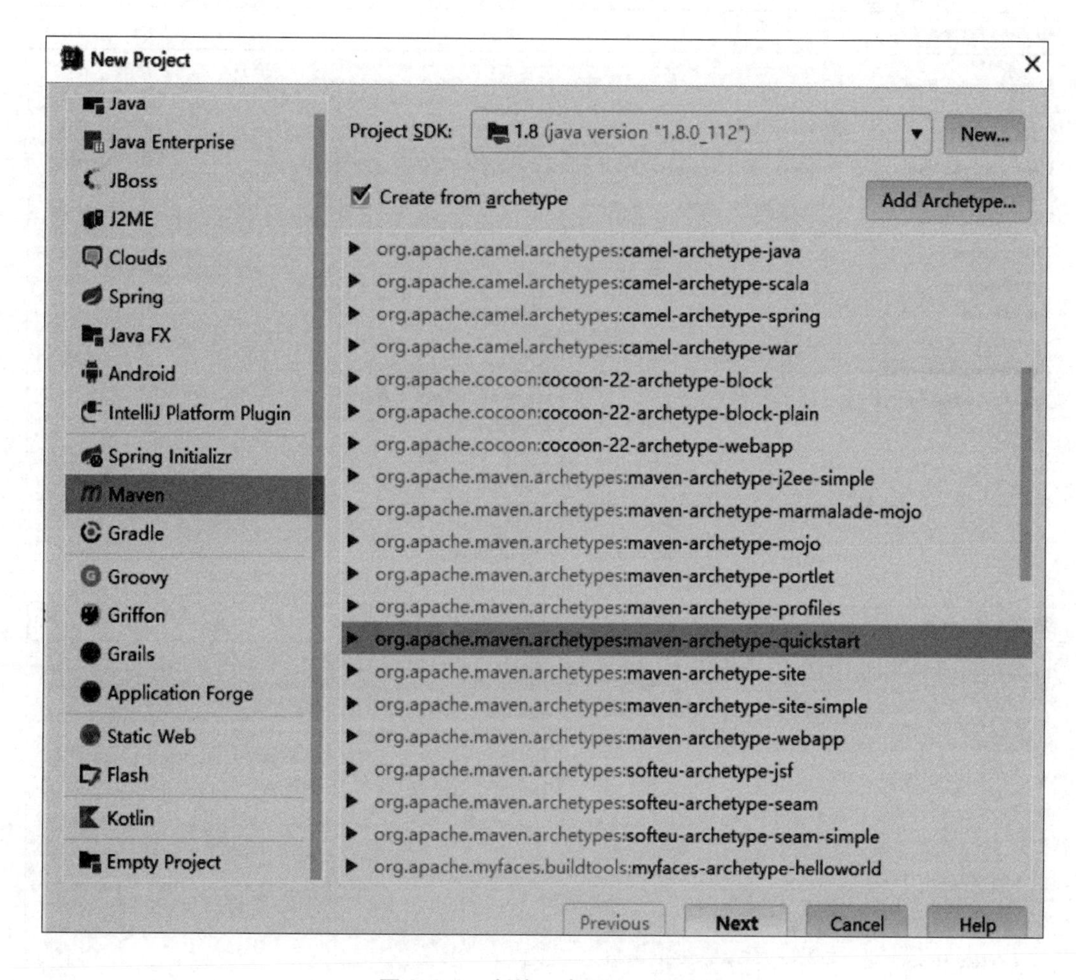

图 2-2-3 创建一个 Maven 项目

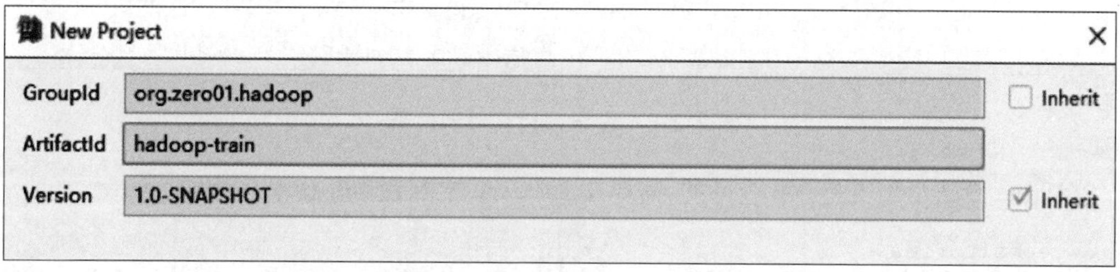

New Project

GroupId org.zero01.hadoop Inherit

ArtifactId hadoop-train

Version 1.0-SNAPSHOT Inherit

图 2-2-4 输入 GroupId、ArtifactId 和 Version

在跳转页面 Maven home directory 中选择本地安装的 Maven，然后在 User setting file 和 Local repository 中选择相应的配置文件，如图 2-2-5 所示，单击 Next 按钮进入下一步操作。

设定好项目的名字和位置后，单击 Finish 按钮完成创建，如图 2-2-6 所示。

New Project
Maven home directory: E:/apache-maven-3.5.0-bin/apache-maven-3.5.0
(Version: 3.5.0)
User settings file: E:\apache-maven-3.5.0-bin\apache-maven-3.5.0\conf\settings.xml Override
Local repository: E:\MavenClassFile Override
Properties

groupId	org.zero01.hadoop
artifactId	hadoop-train
version	1.0
archetypeGroupId	org.apache.maven.archetypes
archetypeArtifactId	maven-archetype-quickstart
archetypeVersion	RELEASE

图 2-2-5　选择配置文件

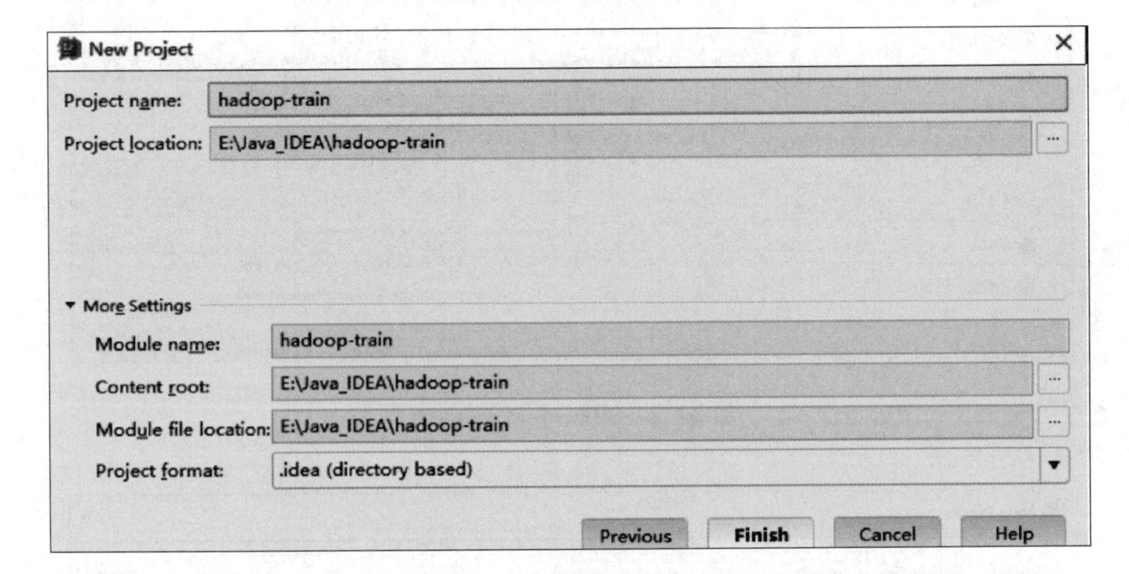

图 2-2-6　设定项目名称和位置

②Maven 默认是不支持 cdh 仓库的，需要在 pom. xml 中配置 cdh 仓库，代码如下：

```
<repositories>
    <repository>
      <id>cloudera</id>
      <url>https://repository.cloudera.com/artifactory/cloudera-repos/</url>
    </repository>
</repositories>
```

③进入 settings. xml 文件，将 <mirrorOf>标签中的值配置成 *，! cloudera，*，! cloudera 表示除了 aliyun 仓库还使用 cloudera 仓库，代码如下：

```
<mirror>
   <id>alimaven</id>
```

```
        <name>aliyun maven</name>
        <url>http://maven.aliyun.com/nexus/content/groups/public/</url>
        <mirrorOf>*,!cloudera</mirrorOf>
    </mirror>
```

④配置依赖的包。

```
<properties>
        <project.build.sourceEncoding>UTF-8</project.build.sourceEncoding>
        <hadoop.version>2.6.0-cdh5.7.0</hadoop.version>
    </properties>

    <dependencies>
        <!-- hadoop依赖 -->
     <dependency>
            <groupId>org.apache.hadoop</groupId>
            <artifactId>hadoop-client</artifactId>
            <version>${hadoop.version}</version>
        </dependency>

        <!--单元测试依赖 -->
        <dependency>
            <groupId>junit</groupId>
            <artifactId>junit</artifactId>
            <version>4.10</version>
            <scope>test</scope>
        </dependency>
</dependencies>
```

2. Java操作HDFS的接口

搭建完工程环境后,就可以调用Hadoop的API来操作HDFS文件系统,下面在HDFS文件系统上创建一个目录:

```
package org.zero01.hadoop.hdfs;

import org.apache.hadoop.conf.Configuration;
import org.apache.hadoop.fs.FileSystem;
import org.apache.hadoop.fs.Path;
import org.junit.After;
import org.junit.Before;
import org.junit.Test;

import java.net.URI;

/**
* @program: hadoop-train
* @description: Hadoop HDFS Java API操作
* @author: 01
* @create: 2018-03-25 13:59
**/
public class HDFSAPP {
```

```
        // HDFS 文件系统服务器的地址以及端口
        public static final String HDFS_PATH = "hdfs://192.168.77.130:8020";
        // HDFS 文件系统的操作对象
        FileSystem fileSystem = null;
        //配置对象
        Configuration configuration = null;

        /* *
         * 创建 HDFS 目录
         * /
        @ Test
        public void mkdir ()throws Exception{
            //需要传递一个 Path 对象
            fileSystem.mkdirs (new Path ("/hdfsapi/test"));
        }

        //准备资源
        @ Before
        public void setUp () throws Exception {
            configuration = new Configuration ();
            //第一个参数是服务器的 URI,第二个参数是配置对象,第三个参数是文件系统的用户名
              fileSystem = FileSystem.get (new URI (HDFS _ PATH), configuration, "
root");
            System.out.println ("HDFSAPP.setUp");
        }
        //释放资源
        @ After
        public void tearDown () throws Exception {
            configuration = null;
            fileSystem = null;
            System.out.println ("HDFSAPP.tearDown");
        }
    }
```

运行结果如图 2-2-7 所示。

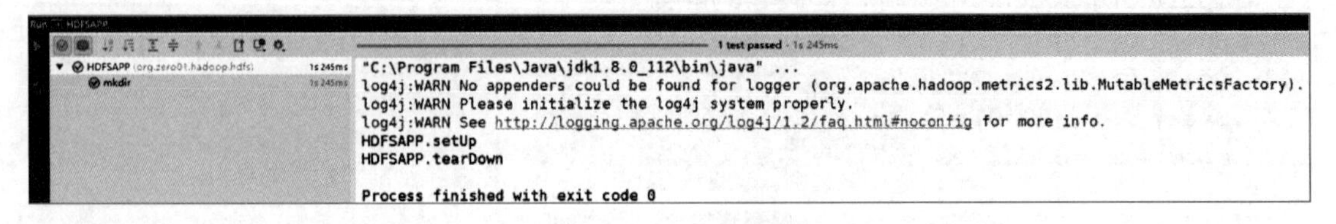

图 2-2-7　运行结果

可以看到运行是成功的,然后到服务器上查看文件中是否多了已经创建的目录:

```
[root@ localhost ~]# hdfs dfs-ls /
Found 3 items
 -rw-r--r-- 1 root supergroup 311585484  2018-03-24 23:15 /hadoop-2.6.0-cdh5.7.0.tar.gz
drwxr-xr-x    - root supergroup 0          2018-03-25 22:17 /hdfsapi
 -rw-r--r-- 1 root supergroup 49           2018-03-24 23:10 /hello.txt
```

```
[root@ localhost ~]          # hdfs dfs-ls /hdfsapi
Found 1 items
drwxr-xr-x   - root supergroup          0 2018-03-25 22:17 /hdfsapi/test
```

如上代码所示,代表目录已经创建成功了。

现在再来增加一个方法,测试创建文件,并写入一些内容到文件中:

```
/* *
* 创建文件
* /
@ Test
public void create() throws Exception {
    //创建文件
    FSDataOutputStream outputStream = fileSystem.create(new Path("/hdfsapi/
test/a.txt"));
    //写入一些内容到文件中
    outputStream.write("hello hadoop".getBytes());
    outputStream.flush();
    outputStream.close();
}
```

执行成功后,同样到服务器上,查看是否有已经创建的文件,并且文件的内容是否是已经写入的内容:

```
[root@ localhost ~]# hdfs dfs-ls /hdfsapi/test
Found 1 items
-rw-r--r--   3  root  supergroup    12  2018-03-25  22:25  /hdfsapi/test/a.txt
[root@ localhost ~]# hdfs dfs-text /hdfsapi/test/a.txt
hello hadoop
```

每次操作完都得去服务器上查看,很麻烦,其实也可以直接在代码中读取文件系统中某个文件的内容,代码示例如下:

```
/* *
* 查看 HDFS 中某个文件的内容
* /
@ Test
public void cat() throws Exception {
    //读取文件
    FSDataInputStream in = fileSystem.open(new Path("/hdfsapi/test/a.txt"));
    //将文件内容输出到控制台上,第三个参数表示输出多少字节的内容
    IOUtils.copyBytes(in, System.out, 1024);
    in.close();
}
```

上面讲解了创建目录、文件以及读取文件内容的操作,下面讲重命名文件操作,代码示例如下:

```
/* *
* 重命名文件
* /
@ Test
public void rename() throws Exception {
    Path oldPath = new Path("/hdfsapi/test/a.txt");
```

```
        Path newPath = new Path("/hdfsapi/test/b.txt");
        //第一个参数是原文件的名称,第二个参数则是新的名称
        fileSystem.rename(oldPath, newPath);
    }
```

上面讲解了增加、查询、修改操作,下面讲解删除操作,代码示例如下:

```
    /**
    * 删除文件
    *  @throws Exception
    */
    @Test
    public void delete()throws Exception{
        //第二个参数指定是否要递归删除,false=否,true=是
        fileSystem.delete(new Path("/hdfsapi/test/mysql_cluster.iso"), false);
    }
```

掌握了文件的增加、删除、查询、修改操作后,下面讲解如何上传本地文件到 HDFS 文件系统中,这里有一个 local.txt 文件,文件内容如下:

```
    Hello HDFS!
```

编写测试代码如下:

```
    /**
    * 上传本地文件到 HDFS
    */
    @Test
    public void copyFromLocalFile() throws Exception {
        Path localPath = new Path("E:/local.txt");
        Path hdfsPath = new Path("/hdfsapi/test/");
        //第一个参数是本地文件的路径,第二个参数则是 HDFS 的路径
        fileSystem.copyFromLocalFile(localPath, hdfsPath);
    }
```

成功执行以上方法后,到 HDFS 中查看是否复制成功:

```
    [root@localhost ~]# hdfs dfs-ls /hdfsapi/test/
    Found 2 items
    -rw-r--r--   3 root supergroup   12 2018-03-25 22:33 /hdfsapi/test/b.txt
    -rw-r--r--   3 root supergroup   20 2018-03-25 22:45 /hdfsapi/test/local.txt
    [root@localhost ~]# hdfs dfs-text /hdfsapi/test/local.txt
    This is a local file
```

以上演示了上传一个小的文件,但是如果需要上传一个比较大的文件,并且还希望有个进度条的话,就得使用以下这种方式:

```
    /**
    * 上传大体积的本地文件到 HDFS,并显示进度条
    */
    @Test
    public void copyFromLocalFileWithProgress() throws Exception {
        InputStream in = new BufferedInputStream(new FileInputStream(new File("E:/
Linux Install/mysql_cluster.iso")));
        FSDataOutputStream outputStream = fileSystem.create(new Path("/hdfsapi/
test/mysql_cluster.iso"), new Progressable() {
```

```
        public void progress() {
            //进度条的输出
            System.out.print(".");
        }
    });
    IOUtils.copyBytes(in, outputStream, 4096);
    in.close();
    outputStream.close();
}
```

同样的，执行以上的方法成功后，到HDFS上，看看是否上传成功：

```
[root@ localhost ~]# hdfs dfs-ls-h /hdfsapi/test/
Found 3 items
-rw-r--r--   3 root supergroup   12      2018-03-25 22:33 /hdfsapi/test/b.txt
-rw-r--r--   3 root supergroup   20      2018-03-25 22:45 /hdfsapi/test/local.txt
-rw-r--r--   3 root supergroup   812.8 M 2018-03-25 23:01 /hdfsapi/test/mysql_cluster.iso
```

小结

分布式文件系统是大数据时代解决大规模数据存储问题的有效解决方案，HDFS开源实现了GFS，可以利用由廉价硬件构成的计算机集群实现海量数据的分布式存储。

HDFS具有兼容廉价的硬件设备、流数据读写、大数据集、简单文件模型、强大的跨平台兼容性等特点。但是也要注意到，HDFS自身也存在局限性，比如不适合低延迟数据访问、无法高效存储大量小文件和不支持多用户写入及任意修改文件等。

通过对本单元的学习，令读者对分布式文件系统HDFS产生浓厚兴趣，掌握什么是HDFS的读和写以及Java如何操作HDFS的知识点和技能点。

习题

一、选择题

下列不是分布式文件系统(HDFS)特性的是(　　)。

A. 高容错性　　B. 高存储性　　C. 强配置性　　D. 可扩展性

二、填空题

1. Namenode的功能是________、________。

2. 负载均衡作为一个独立的进程与Namenode分开执行，HDFS负载均衡的处理步骤有________、________、移动数据到目标机器上，同时删除自己机器上的数据。

三、简答题

1. 简述HDFS中的块和普通文件系统中块的区别。
2. HDFS冗余数据保存策略有哪些？
3. 简述分布式文件系统(HDFS)设计的需求。
4. HDFS是如何探测错误发生以及如何进行恢复的？

四、操作题

1. 上机练习HDFS常用命令操作。
2. 上机练习，搭建Java操作HDFS环境并使用Java操作HDFS接口。

试　题

单元2 试题

单元 3

分布式编程框架MapReduce

单元描述

大数据时代除了需要解决大规模数据的高效存储问题,还需要解决大规模数据的高效处理问题。分布式并行编程可以大幅度提高程序性能,实现高效的批量数据处理。分布式程序运行在大规模计算机集群上,集群中包括大量廉价服务器,可以并行执行大规模数据处理任务,从而获得海量的计算能力。MapReduce 是一种并行编程模型,用于大规模数据集(大于 1 TB)的并行运算,它将复杂的、运行于大规模集群上的并行计算过程高度抽象到两个函数:Map 和 Reduce。MapReduce 极大地方便了分布式编程工作,编程人员在不会分布式并行编程的情况下,也可以很容易地将自己的程序运行在分布式系统上,完成海量数据集的计算。因此,本单元将介绍分布式编程框架 MapReduce,通过讲解 WordCount 实例、分析 MapReduce 实例应用的讲解,令读者掌握如何编写 WordCount 实例和 MapReduce 实例应用的知识点和技能点。

学习目标

【知识目标】

(1)了解 MapReduce 基本内容和计算架构。

(2)了解 MapReduce 的 Map 和 Reduce 过程。

【能力目标】

(1)掌握编写和解析 WordCount 实例。

(2)完成 MapReduce 实例应用。

视 频

讲解WordCount实例

任务 3.1 讲解 WordCount 实例

任务描述

本任务需要读者对 MapReduce 的模型、计算架构和工作流程有一定的了解,然后通过实验独立编写和解析 WordCount 实例。

知识学习

1. MapReduce 概述

MapReduce 是一种编程模型,用于编写可以在多个节点上并行处理大数据的应用程序。

MapReduce 为分析大量复杂数据提供分析功能。

MapReduce 是一个高性能的批处理分布式计算框架,用于对海量数据进行并行分析和处理。与传统方法相比较,MapReduce 更倾向于依靠蛮力去解决问题,通过简单、粗暴、有效的方式去处理海量数据。通过对数据的输入、拆分与组合(核心),将任务分配到多个节点服务器上,进行分布式计算,这样可以有效地提高数据管理的安全性,同时也能够很好地规范被管理的数据。

MapReduce 是一种可用于数据处理的编程框架。MapReduce 采用"分而治之"的思想,把对大规模数据集的操作,分发给一个主节点管理下的各个分节点共同完成,然后通过整合各个节点的中间结果,得到最终结果。简单地说,MapReduce 就是"任务的分解与结果的汇总"。

在分布式计算中,MapReduce 框架负责处理并行编程中分布式存储、工作调度、负载均衡、容错均衡、容错处理以及网络通信等复杂问题,把处理过程高度抽象为两个函数:Map 和 Reduce,Map 负责把任务分解成多个任务,Reduce 负责把分解后多个任务处理的结果汇总起来。

什么是大数据?大数据是无法使用传统计算技术处理的大型数据集的集合。例如,Facebook 或 Youtube 需要每天收集和管理的数据量可归属于大数据类别。然而,大数据不仅涉及规模和数量,还涉及以下一个或多个方面:速度、品种、体积和复杂性。

那为何选择 MapReduce?传统企业系统通常具有用于存储和处理数据的集中式服务器。图 3-1-1 所示描绘了传统企业系统的示意图。传统模型当然不适合处理大量可伸缩数据,并且不能被标准数据库服务器容纳。此外,集中式系统在同时处理多个文件时会产生太多瓶颈。

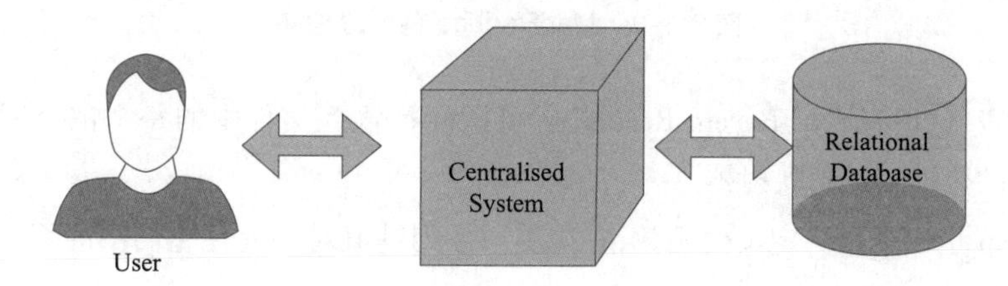

图 3-1-1 传统企业系统

Google 使用名为 MapReduce 的算法解决了这个瓶颈问题。MapReduce 将任务分成小部分并将它们分配给多台计算机,如图 3-1-2 所示。之后,结果将在一个地方收集并整合以形成结果数据集。

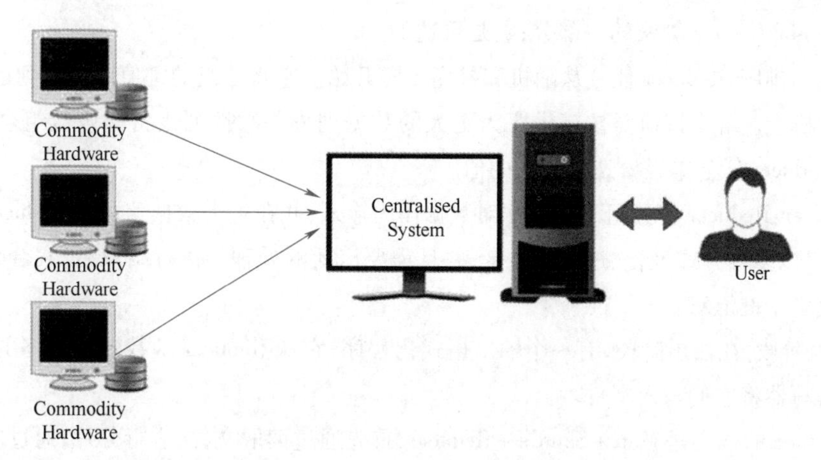

图 3-1-2 MapReduce 分配任务

MapReduce 是如何工作的？MapReduce 算法包含两个重要任务，即 Map 和 Reduce。Reduce 任务始终在 Map 作业之后执行。

①Map 任务获取一组数据并将其转换为另一组数据，其中各个元素被分解为元组(键值对)。

②Reduce 任务将 Map 的输出作为输入，并将这些数据元组(键值对)组合成一组较小的元组。

下面仔细研究每个阶段，如图 3-1-3 所示，并试着了解它们的意义。

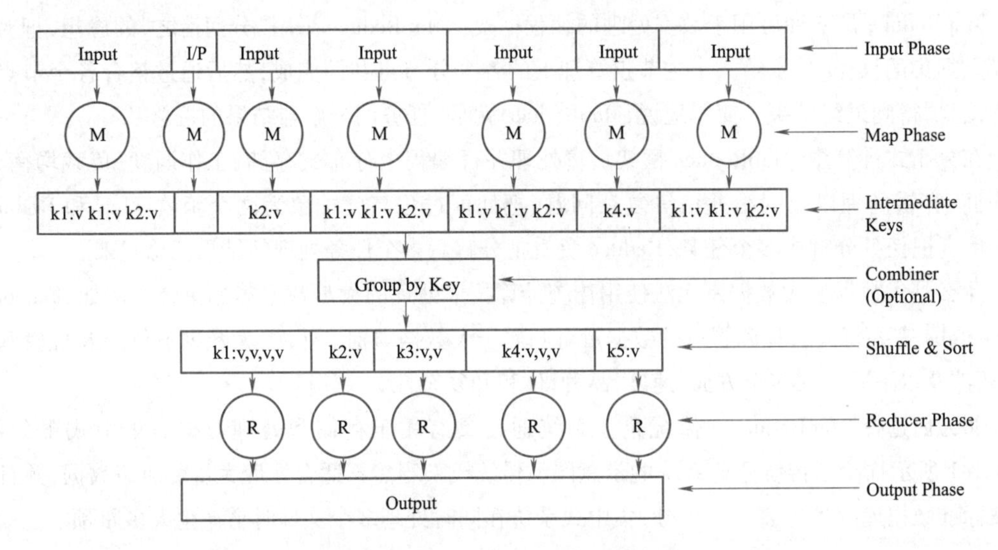

图 3-1-3　MapReduce 各阶段任务

①输入阶段：这里有一个 Record Reader，它可以转换输入文件中的每个记录，并以键值对的形式将解析后的数据发送到映射器。

②Map：Map 是一个用户定义的函数，它接受一系列键值对并处理它们中的每一个，以生成零个或多个键值对。

③中间密钥：映射器生成的键值对称为中间密钥。

④组合器：组合器是一种局部 Reducer，它将类似的数据从映射阶段分组为可识别的集合。它将来自映射器的中间键作为输入，并应用用户定义的代码来聚合一个映射器的小范围内的值。它不是主要 MapReduce 算法的一部分；它是可选的。

⑤随机和排序：Reducer 任务从随机和排序步骤开始。它将分组的键值对下载到运行 Reducer 的本地计算机上。各个键值对按键排序为更大的数据列表。数据列表将等效键组合在一起，以便可以在 Reducer 任务中轻松迭代它们的值。

⑥Reducer：Reducer 将分组的键值配对数据作为输入，并在每个数据上运行 Reducer 功能。这里，数据可以以多种方式聚合、过滤和组合，并且需要广泛的处理。执行结束后，它会为最后一步提供零个或多个键值对。

⑦ 输出阶段：在输出阶段，有一个输出格式化程序，它从 Reducer 函数转换最终的键值对，并使用记录编写器将它们写入文件。

MapReduce 的核心是 Map + Shuffle + Reducer，首先通过读取文件，进行分片，通过 Map 获取文件的 key - value 映射关系，用作 Reducer 的输入，在作为 Reducer 输入之前，要先对 Map 的 key 进行一个 Shuffle,也就是排序,然后将排完序的 key - value 作为 Reducer 的输入进行 Reduce 操作,当然一个 MapReduce 任务可以不要有 Reduce,只用一个 Map。

下面通过图 3-1-4,来了解 Map 和 Reduce 这两项任务。

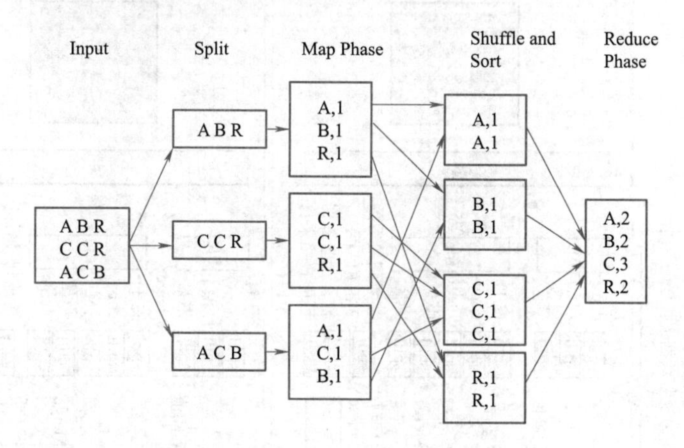

图 3-1-4 map 和 reduce 任务

此处以一个真实的例子来理解 MapReduce 的强大功能。Twitter 每天收到约 5 亿条推文,即每秒近 3000 条推文。图 3-1-5 所示显示了 Tweeter 如何在 MapReduce 的帮助下管理其推文。

图 3-1-5 展示的 MapReduce 算法执行以下操作:

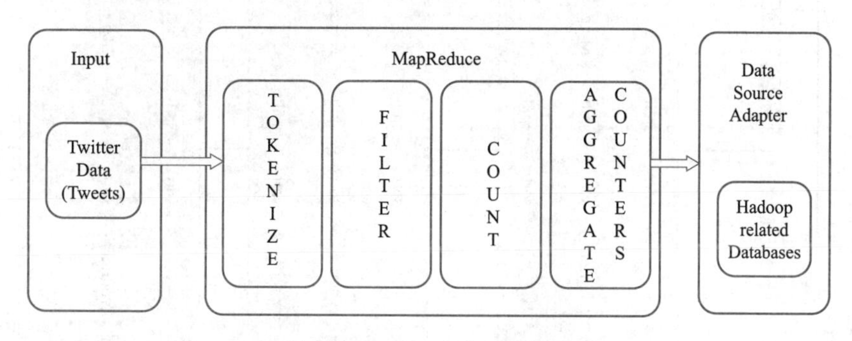

图 3-1-5 MapReduce 实例

①Tokenize:将推文标记为标记的映射,并将它们写为键值对。

②Filter:从标记映射中过滤不需要的单词,并将过滤后的映射写为键值对。

③Count:为每个单词生成一个令牌计数器。

④聚合计数器:将类似计数器值的总和准备为小的可管理单元。

2. MapReduce 计算架构

1)MapReduce 的构成

MapReduce 分为两部分,即 Map 和 Reduce。其中 Rap 是入队(key,value),Reduce 则是聚合(计算),Map 过程的输出是 Reduce 过程的输入。需要注意的是这里 Map 中的 key 是可以重复的,Reduce 做聚合运算时可以把相同的 key 放到同一组中。

2)MapReduce 原理分析

MapReduce 原理分析如图 3-1-6 所示。

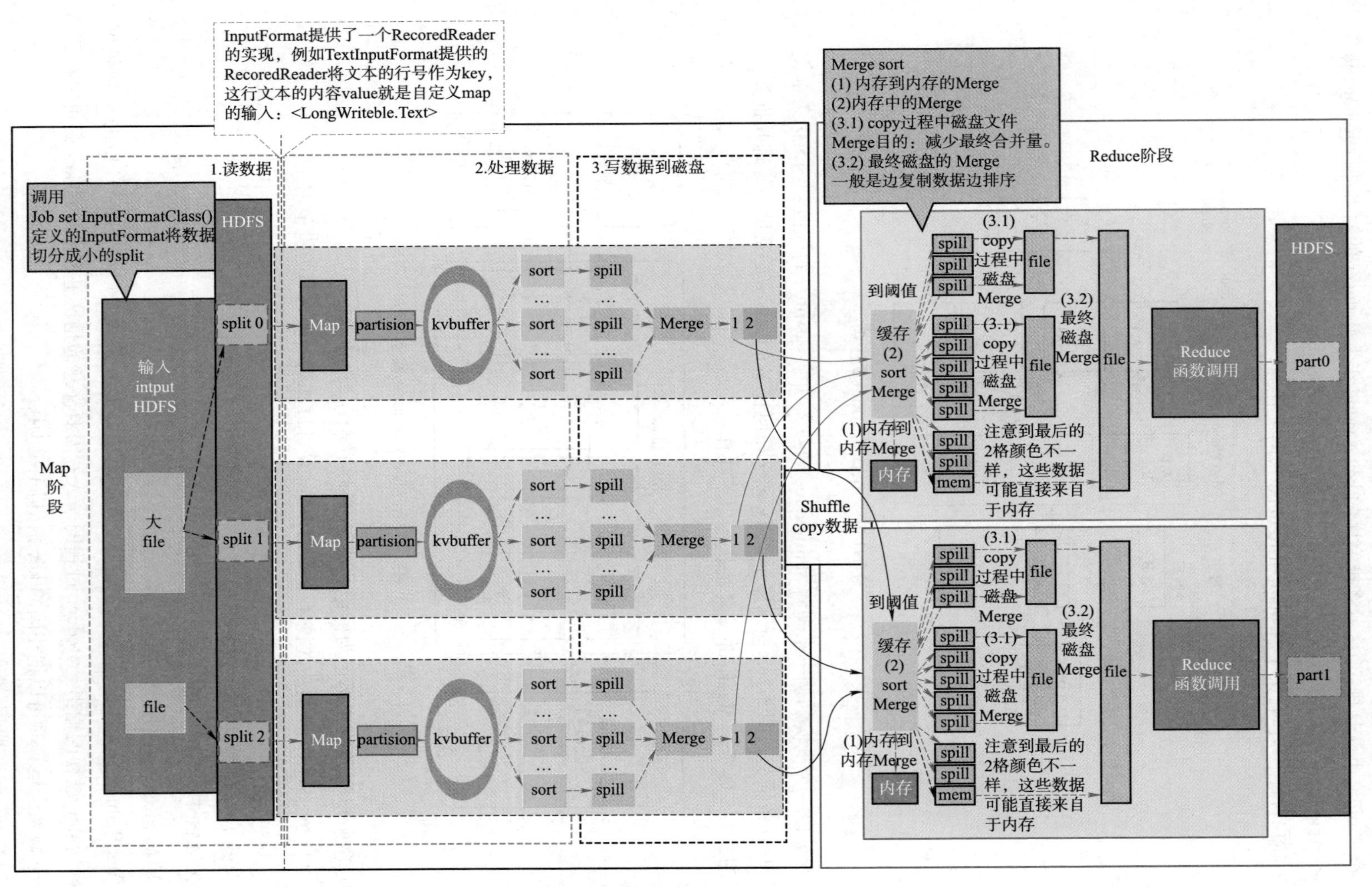

图 3-1-6　MapReduce原理分析

(1)分片

Hadoop 将 MapReduce 的输入数据划分为等长的小数据块,称为输入分片(input split)或简称"分片"。Hadoop 为每个分片构建一个 Map 任务,并由该任务来运行用户自定义的 Map 函数从而处理分片中的每条记录。

拥有许多分片,意味着处理每个分片所需要的时间少于处理整个输入数据所花的时间。因此,如果并行处理每个分片,且每个分片数据比较小,那么整个处理过程将获得更好的负载平衡,因为一台较快的计算机能够处理的数据分片比一台较慢的计算机更多,且成一定的比例。即使使用相同的机器,失败的进程或其他同时运行的作业能够实现满意的负载平衡,并且如果分片被切分得更细,负载平衡的会更高。

另一方面,如果分片切分得太小,那么管理分片的总时间和构建 Map 任务的总时间将决定作业的整个执行时间。对于大多数作业来说,一个合理的分片大小趋向于 HDFS 的一个块的大小,默认是 64 MB,不过可以针对集群调整这个默认值(对新建的所有文件),或对新建的每个文件具体指定。

(2)Map 任务

Map 任务最终将其输出写入本地硬盘,而非 HDFS,如图 3-1-7 所示。Map 的输出是中间结果:该中间结果由 Reduce 任务处理后才产生最终输出结果,而且一旦作业完成,Map 的输出结果就可以删除。

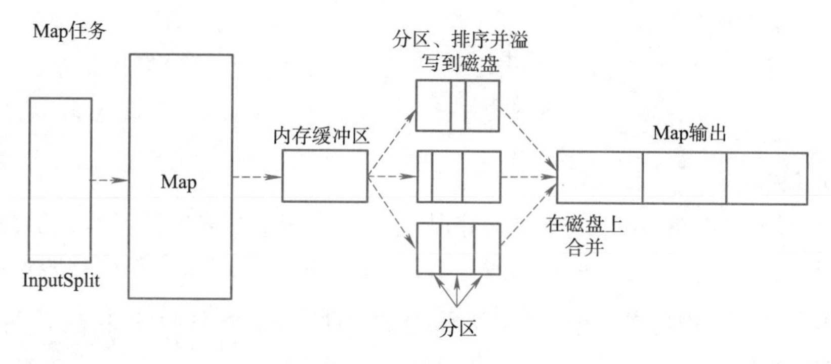

图 3-1-7 Map 任务

Map task:Map task 输出结果首先会进入一个缓冲区内,这个缓冲区的大小是 100 MB,如果 Map task 内容太大,是很容易撑爆内存的,所以会有一个守护进程,每当缓冲区到达上限 80% 的时候,就会启动一个 Spill(溢写)进程,它的作用是把内存中的 Map task 的结果写入到磁盘。

(3)Reduce 任务

Reduce 会接收到不同 Map 任务传来的数据,并且每个 Map 传来的数据都是有序的。如果 Reduce 端接收的数据量相当小,则直接存储在内存中(缓冲区大小由 mapred. job. shuffle. input. buffer. percent 属性控制,表示用作此用途的堆空间的百分比);如果数据量超过了该缓冲区大小的一定比例(由 mapred. job. shuffle. merge. percent 决定),则对数据合并后,再溢写到磁盘中。

合并的过程中会产生许多中间文件(写入磁盘了),但 MapReduce 会让写入磁盘的数据尽可能得少,并且最后一次合并的结果并没有写入磁盘,而是直接输入到 reduce 函数。

(4)Shuffle

Reduce 任务的数量并非由输入数据的大小决定,而事实上是独立指定的。如果有多个任务,每个 Map 任务就会针对输出进行分区(partition),即为每个 Reduce 任务建一个分区。每个分区有许多键(及其对应的值),但每个键对应的键/值对记录都在同一分区中。分区由用户定义的 partition 函数控制,但通常用默认的 partitioner 通过哈希函数来分区,很高效。

一般情况下,多个 Reduce 任务的数据流如图 3-1-8 所示。这也就表明了为什么 Map 任务和 Reduce 任务之间的数据流称为 Shuffle(混洗),因为每个 Reduce 任务的输入都来自许多 Map 任务。Shuffle 一般比图中所示的更复杂,而且调整 Shuffle 参数对作业总执行时间的影响非常大。

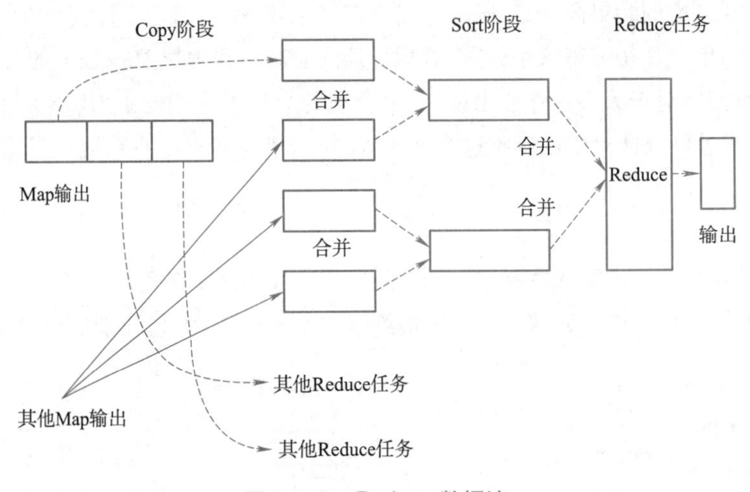

图 3-1-8 Reduce 数据流

(5)Copy 过程

Reduce 会接收到不同 map 任务传来的数据,并且每个 Map 传来的数据都是有序的。Reduce 进程启动一些数据 Copy 线程(fetcher),通过 HTTP 方式请求 Map task 所在的 TaskTracker 获取 Map task 的输出文件。因为 Map task 早已结束,这些文件就由 TaskTracker 管理在本地磁盘中。

(6)Merge

这里的 Merge 同 Map 端的 Merge 动作,只是数组中存放的是不同 Map 端 Copy 来的数值。Copy 过来的数据会先放入内存缓冲区中,这里的缓冲区大小要比 Map 端的更为灵活,它基于 JVM 的 heap size 设置,因为 Shuffle 阶段 Reducer 不运行,所以应该把绝大部分的内存都给 Shuffle 用。这里需要强调的是,Merge 有三种形式:内存到内存;内存到磁盘;磁盘到磁盘。当内存中的数据量到达一定阈值,就启动内存到磁盘的 Merge。与 Map 端类似,这也是溢写的过程,这个过程中如果用户设置有 Combiner,也是会启用的,然后在磁盘中生成了众多的溢写文件。第二种 Merge 方式一直在运行,直到没有 Map 端的数据时才结束,然后启动第三种磁盘到磁盘的 Merge 方式生成最终的那个文件。

(7)Reducer 的输入文件

不断地 Merge 后,最后会生成一个“最终文件”。为什么加引号?因为这个文件可能存在于磁盘上,也可能存在于内存中。对用户来说,当然希望它存放于内存中,直接作为 Reducer 的输入,但默认情况下，这个文件是存放于磁盘中的。当 Reducer 的输入文件已定，整个 Shuffle 才最终结束。

3）MapReduce 算法

如图 3-1-9 所示，Mapper 类接收输入，对其进行标记、映射和排序。Mapper 类的输出用作 Reducer 类的输入，后者又搜索匹配的对，并减少它们。

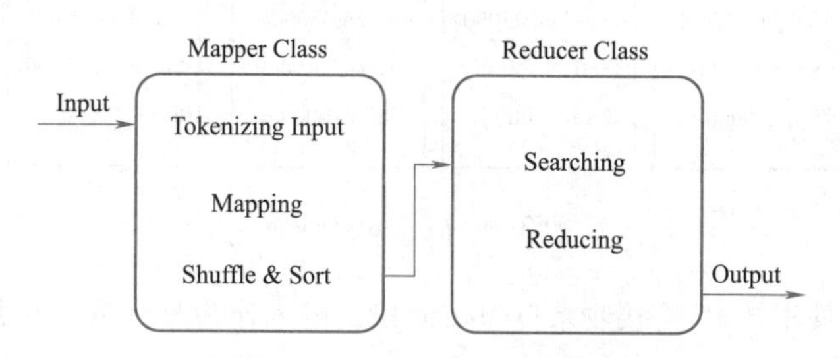

图 3-1-9　Mapper 和 Reducer 类

MapReduce 实现了各种数学算法，将任务分成小部分并将它们分配给多个系统。在技术方面，MapReduce 算法有助于将 Map&Reduce 任务发送到集群中的适当服务器。

这些算法包括排序、搜索、索引和 TF－IDF。

（1）排序

排序是处理和分析数据的基本 MapReduce 算法之一。MapReduce 实现排序算法，以通过键自动对映射器中的输出键值对进行排序。

①排序方法在 Mapper 类中实现。

②在 Shuffle 和 Sort 阶段，对 Mapper 类中的值进行标记化之后，Context 类（用户定义的类）将匹配的有价值键作为集合进行收集。

③为了收集类似的键值对（中间键），Mapper 类借助 RawComparator 类对键值对进行排序。

④给定 Reducer 的中间键值对的集合由 Hadoop 自动排序，以在将它们呈现给 Reducer 之前形成键值（K_2，{V_2，V_2，...}）。

（2）搜索

搜索在 MapReduce 算法中起着重要作用。它有助于在组合器阶段（可选）和减速器阶段起作用。下面通过举例来讲解搜索的工作方法。

以下示例显示了 MapReduce 如何使用搜索算法来查找在给定员工数据集中绘制最高薪水的员工的详细信息。

①假设在 4 个不同的文件中有员工数据——A、B、C 和 D，还假设所有 4 个文件中都有重复的员工记录，重复从所有数据库表导入员工数据，如图 3-1-10 所示。

name,salary	name,salary	name,salary	name,salary
satish,26000	gopal,50000	satish,26000	satish,26000
Krishna,25000	Krishna,25000	Kiran,45000	Krishna,25000
Satishk,15000	Satishk,15000	Satishk,15000	manisha,45000
Raju,10000	Raju,10000	Raju,10000	Raju,10000

图 3-1-10　4 个不同的文件中的员工数据

②Map 阶段处理每个输入文件，并以键值对（ < k , v > : < emp name , salary > ）提供员工数据，如图 3-1-11 所示。

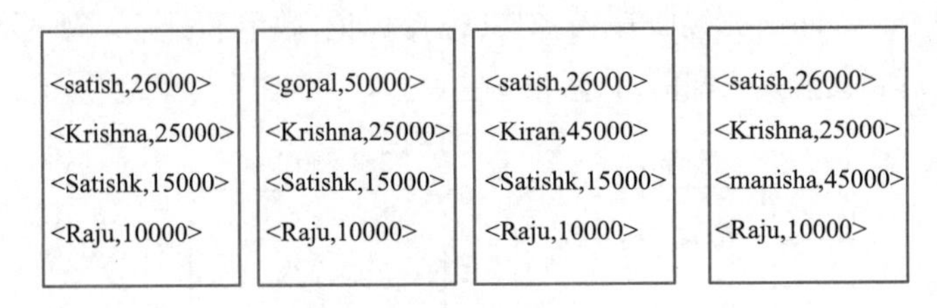

图 3-1-11　Map 阶段

③组合器阶段（搜索技术）将接收来自 Map 阶段的输入作为具有员工姓名和薪水的键值对。使用搜索技术，组合器将检查所有员工薪水，以找到每个文件中薪水最高的员工。请参阅以下代码段。

```
< k: employee name, v: salary >
Max = the salary of an first employee. Treated as max salary
if (v (second employee). salary > Max) {
   Max = v (salary);
}
else{
   Continue checking;
}
```

预期结果如图 3-1-12 所示。

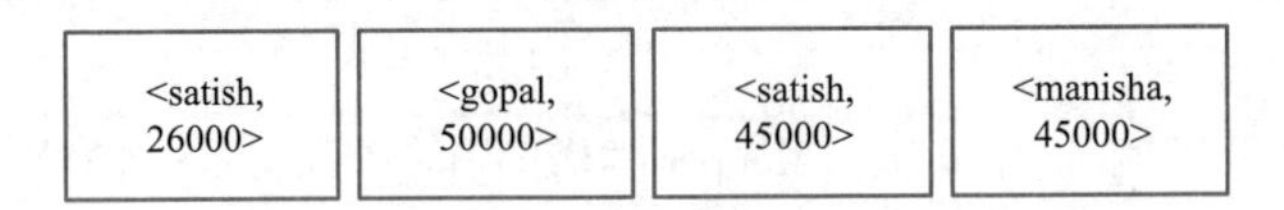

图 3-1-12　预期结果

④减速阶段——形成每个文件，将找到薪水最高的员工。为避免冗余，请检查所有 < k , v > 对并消除重复条目（如果有）。在 4 个 < k , v > 对之间使用相同的算法，它们来自 4 个输入文件。最终输出应如下：

```
< gopal, 50000 >
```

（3）索引

通常，索引用于指向特定数据及其地址。它对特定 Mapper 的输入文件执行批量索引。

通常在 MapReduce 中使用的索引技术称为反向索引。Google 和 Bing 等搜索引擎使用倒排索引技术。下面通过一个简单的例子来讲解 Indexing 的工作原理。以下文本是反向索引的输入。这里 T[0]、T[1] 和 t[2] 是文件名。

```
T[0] = "it is what it is"
T[1] = "what is it"
T[2] = "it is a banana"
```

应用索引算法后，得到以下输出：

```
"a": {2}
"banana": {2}
"is": {0, 1, 2}
"it": {0, 1, 2}
"what": {0, 1}
```

这里"a":{2}意味着术语"a"出现在T[2]文件中。类似地,"is":{0,1,2}意味着术语"is"出现在文件T[0]、T[1]和T[2]中。

(4)TF-IDF

TF-IDF是一种文本处理算法,它是术语频率-逆文档频率的缩写。它是常见的Web分析算法之一。这里,术语"频率"是指术语出现在文档中的次数。

①TF(术语频率)。TF衡量特定术语在文档中出现的频率。它是通过单词出现在文档中的次数除以该文档中单词的总数来计算的。

```
TF(the) =('the'在文档中出现的次数)/(文档中术语的总数)
```

②IDF(逆文档频率)。IDF衡量一个术语的重要性。它通过文本数据库中的文档数除以特定术语出现的文档数来计算。

```
IDF(the) = log_e(文件总数/含有"the"字样的文件数目)
```

下面借助一个小例子解释算法:

考虑一个包含1 000个单词的文档,其中单词hive出现50次。然后,蜂巢的TF为(50/1 000)=0.05。

现在,假设有1 000万个文档,其中1 000个单词出现了hive。然后,IDF计算为log(10 000 000/1 000)=4。

TF-IDF是这些量的乘积:0.05×4=0.20。

任务实施

编写Wordcount实例

(1)Wordcount设计思路

首先,需要检查WordCount程序任务是否可以采用MapReduce来实现。在前文曾经提到适合用MapReduce来处理的数据集需要满足一个前提条件:待处理的数据集可以分解成许多小的数据集,而且每一个小的数据集都可以完全并行地进行处理。在WordCount程序任务中,不同单词之间的频数不存在相关性,彼此独立,可以把不同的单词分发给不同的机器进行并行处理,因此可以采用MapReduce实现词频统计任务。

其次,确定MapReduce程序的设计思路。思路很简单,把文件内容解析成许多个单词,然后把所有相同的单词聚集到一起,最后计算出每个单词出现的次数进行输出。

最后,确定MapReduce程序执行过程。把一个大文件切分成许多个分片,每个分片输入给不同机器上的Map任务,并行执行完成"从文件中解析出所有单词"的任务。Map的输入采用Hadoop默认的<key,value>输入方式,即文件的行号作为key,文件的一行作为value;Map的输出以单词的形式作为key,1作为value,即<单词,1>表示单词出现了1次。Map阶段完成后,会输出一系列<单词,1>这种形式的中间结果,然后Shuffle阶段会对这些中间结果进行排序、分区,

得到 <key,value - list> 的形式(比如 <Hadoop, <1,1,1,1,1>>),分发给不同的 Reduce 任务。Reduce 任务接收到所有分配给自己的中间结果(一系列键值对)以后,就开始执行汇总计算工作,计算得到每个单词的频数并把结果输出到分布式文件系统。

(2)map 过程

假设执行单词统计任务的 MapReduce 作业中,有 3 个执行 Map 任务的 Worker 和 1 个执行 Reduce 任务的 Worker。一个文档包含 3 行内容,每行分配给一个 Map 任务来处理。Map 操作的输入是 <key,value> 形式,其中,key 是文档中某行号,value 是该行的内容。Map 操作将会输入文档中每一个单词。以 <key,value> 的形式作为中间结果进行输出,如图 3-1-13 所示。

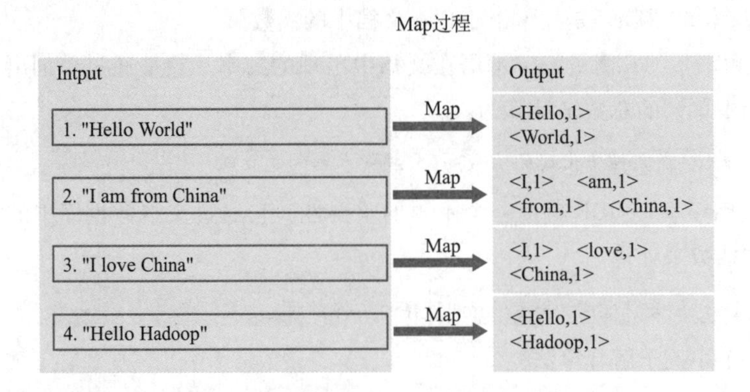

图 3-1-13 Map 过程

(3)定义 Combiner 的 Reduce 过程

在实际应用中,每个输入文件被 Map 函数解析后,都可能会生成大量类似 <"the",1> 这样的中间结果,很显然,这会大大增加网络传输开销。在 Shuffle 过程时,对于这种情形,MapReduce 支持用户提供 Combiner 函数来对中间结果进行合并后再发送给 Reduce 任务,从而大大减少网络传输的数据量,如图 3-1-14 所示。

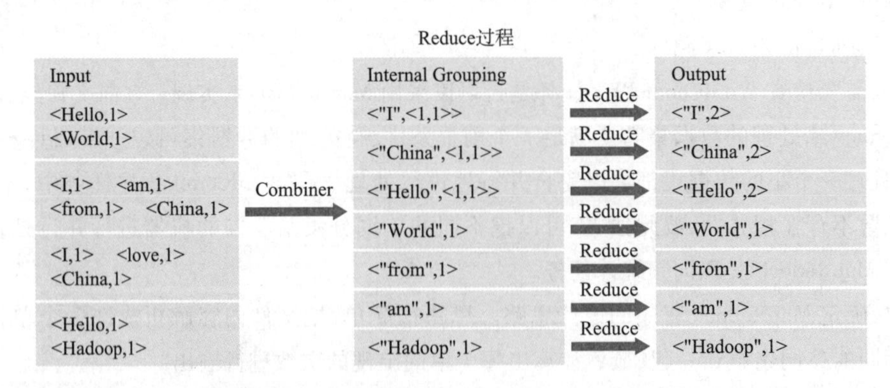

图 3-1-14 定义 Combiner 的 Reduce 过程

(4)WordCount 示例代码

```
package org.apache.hadoop.examples;
import java.io.IOException;
```

```
import java.util.StringTokenizer;
import org.apache.hadoop.conf.Configuration;
import org.apache.hadoop.fs.Path;
import org.apache.hadoop.io.IntWritable;
import org.apache.hadoop.io.Text;
import org.apache.hadoop.mapreduce.Job;
import org.apache.hadoop.mapreduce.Mapper;
import org.apache.hadoop.mapreduce.Reducer;
import org.apache.hadoop.mapreduce.lib.input.FileInputFormat;
import org.apache.hadoop.mapreduce.lib.output.FileOutputFormat;
import org.apache.hadoop.util.GenericOptionsParser;
/**
 *
 * 描述:WordCount explains by York
 * @ author Hadoop Dev Group
 */
publicclass WordCount {
   /**
    * 建立 Mapper 类 TokenizerMapper 继承自泛型类 Mapper
    * Mapper 类:实现了 map 功能基类
    * Mapper 接口:
    * WritableComparable 接口:实现 WritableComparable 的类可以相互比较.所有被用作
key 的类应该实现此接口
    * Reporter 则可用于报告整个应用的运行进度,本例中未使用
    *
    */
  publicstaticclass TokenizerMapper
      extends Mapper<Object, Text, Text, IntWritable>{
       /**
        * IntWritable、Text 均是 Hadoop 中实现的用于封装 Java 数据类型的类,这些类实现
了 WritableComparable 接口,都能够被串行化,从而便于在分布式环境中进行数据交换,可以将它们分别
视为 int、String 的替代品
        * 声明 one 常量和 word 用于存放单词的变量
        */
       privatefinalstatic IntWritable one = new IntWritable(1);
       private Text word = new Text();
       /**
        * Mapper 中的 map 方法:
        * void map(K1 key, V1 value, Context context)
        * 映射一个单个的输入 k/v 对到一个中间的 k/v 对,输出对不需要和输入对是相同的类型,
输入对可以映射到 0 个或多个输出对
        * Context:收集 mapper 输出的<k,v>对
        * Context 的 write(k, v)方法:增加一个(k,v)对到 context
        * 程序员主要编写 map 和 reduce 函数。这个 map 函数使用 StringTokenizer 函数对字
符串进行分隔,通过 write 方法把单词存入 word 中
      * write 方法存入(单词,1)这样的二元组到 context 中
      */
      publicvoid map(Object key, Text value, Context context) throwsIOException,
InterruptedException {
```

```
            StringTokenizer itr = new StringTokenizer(value.toString());
            while (itr.hasMoreTokens()) {
              word.set(itr.nextToken());
              context.write(word, one);
            }
          }
        }

        publicstaticclass IntSumReducer extends Reducer < Text, IntWritable, Text,
IntWritable > {
          private IntWritable result = new IntWritable();
          /**
             * Reducer 类中的 reduce 方法:
             * void reduce(Text key, Iterable < IntWritable > values, Context context)
             * 其中的 k/v 来自于 map 函数中的 context, 可能经过了 combiner 进一步处理, 同样通过
context 输出
             */
          publicvoid reduce(Text key, Iterable < IntWritable > values, Context context)
throws IOException, InterruptedException {
            int sum = 0;
            for (IntWritable val : values) {
              sum + = val.get();
            }
            result.set(sum);
            context.write(key, result);
          }
        }

        publicstaticvoid main(String[] args) throws Exception {
              /**
               * Configuration: map/reduce 的 j 配置类, 向 Hadoop 框架描述 map-reduce 执行的工作
               */
          Configuration conf = new Configuration();
          String[] otherArgs = new GenericOptionsParser(conf, args).getRemainingArgs();
          if (otherArgs.length ! = 2) {
            System.err.println("Usage: wordcount <in> <out>");
            System.exit(2);
          }
          Job job = new Job(conf, "word count");             //设置一个用户定义的 job 名称
          job.setJarByClass(WordCount.class);
          job.setMapperClass(TokenizerMapper.class);         //为 job 设置 Mapper 类
          job.setCombinerClass(IntSumReducer.class);         //为 job 设置 Combiner 类
          job.setReducerClass(IntSumReducer.class);          //为 job 设置 Reducer 类
          job.setOutputKeyClass(Text.class);                 //为 job 的输出数据设置 Key 类
          job.setOutputValueClass(IntWritable.class);        //为 job 输出设置 Value 类
          FileInputFormat.addInputPath(job, new Path(otherArgs[0]));
                                                             //为 job 设置输入路径
          FileOutputFormat.setOutputPath(job, new Path(otherArgs[1]));
                                                             //为 job 设置输出路径
```

```
      System.exit(job.waitForCompletion(true) ?0 : 1);         //运行job
   }
}
```

任务3.2 分析MapReduce实例应用

视 频

分析MapReduce实例应用

任务描述

MapReduce算法包含两个重要任务，即Map和Reduce。Reduce任务始终在Map作业之后执行。

①Map任务获取一组数据并将其转换为另一组数据，其中各个元素被分解为元组（键值对）。

②Reduce任务将Map的输出作为输入，并将这些数据元组（键值对）组合成一组较小的元组。

本任务需要读者理解MapReduce的Map和Reduce过程，最后需要掌握并独立编写MapReduce实例应用。

知识学习

1. MapReduce的Map过程

1）Map任务

Map任务最终将其输出写入本地硬盘，而非HDFS，如图3-2-1所示。这是为什么？因为Map的输出是中间结果：该中间结果由Reduce任务处理后才产生最终输出结果，而且一旦作业完成，Map的输出结果就可以删除。因此，如果把它存储在HDFS中并实现备份，难免有些小题大做。如果该节点上运行的Map任务在将Map中间结果传送给Reduce任务之前失败，Hadoop将在另一个节点上重新运行这个Map任务以再次构建Map的中间结果。

Map task输出结果首先会进入一个缓冲区内，这个缓冲区的大小是100 MB，如果Map task内容太大，是很容易撑爆内存的，所以会有一个守护进程，每当缓冲区到达上限80%的时候，就会启动一个Spill（溢写）进程，它的作用是把内存中的Map task的结果写入到磁盘。这里值得注意的是，溢写程序是单独的一个进程，不会影响Map task的继续输出。当溢写线程启动后，需要对这80 MB空间内的key排序（Sort）。排序是MapReduce模型默认的行为，这里的排序也是对序列化的字节进行的排序。

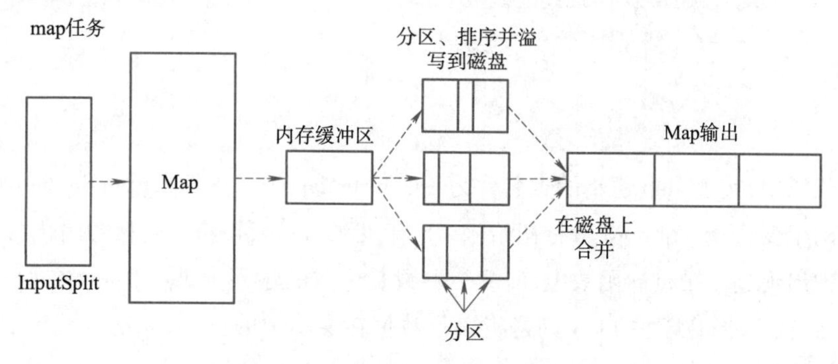

图3-2-1 Map任务

(1)map 执行过程

对于 WordCount 程序任务,map 执行过程如下:

MapReduce 将输入文件切分成 M 个分片,Master 将 M 个分片分给处于空闲状态的 N 个 Worker 来处理,系统将会分配一部分 Worker 执行 Map 任务。执行 Map 任务的 Worker 读取输入数据,执行 Map 操作,生成一系列 < key,value > 形式的中间结果,并将中间结果保存在内存的缓冲区中。缓冲区中的中间结果会被定期刷写到本地磁盘上,并被划分为 R 个分区,这 R 个分区会被分发给 R 个执行 Reduce 任务的 Worker 进行处理;Master 会记录这个 R 个分区在磁盘上的存储位置,并通知 R 个执行 Reduce 任务的 Worker 来"领取"属于自己处理的那些分区的数据。

(2)Map 处理逻辑

为了把文档处理成希望的效果,首先需要对文档进行切分。数据处理的第一阶段是 Map 阶段,在这个阶段中文本数据被读入并进行基本的分析,然后以特定键值对的形式进行输出,这个输出将作为中间结果,继续提供给 Reduce 阶段作为输入数据。

在本例中,通过继承类 Mapper 来实现 Map 处理逻辑。首先,为类 Mapper 设定好输入类型以及输出类型。这个 Map 的输入是 < key,value > 形式,其中,key 是文本文件中一行的行号,value 是该行号对应文件中的一行内容。实际上,在代码逻辑中,key 值并不需要用到。对于输出的类型,希望在 Map 部分完成文本分割工作,因此输出应该为 < 单词,出现次数 > 的形式。于是,最终确定的输入类型为 < Object,Text >,输出类型为 < Text,IntWritable >,其中,除了 Object 以外,都是 Hadoop 提供的内置类型。为实现具体的分析操作,需要重写 Mapper 中的 map 函数。以下为 Mapper 类的具体代码。

```
public static class TokenizerMapper
extends Mapper < Object,Text,Text,IntWritable > {
    private static final IntWritable one = new IntWritable(1);
    private Text word = new Text();
    public TokenizerMapper(){
    }
    public void map(Object key, Text value, Mapper < Object, Text, Text, IntWritable
>.Context context) throws IOException , InterruptedExceptiom{
        StringTokenizer itr = new StringTokenizer(value.toString());
        While(itr.hasMoreTokens()){
            This.word.set(itr.nextToken);
            Context.write(this.word,one);
        }
    }
}
```

在上述代码中,实现 Map 逻辑的类名称为 TokenizerMapper。在 TokenizerMapper 类中,首先将需要输出的两个变量 one 和 word 进行初始化。对于变量 one,可以将其直接初始化为 1,表示某个单词在文档中出现过。在 map 函数中,前两个参数是函数的输入,value 为 text 类型,是指每次读入文本的一行,而 Object 类型的 key 则是指该行数据在文本中的行号,在这个简单的示例中,key 其实并没有被明显地用到。然后通过 StringTokenizer 类及其自带的方法,将 value 变量(即文本中的一行)进行拆分,拆分后的单词存储在 word 中,one 作为单词计数。实际上,在函数的整个执行过程中,one 的值一直为 1。context 是 Map 函数的一种输出方式,通过写该变量,可以直接将中间结果存储在其中。

2. MapReduce 的 Reduce 过程

(1)Reduce 任务

Reduce 任务并不具备数据本地化的优势,单个 Reduce 任务的输入通常来自于所有 Mapper 的输出。在本例中,如图 3-2-2 所示,仅有一个 Reduce 任务,其输入是所有 Map 任务的输出。因此,排过序的 Map 输出需通过网络传输发送到运行 Reduce 任务的节点。数据在 Reduce 端合并,然后由用户定义的 Reduce 函数处理。Reduce 的输出通常存储在 HDFS 中以实现可靠存储。对于每个 Reduce 输出的 HDFS 块,第一个副本存储在本地节点上,其他副本存储在其他机架节点中。因此,将 Reduce 的输出写入 HDFS 确实需要占用网络带宽,但这与正常的 HDFS 流水线写入的消耗一样。

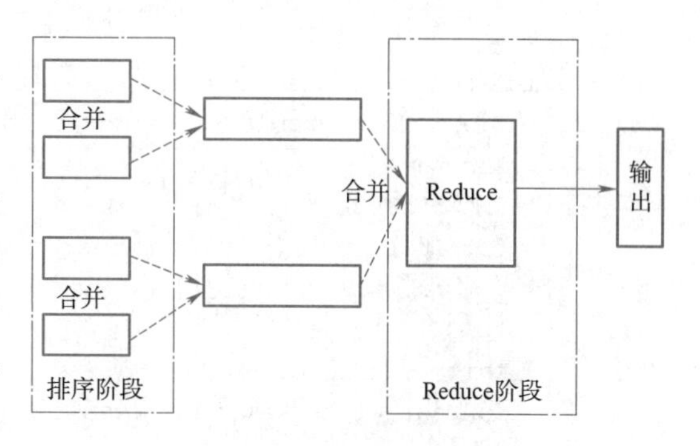

图 3-2-2 Reduce 任务

(2)Reduce 执行过程

对于 WordCount 程序任务,Reduce 执行过程如下:

MapReduce 将输入文件切分成 M 个分片,Master 将 M 个分片分给处于空闲状态的 N 个 worker 来处理,系统将会分配一部分 Worker 执行 Reduce 任务。执行 Reduce 任务的 Worker 收到 Master 的通知后,就到相应的 Map 机器上“领回”属于自己处理的分区。需要注意的是,正如之前在 Shuffle 过程中阐述的那样,可能会有多个 Map 通知某个 Reduce 来领取数据,因此一个执行 Reduce 任务的 Worker,可能会从多个 Map 机器通知某个 Reduce 机器来领取数据。当位于所有 Map 机器上、属于自己处理的数据都已经领取回来以后,这个执行 Reduce 任务的 Worker 会对领取到的键值对进行排序(如果内存中放不下,则需要用到外部排序),使得具有相同 key 的键值对聚集在一起,然后开始执行具体的 Reduce 操作。

执行 Reduce 任务的 Worker 遍历中间数据,对每个唯一的 key 执行 Reduce 函数,结果写入到输出文件中;执行完毕后,唤醒用户程序,返回结果。

(3)Reduce 处理逻辑

在 Map 部分得到中间结果后,接下来首先进入 Shuffle 阶段,在这个阶段中 Hadoop 自动将 Map 的输出结果进行分区、排序、合并,然后分发给对应的 Reduce 任务去处理。下面给出 Shuffle 过程后的结果,这也是 Reduce 任务的输入数据。

```
<"I",<1,1>>
<"China",<1,1>>
…
<"Hadoop",1>
```

Reduce 阶段需要对上述数据进行处理并得到最终期望的结果。其实,在这里已经可以很清楚地看到 Reduce 需要做的事情,就是对输入结果中的数字序列进行求和。Reduce 处理逻辑的具体代码如下。

```
    public static class IntSumReducer
    extends Reducer<Text,IntWritable,Text,IntWritabble>{
        private IntWritable result=new IntWritable();
        public IntSumReducer(){
        }
        Public void reduce(Text key, Iterable <IntWritable> values, Reducer<Text,
IntWritable,Text ,IntWritable>.Context)throws IOException,InterruptedException{
            int sum=0;
            IntWritable val;
            for(Iterator i$=values.iterator(); i$.hasNext(); sum+=val.get()){
                val=(IntWritable) i$.next();
            }
            this.result.set(sum);
            context.write(key,this.result);
        }
    }
```

类似于 Map 的实现，这里仍然需要继承 Hadoop 提供的类并实现其接口（重写其方法），这里编写的类名称为 IntSumReducer，它继承自类 Reducer。至于 Reduce 过程的输入/输出类型，从上面代码中可以发现，它们与 Map 过程的输出类型本质上是相同的。在代码的开始部分，设置变量 result 用来记录每个单词的出现次数。为了具体实现 Reduce 部分的处理逻辑，仍然需要重写 Reducer 类所提供的 Reduce 函数。在 Reduce 函数中可以看到，其输入类型较 Map 过程的输出类型发生了一点小小的变化，即 IntWritable 变量经过 Shuffle 阶段处理后，变为了 Iterable 容器。在 Reduce 函数中，会遍历这个容器，并对其中的数字进行累加，最终就可以得到每个单词总的出现次数。同样，在输出时，仍然使用 Context 类型的变量存储信息。当 Reduce 过程结束时，就可以得到需要的数据了。

任务实施

1. 计数类应用

应用需求：在前面章节中介绍了 WordCount 实例作为 MapReduce 模式下的实例程序，通过这个程序初步理解了 MapReduce 程序的结构及执行过程。实际上计数是大数据处理中比较常见的一种应用场景，这类应用的数据文件中包括大量的记录，每条记录中包含某类事物的若干属性，在实际应用中需要根据这类事物的某个属性进行数值计算，如求和、平均值等。

应用场景：这样的应用场景有从话单中分析话费统计、数据统计以及联系人之间通话频次的统计；对 log 文件进行分析，每条记录都包含一个响应时间，需要计算出平均响应时间。

解决方案：针对这类应用，在 map 函数中提取每条记录中这类事物的特定属性值，在 Reduce 函数中对所有相同的事物属性值按照函数表达式进行运算。

应用案例：WordCount 是经典计数类应用中的求和案例，下面通过另一个案例讲解求平均值的方法。一个班级中有 Rose、Andy、Tom、John、Michelle、Amy、Kim 等同学，学习了 English、Math、Chinese 三门课程，一门课程是一个文本文件，通过运算求每个同学的平均成绩。文件内容见表 3-2-1。

表 3-2-1 班级学生的学习成绩

English	Math	Chinese
Rose 91	Rose 83	Rose 85
Andy 87	Andy 93	Andy 84
Tom 78	Tom 67	Tom 85
John 94	John 92	John 77
Michelle 74	Michelle 82	Michelle 93
Amy 67	Amy 85	Amy 94
Kim 71	Kim 80	Kim 83

执行准备：

①在 Eclipse 的菜单 DFS Locations 中，右击 user/hadoop 目录，在弹出的快捷菜单中选择 Create new directory 命令，创建 average_in 文件夹，用于存放输入文件。

②在本地建立三个 txt 文件，在 Eclipse 的菜单 DFS Locations 中，右击 user/Hadoop/average_in 目录，在弹出的快捷菜单中选择 Upload files to DFS 命令，把本地的三个 txt 文件上传到 user/Hadoop/average_in 目录下。

③在 Eclipse 的菜单 Project Explorer 中，右击 Average 类，在弹出的快捷菜单中选择 Run as→Run on Hadoop 命令。

(1) AverageMapper 代码

```
    package com.test.score;
    import java.io.IOException;
    import java.util.StringTokenizer;
    import org.apache.hadoop.io.IntWritable;
    import org.apache.hadoop.io.LongWritable;
    import org.apache.hadoop.io.Text;
    import org.apache.hadoop.mapreduce.Mapper;

    public class AverageMapper extends Mapper<LongWritable, Text, Text, IntWritable>{
        private Text name = new Text();
        private IntWritable score = new IntWritable();

        @Override
        protected void map(LongWritable key, Text value, Context context) throws
IOException, InterruptedException {
            String line = value.toString();
            StringTokenizer itr = new StringTokenizer(line);
            while(itr.hasMoreTokens()){
                name.set(itr.nextToken());
                score.set(Integer.parseInt(itr.nextToken()));
                context.write(name, score);
            }
        }
    }
```

(2) AverageReducer 代码

```
package com.test.score;
import java.io.IOException;
import org.apache.hadoop.io.IntWritable;
import org.apache.hadoop.io.Text;
import org.apache.hadoop.mapreduce.Reducer;

public class AverageReducer extends Reducer<Text, IntWritable, Text, IntWritable>{
    @Override
     protected void reduce (Text key, Iterable<IntWritable> values, Context
context) throws IOException, InterruptedException {
        int sum=0;
        int count=0;
        for (IntWritable val : values) {
            sum+=val.get();
             ++count;
        }
        int avg=sum/count;
        context.write(key, new IntWritable(avg));
    }
}
```

(3) AverageRunner 代码

```
package com.test.score;
import org.apache.hadoop.conf.Configuration;
import org.apache.hadoop.conf.Configured;
import org.apache.hadoop.fs.Path;
import org.apache.hadoop.io.IntWritable;
import org.apache.hadoop.io.Text;
import org.apache.hadoop.mapreduce.Job;
import org.apache.hadoop.mapreduce.lib.input.FileInputFormat;
import org.apache.hadoop.mapreduce.lib.output.FileOutputFormat;
import org.apache.hadoop.util.Tool;
import org.apache.hadoop.util.ToolRunner;

public class AverageRunner extends Configured implements Tool{
    @Override
    public int run(String[] args) throws Exception {
        Configuration conf=new Configuration();
        Job job=Job.getInstance(conf);
        job.setJarByClass(AverageRunner.class);

        job.setMapperClass(AverageMapper.class);
        job.setReducerClass(AverageReducer.class);

        job.setMapOutputKeyClass(Text.class);
        job.setMapOutputValueClass(IntWritable.class);
        job.setOutputKeyClass(Text.class);
```

```
        job.setOutputValueClass(IntWritable.class);

        FileInputFormat.addInputPath(job, new Path(args[0]));
        FileOutputFormat.setOutputPath(job, new Path(args[1]));

        return job.waitForCompletion(true) ? 0:1;
    }

    public static void main(String[] args) throws Exception {
        int res = ToolRunner.run(new Configuration(), new AverageRunner(), args);
            System.exit(res);
    }
}
```

运行结果如图 3-2-3 所示。

```
Amy 82
Andy    88
John    87
Kim 78
Michelle    83
Rose    86
Tom 76
```

图 3-2-3 运行结果

2. 去重计数类应用

应用需求:在大数据文件中包含了大量的记录,每条记录记载了某事物的一些属性,需要根据某几个属性的组合,去除相同的重复组合,并统计其中某属性的统计值。

应用场景:在大数据集中统计数据种类的个数;在网站日志分析中统计访问地,或者统计网站不同访问者的访问次数;话单中分析手机号码及拨打的号码或访问的网络;重复数据删除等。这些应用场景都经常使用存储数据缩减技术,即数据去重。

解决方案:在此类应用中,将计算过程分为两个步骤。第一步,Map 函数将每条记录中需要关注的属性组合作为关键字,将空字符串作为值,生成的 <键-值> 对作为中间值输出。第二步,Reduce 函数则将输入的中间结果的键值作为新的键值,value 值仍然取空字符串,输出结果。因为所有键值相同的 key 都被送到了同一 Reducer,而 Reducer 只输出了一个键值,这一过程实际上就是去重的过程。

应用案例:有以下两个文件,文件中表示某天,某 IP 访问了系统中的一个日志。当时间和 IP 相同时,将这种相同的数据去掉,只留下一个,具体见表 3-2-2。

表 3-2-2 系统日志

Log1. txt	Log2. txt
2014-10-3 10. 3. 5. 19	2014-10-3 10. 3. 5. 19
2014-10-3 10. 3. 5. 19	2014-10-4 10. 3. 5. 19
2014-10-3 10. 3. 5. 18	2014-10-3 10. 3. 5. 18

续表

Log1. txt	Log2. txt
2014-10-3 10. 3. 51. 19	2014-10-5 10. 3. 51. 19
2014-10-3 10. 3. 2. 19	2014-10-4 10. 3. 2. 5
2014-10-4 10. 3. 2. 5	2014-10-5 10. 3. 2. 19
2014-10-4 10. 3. 2. 18	

执行准备：

①在 Eclipse 的菜单 DFS Locations 中，在 user/hadoop 目录下，创建 dedup_in 文件夹，用于存放输入文件。

②在本地建立两个文件 log1. txt 和 log2. txt，在 Eclipse 中把上述两个文件上传到 user/Hadoop/dedup_in 目录下。

（1）UniqMapper 代码

```
package com.test.uniq;
import java.io.IOException;
import org.apache.hadoop.io.LongWritable;
import org.apache.hadoop.io.Text;
import org.apache.hadoop.mapreduce.Mapper;

public class UniqMapper extends Mapper<LongWritable, Text, Text, Text>{
    @Override
    protected void map(LongWritable key, Text value, Context context)
            throws IOException, InterruptedException {
        context.write(value, new Text(""));
    }
}
```

（2）UniqReducer 代码

```
package com.test.uniq;
import java.io.IOException;
import org.apache.hadoop.io.Text;
import org.apache.hadoop.mapreduce.Reducer;

public class UniqReducer extends Reducer<Text, Text, Text, Text>{
    @Override
    protected void reduce(Text key, Iterable<Text> values, Context context)throws
IOException, InterruptedException {
        context.write(key, new Text(""));
    }
}
```

（3）UniqRunner 代码

```
package com.test.uniq;
import org.apache.hadoop.conf.Configuration;
```

```
import org.apache.hadoop.conf.Configured;
import org.apache.hadoop.fs.Path;
import org.apache.hadoop.io.Text;
import org.apache.hadoop.mapreduce.Job;
import org.apache.hadoop.mapreduce.lib.input.FileInputFormat;
import org.apache.hadoop.mapreduce.lib.output.FileOutputFormat;
import org.apache.hadoop.util.Tool;
import org.apache.hadoop.util.ToolRunner;

public class UniqRunner extends Configured implements Tool{
    @Override
    public int run(String[] args) throws Exception {
        Configuration conf = new Configuration();
        Job job = Job.getInstance(conf);
        job.setJarByClass(UniqRunner.class);
        job.setMapperClass(UniqMapper.class);
        job.setReducerClass(UniqReducer.class);
        job.setMapOutputKeyClass(Text.class);
        job.setMapOutputValueClass(Text.class);
        job.setOutputKeyClass(Text.class);
        job.setOutputValueClass(Text.class);
        FileInputFormat.addInputPath(job, new Path(args[0]));
        FileOutputFormat.setOutputPath(job, new Path(args[1]));
        return job.waitForCompletion(true) ? 0:1;
    }

    public static void main(String[] args) throws Exception {
        int res = ToolRunner.run(new Configuration(),new UniqRunner(), args);
        System.exit(res);
    }
}
```

运行结果如图 3-2-4 所示。

```
2014-10-3    10.3.2.19
2014-10-3    10.3.3.19
2014-10-3    10.3.5.18
2014-10-3    10.3.5.19
2014-10-3    10.3.51.19
2014-10-4    10.3.2.18
2014-10-4    10.3.2.5
2014-10-4    10.3.5.19
2014-10-5    10.3.2.19
2014-10-5    10.3.51.19
```

图 3-2-4 运行结果

小结

本单元介绍了 MapReduce 编程模型的相关知识。MapReduce 将复杂的、运行于大规模集群上的并行计算过程高度抽象到两个函数:Map和Reduce中,并极大地方便了分布式编程工作,编程人员在不会分布式并行编程的情况下,也可以很容易地将自己的程序运行在分布式系统上,完成海量数据集的计算。

MapReduce执行的全过程包括以下几个主要阶段:从分布式文件系统读入数据、执行Map任务输出中间结果、通过Shuffle阶段把中间结果分区排序整理后发送给Reduce任务、执行Reduce任务得到最终结果并写入分布式文件系统。在这几个阶段中,Shuffle阶段非常关键,必须深刻理解这个阶段的详细执行过程。

MapReduce具有广泛的应用,如关系代数运算、分组与聚合运算、矩阵-向量乘法、矩阵乘法等。

通过本单元的学习,令读者对分布式编程框架MapReduce产生浓厚的兴趣,通过实验能掌握如何编写WordCount实例。

习题

一、选择题

MapReduce通常将输入文件按照(　　)MB来划分。

A. 16　　B. 64　　C. 32　　D. 128

二、填空题

1. MapReduce关系代数运算中的运算方式有:关系的选择运算、________、________、________。

2. MapReduce框架使用________模块做Map前的预处理。

三、问答题

1. MapReduce计算模型的核心是Map函数和Reduce函数,论述这两个函数各自的输入、输出以及处理过程。

2. Map端和Reduce端的Shuffle过程是什么?

3. 是否所有的MapReduce程序都需要经过Map和Reduce两个过程?如果不是,请举例说明。

4. 分析为什么采用Combiner可以减少数据传输量。是否所有的MapReduce程序都可以采用Combiner?请说明理由。

试　题

单元3 试题

四、操作题

1. 上机练习,编写Wordcount实例。

2. 上机练习,编写MapReduce实例应用,实现去重和计数功能。

单元 4 分布式服务框架Zookeeper

单元描述

Zookeeper 是针对谷歌 Chubby 的一个开源实现,是高效和可靠的协同工作系统,提供分布式锁之类的基本服务(如统一命名服务、状态同步服务、集群管理、分布式应用配置项的管理等),用于构建分布式应用,减轻分布式应用程序所承担的协调任务。Zookeeper 使用 Java 编写,很容易编程接入,它使用了一个和文件树结构相似的数据模型,可以使用 Java 或者 C 语言进行编程接入。因此,本单元将介绍分布式服务框架 Zookeeper,通过对安装与配置 Zookeeper、调用 Zookeeper 的 Java 客户端 API 的讲解,令读者掌握如何配置和安装 Zookeeper、如何使用 Java 客户端 API 操作 Zookeeper 的知识点和技能点。

学习目标

【知识目标】

(1)了解 Zookeeper 基本内容、工作流。

(2)了解 Zookeeper leader 选举。

(3)理解 Zookeeper 分布式协调服务原理。

(4)了解 Zookeeper znode。

(5)了解分布式锁。

【能力目标】

(1)掌握安装 Zookeeper 集群。

(2)掌握 Zookeeper 的 Java 开发环境搭建。

(3)掌握 Java 实现对 znode 的增删改查。

(4)掌握 Java 实现分布式锁。

任务 4.1 安装与配置 Zookeeper

视频

安装与配置 Zookeeper

任务描述

本任务需要读者对 Zookeeper 概述、Zookeeper 工作流以及 Zookeeper leader 选举有一定的了解,并独立安装 Zookeeper 集群。

知识学习

1. Zookeeper 概述

1)Zookeeper 背景

随着互联网技术的发展,企业对计算机系统的计算、存储能力要求越来越高,各大 IT 企业都在追求高并发、海量存储的极致,在这样的背景下,单纯依靠少量高性能单机完成计算的任务已经无法满足需求,企业的 IT 架构逐渐由集中式向分布式过渡。所谓的分布式是指:把一个计算任务分解成若干个计算单元,并分派到不同的计算机中去执行,最终汇总计算结果的过程。

2)Zookeeper 应用场景

(1)数据发布和订阅

数据的发布与订阅,顾名思义就是一方把数据发布出来,另一方通过某种手段获取。通常数据发布与订阅有两种模式:推模式和拉模式,推模式一般是服务器主动往客户端推送信息,拉模式是客户端主动去服务端请求目标数据(通常采用定时轮询的方式)。Zookeeper 将这两种方式结合:发布者将数据发布到 Zookeeper 集群节点上,订阅者通过一定的方法告诉 Zookeeper 服务器,自己对哪个节点的数据感兴趣,那么在服务端数据发生变化时,就会通知客户端去获取这些信息。

(2)负载均衡

如图 4-1-1 所示,负载均衡在服务端启动时,首先将自己在 Zookeeper 服务器上注册成一个临时节点。Zookeeper 拥有两种形式的节点,一种是临时节点,一种是永久节点。注册成临时节点后,当服务端出问题时,节点会自动从 Zookeeper 上删除,如此 Zookeeper 服务器上的列表就是最新的可用列表。

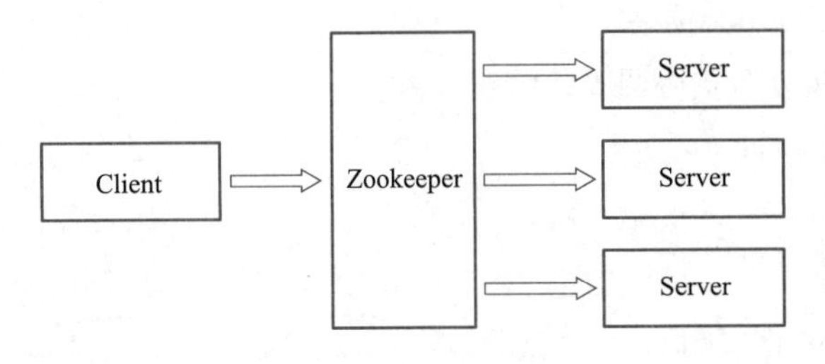

图 4-1-1　负载均衡

①客户端在需要访问服务器时首先会通过 Zookeeper 获得所有可用的服务端连接信息。

②客户端通过一定的策略(如随机)选择一个与之建立连接。

③当客户端发现连接不可用时,会再次从 Zookeeper 上获取可用的服务端连接,并同时删除之前获取的连接列表。

(3)命令服务

提供名称的服务。如一般使用较多的有两种 id:一种是数据库自增长 id;一种是 uuid。两种 id 都有局限,自增长 id 仅适合在单表单库中使用;uuid 适合在分布式系统中使用,但由于 id 没有规律难以理解。而 Zookeeper 提供了一定的接口可以用来获取一个顺序增长的,可以在集群环境下使用的 id。

3)Zookeeper 的优势

①源代码开放。

②高性能,易用稳定。该优势已在众多分布式系统中得到验证。

③有着广泛的应用,并且与众多大数据相关技术能实现良好的融合开发。

4)Zookeeper 的定义

Zookeeper 是源代码开放的分布式协调服务,是一个高性能的分布式数据一致性的解决方案,它将那些复杂的、容易出错的分布式一致性服务封装起来。用户可以通过调用 Zookeeper 提供的接口来解决一些分布式应用中的实际问题。

Zookeeper 是一种分布式协调服务,用于管理大量主机。在分布式环境中协调和管理服务是一个复杂的过程。Zookeeper 以其简单的架构和 API 解决了这个问题。Zookeeper 允许开发人员专注于核心应用程序逻辑,而无须担心应用程序的分布式特性。

Zookeeper 框架最初是在雅虎上构建的,用于以简单而强大的方式访问其应用程序。后来,Apache Zookeeper 成为 Hadoop、HBase 和其他分布式框架使用的有组织服务的标准。例如,Apache HBase 使用 Zookeeper 跟踪分布式数据的状态。

在进一步研究之前,需要了解分布式应用程序、Apache Zookeeper 和 Zookeeper 的优点。

(1)分布式应用程序

分布式应用程序可以在给定时间(同时)通过网络中的多个系统运行,通过它们之间的协调以快速有效的方式完成特定任务。通常,通过使用所有相关系统的计算能力,分布式应用程序可以在几分钟内完成复杂且耗时的任务,这些任务需要数小时才能完成非分布式应用程序(在单个系统中运行)。

通过将分布式应用程序配置为在更多系统上运行,可以进一步减少完成任务的时间。运行分布式应用程序的一组系统称为群集,群集中运行的每台计算机称为节点。

分布式应用程序有两部分,Server 和 Client 应用程序,如图 4-1-2 所示。服务器应用程序实际上是分布式的,并且具有通用接口,以便客户端可以连接到群集中的任何服务器并获得相同的结果。客户端应用程序是与分布式应用程序交互的工具。

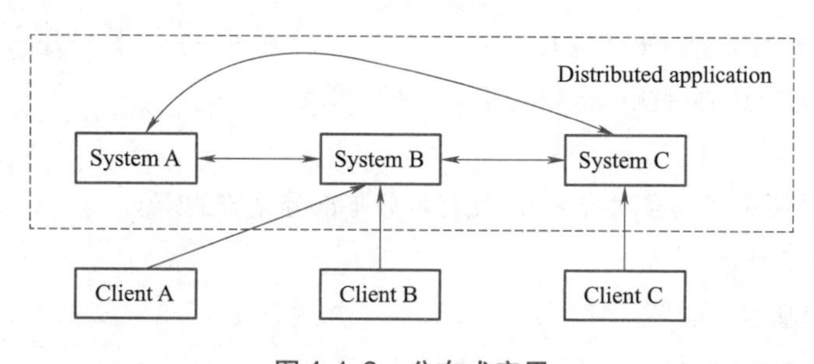

图 4-1-2 分布式应用

①分布式应用程序的好处:

➢ 可靠性:单个或少数系统的故障不会使整个系统失效。

➢ 可扩展性:可以在需要时通过添加更多机器来增加性能,同时在不停机的情况下对应用程序的配置进行微小更改。

➢ 透明度:隐藏系统的复杂性并将其自身显示为单个实体/应用程序。

②分布式应用程序的挑战:

➢ 竞争条件:两台或多台机器试图执行特定任务,实际上只需要在任何给定时间由一台机器完成。例如,共享资源只能在任何给定时间由单台机器修改。

➢ 死锁:两个或多个操作等待彼此无限期完成。

➢ 不一致:数据的部分失败。

(2)Apache Zookeeper

Apache Zookeeper 是一个集群(节点组)使用的服务,用于在它们之间进行协调,并使用强大的同步技术维护共享数据。Zookeeper 本身就是一个分布式应用程序,为编写分布式应用程序提供服务。

Zookeeper 提供的常用服务如下:

①命名服务:按名称标识集群中的节点。它类似于 Linux 文件系统。

②配置管理:加入节点的系统最新配置信息。

③群集管理:实时加入/离开群集中的节点和节点状态。

④领导者选举:选择一个节点作为协调目的的领导者。

⑤锁定和同步服务:在修改数据时锁定数据。此机制可帮助用户在连接其他分布式应用程序(如 Apache HBase)时自动进行故障恢复。

⑥高度可靠的数据注册表:即使一个或几个节点出现故障,也可以提供数据。

分布式应用程序提供了许多好处,但它们也带来了一些复杂且难以破解的挑战。Zookeeper 框架提供了一个完整的机制来克服所有挑战。使用故障安全同步方法处理竞争条件和死锁。另一个主要缺点是数据不一致,Zookeeper 解决了原子性问题。

(3)Zookeeper 的优点

①简单的分布式协调过程。

②同步:服务器进程之间的相互排斥和合作。此过程有助于 Apache HBase 进行配置管理。

③有序消息。

④序列化:根据特定规则对数据进行编码。确保用户的应用程序一致运行,可以在 MapReduce 中使用此方法协调队列以执行正在运行的线程。

⑤可靠性。

⑥原子性:数据传输完全成功或失败,没有事务是部分完成的。

2. Zookeeper 工作流

1)Zookeeper 的基本术语

(1)Zookeeper 的体系结构

图 4-1-3 所示为 Zookeeper 的客户端-服务器架构。

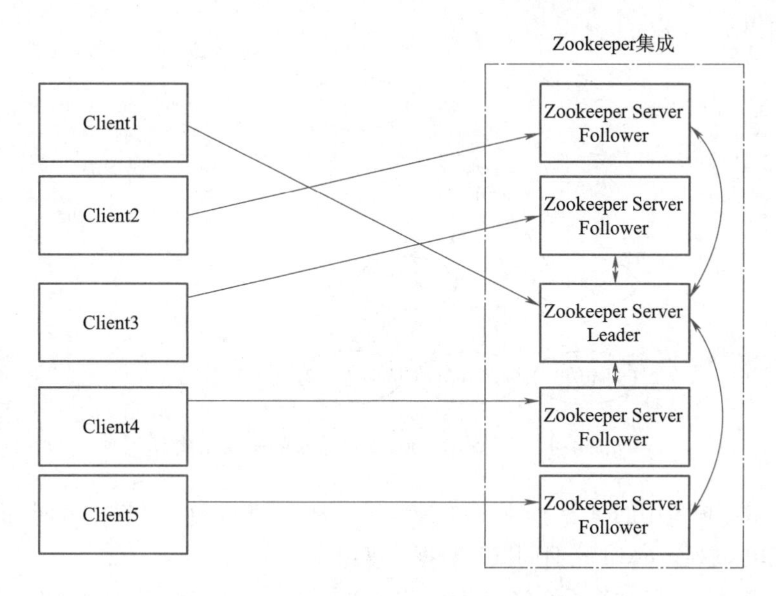

图 4-1-3 Zookeeper 的客户端-服务器架构

Zookeeper 体系结构中的每个组件及描述见表 4-1-1。

表 4-1-1 Zookeeper 体系结构

部　分	描　述
客户端	客户端是分布式应用程序集群中的一个节点,它从服务器访问信息。对于特定的时间间隔,每个客户端都会向服务器发送一条消息,让服务器知道客户端是否处于活动状态。 同样,服务器在客户端连接时发送确认。如果连接的服务器没有响应,则客户端会自动将消息重定向到另一台服务器
服务器	服务器是 Zookeeper 集合中的一个节点,它为客户端提供所有服务。向客户端发出确认以通知服务器处于活动状态
Ensemble	Zookeeper 服务器组。形成整体所需的最小节点数为 3
Leader	服务器节点,如果任何连接的节点发生故障,则执行自动恢复。领导者在服务启动时当选
Follower	遵循领导指令的服务器节点

(2)分层命名空间

如图 4-1-4 所示,描绘了用于内存表示的 Zookeeper 文件系统的树状结构。Zookeeper 节点称为 znode。每个 znode 都由一个名称标识,并由一系列路径(/)分隔。

如图 4-1-4 所示,首先有一个以"/"分隔的根 znode。在 root 下,有两个逻辑命名空间 config 和 workers。

该配置命名空间用于集中配置管理和自定义的命名空间管理。

在 config 命名空间下,每个 znode 可以存储 1 MB 数据。这与 UNIX 文件系统类似,只是父 znode 也可以存储数据。此结构的主要目的是存储同步数据并描述 znode 的元数据。该结构称为

Zookeeper 数据模型。

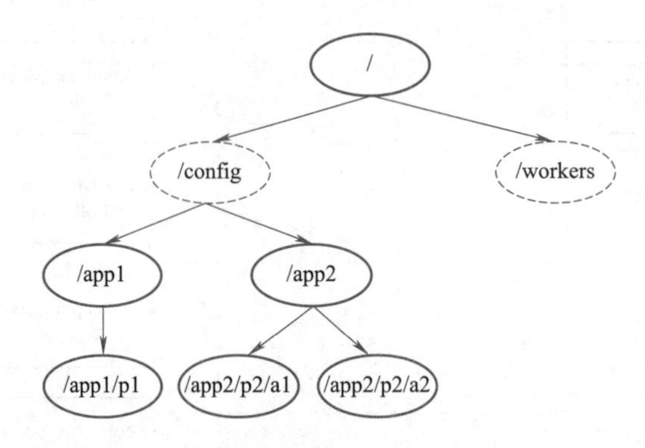

图 4-1-4　Zookeeper 文件系统的树状结构

Zookeeper 数据模型中的每个 znode 都维护着一个 stat 结构。stat 只提供 znode 的元数据。它由版本号、操作控制列表(ACL)、时间戳和数据长度组成。

①版本号:每个 znode 都有一个版本号,这意味着每次与 znode 关联的数据发生更改时,其对应的版本号也会增加。当多个 Zookeeper 客户端尝试在同一 znode 上执行操作时,使用版本号很重要。

②动作控制列表(ACL):ACL 基本上是用于访问 znode 的认证机制。它管理所有 znode 读写操作。

③时间戳:时间戳表示从 znode 创建和修改起经过的时间。它通常以毫秒表示。Zookeeper 从 Transaction ID(zxid)中识别对 znode 的每个更改。zxid 是唯一的,可以为每个事务保留时间,以便用户可以轻松识别从一个请求到另一个请求所经过的时间。

④数据长度:存储在 znode 中的数据总量是数据长度。用户最多可以存储 1 MB 的数据。

(3)znodes 的类型

znodes 可分为 3 类,即持久性 znode、顺序性 znode 和短暂性 znode。

①持久性 znode:即使在创建该特定 znode 的客户端断开连接后,持久性 znode 仍然存在。默认情况下,除非另有说明,否则所有 znode 都是持久的。

②短暂性 znode:短暂性 znode 在客户端处于活动状态之前一直处于活动状态。当客户端与 Zookeeper 集合断开连接时,短暂性 znode 会自动删除。出于这个原因,只允许短暂性 znodes 进一步生育孩子。如果删除了短暂性 znode,则下一个合适的节点将填充其位置。短暂性 znodes 在领袖选举中发挥着重要作用。

③顺序性 znode:顺序性 znode 可以是持久的也可以是短暂的。当新的 znode 被创建为顺序性 znode 时,Zookeeper 通过将 10 位序列号附加到原始名称来设置 znode 的路径。例如,如果将带有 path/myapp 的 znode 创建为顺序性 znode,则 Zookeeper 将路径更改为/myapp0000000001 并将下一个序列号设置为 0000000002。如果同时创建两个连续的 znode,则 Zookeeper 中永远不会有相同数字的 znode。顺序性 znode 在锁定和同步中起着重要作用。

(4)会话

会话对于 Zookeeper 的操作非常重要。会话中的请求以 FIFO 顺序执行。客户端连接到服务器后，将建立会话并为客户端分配会话 ID。

客户端以特定时间间隔发送心跳以保持会话有效。如果 Zookeeper 集合没有从客户端接收心跳并超过服务启动时指定的时间段（会话超时），则它会判断客户端已经死亡。

会话超时通常以毫秒为单位表示。当会话因任何原因而结束时，在该会话期间创建的短暂 znode 也会被删除。

（5）事件监听

事件监听是一种简单的机制，客户端可以获得有关 Zookeeper 集合中更改的通知。客户端可以在读取特定 znode 时设置监视。事件监听向注册客户端发送任何 znode（客户端注册）更改的通知。

znode 更改是与 znode 相关数据的修改或 znode 子项的更改，事件监听仅触发一次。如果客户端再次想要通知，则必须通过另一个读取操作完成。当连接会话到期时，客户端将与服务器断开连接，并且还会删除关联的监视。

（6）Zookeeper 运行原理

一旦 Zookeeper 集合启动，它将等待客户端连接。客户端将连接到 Zookeeper 集合中的一个节点。它可能是领导者或追随者节点。连接客户端后，节点会将会话 ID 分配给特定客户端，并向客户端发送确认。如果客户端没有得到确认，它只是尝试连接 Zookeeper 集合中的另一个节点。连接到节点后，客户端将定期向节点发送心跳，以确保连接不会丢失。

如果客户端想要读取特定的 znode，它会向具有 znode 路径的节点发送读取请求，并且该节点通过从其自己的数据库获取所请求的 znode。因此，Zookeeper 集合中的读取速度很快。

如果客户端想要在 Zookeeper 集合中存储数据，它会将 znode 路径和数据发送到服务器。连接的服务器将请求转发给领导者，然后领导者将向所有关注者重新发出写入请求。如果只有大多数节点成功响应，则写入请求将成功，并且将成功返回代码发送给客户端。否则，写入请求将失败。严格的大多数节点称为仲裁。

Zookeeper Ensemble 中的节点：

这里分析 Zookeeper 集合中不同节点数的影响。

①如果有一个节点，那么当该节点出现故障时，Zookeeper 集合就会失败。它有助于“单点故障”，不建议在生产环境中使用。

②如果有两个节点并且一个节点失败，那么也没有多数，因为两个节点中的一个不是多数。

③如果有三个节点，一个节点出现故障，那么就占多数，因此，它是最低要求。Zookeeper 集合必须在实时生产环境中至少有三个节点。

④如果有四个节点并且两个节点发生故障，它会再次失败并且类似于有三个节点。额外节点不用于任何目的，因此，最好添加奇数个节点，如 3、5、7。

由此读者可以知道写入过程比 Zookeeper 集合中的读取过程昂贵，因为所有节点都需要在其数据库中写入相同的数据。因此，与平衡环境具有大量节点相比，拥有更少数量的节点（3、5 或 7）更好。

图 4-1-5 所示为 Zookeeper WorkFlow。不同组件的解释见表 4-1-2。

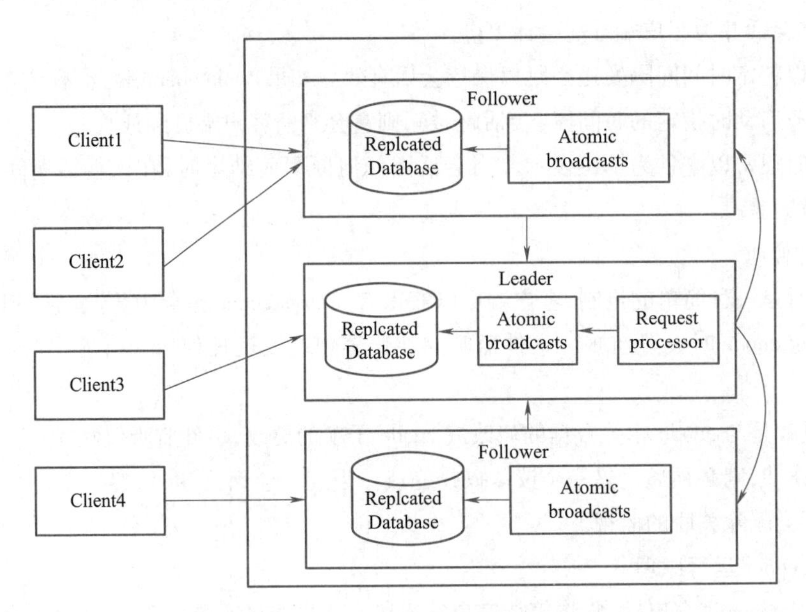

图 4-1-5　Zookeeper WorkFlow

表 4-1-2　不同组件的解释

组　件	描　述
写	写入过程由领导者节点处理。领导者将写请求转发给所有 znode 并等待来自 znode 的答案。如果一半的 znodes 回复,则写入过程完成
读	读取由特定连接的 znode 在内部执行,因此无须与群集进行交互
复制数据库	它用于在 Zookeeper 中存储数据。每个 znode 都有自己的数据库,每个 znode 在一致性的帮助下每次都有相同的数据
领导	Leader 是负责处理写请求的 znode
Follower	关注者从客户端接收写入请求并将其转发给领导者 znode
请求处理器	仅存在于领导节点中。它管理来自跟随节点的写请求
原子广播	负责广播从领导节点到跟随节点的变化

3. Zookeeper leader 选举

(1) Zookeeper 节点状态

Leader 选举是保证分布式数据一致性的关键所在。Leader 选举分为 Zookeeper 集群初始化启动时选举和 Zookeeper 集群运行期间 Leader 重新选举两种情况。在讲解 Leader 选举前先了解一下 Zookeeper 节点的 4 种可能状态和事务 ID 概念。

- looking:寻找 Leader 状态,处于该状态需要进入选举流程。
- leading:领导者状态,处于该状态的节点说明角色已经是 Leader。
- following:跟随者状态,表示 Leader 已经选举出来,当前节点角色是 follower。
- observer:观察者状态,表明当前节点角色是 observer。

(2)事务 ID

Zookeeper 状态的每次变化都接收一个 zxid(Zookeeper 事务 id)形式的标记。zxid 是一个 64 位的数字,由 Leader 统一分配,全局唯一,不断递增。

zxid 展示了所有 Zookeeper 的变更顺序。每次变更会有唯一的 zxid,如果 zxid1 小于 zxid2,说明 zxid1 在 zxid2 之前发生。

(3)选举过程

现在分析如何在 Zookeeper 集合中选出领导节点。考虑集群中有 N 个节点。领导人选举的过程如下:

①所有节点都创建一个具有相同路径的顺序短暂 znode,/app/leader_election/guid_。

②Zookeeper 集合将 10 位序列号附加到路径,创建的 znode 将是/app/leader_election/guid_0000000001、/app/leader_election/guid_0000000002 等。

③对于给定的实例,在 znode 中创建最小数字的节点成为领导者,而所有其他节点都是跟随者。

④每个跟随节点监视具有下一个最小数字的 znode。例如,创建 znode/app/leader_election/guid_0000000008 的节点将监视 znode/app/leader_election/guid_0000000007,创建 znode/app/leader_election/guid_0000000007 的节点将监视 znode/app/leader_election/guid_0000000006,依此类推。

⑤如果领导者关闭,则其相应的 znode/app/leader_election$N$ 将被删除。

⑥下一个在线跟随节点将通过观察者获取有关领导者删除的通知。

⑦下一个在线跟随节点将检查是否存在具有最小编号的其他 znode。如果没有,那么它将承担领导者的角色。否则,它会找到创建具有最小编号的 znode 节点作为 leader。

⑧类似的,所有其他跟随者节点选择创建具有最小数量的 znode 节点作为领导者。

从头开始,领导者选举是一个复杂的过程。但 Zookeeper 服务使它变得非常简单。

任务实施

安装 Zookeeper 集群

Zookeeper 服务器是用 Java 创建的,它在 JVM 上运行。读者需要使用 JDK 6 或更高版本。现在,按照下面给出的步骤安装 Zookeeper 集群。

(1)验证 Java 安装

只需使用以下命令进行验证即可:

```
$ java -version
```

如果本地计算机上安装了 Java,那么可以看到已安装 Java 的版本。否则,请按照下面给出的步骤安装最新版本的 Java。

①下载 JDK。通过访问 JDK 官网,下载 JDK 1.8。

②提取文件。使用 CRT 软件将下载好的 JDK1.8-linux 版本上传至虚拟机 root 文件夹。使用以下命令验证它并解压缩 tar 设置。

```
$ cd/root
$ tar -zxf jdk-8u60-linux-x64.gz
```

③移至 opt 目录下。要使 Java 可供所有用户使用,请将提取的 Java 内容移动到/usr/local/

java 文件夹。

```
$ su
password: (type password of root user)
$ mkdir/opt/jdk
$ mv jdk-1.8.0_60/opt/jdk/
```

④设置路径。要设置路径和 JAVA_HOME 变量,请将以下命令添加到 ~/.bashrc 文件中。

```
export JAVA_HOME=/usr/jdk/jdk-1.8.0_60
export PATH=$PATH:$JAVA_HOME/bin
```

接着将所有更改应用到当前运行的系统中。

```
$ source ~/.bashrc
```

⑤验证 JDK。使用验证命令(java -version)验证 Java 安装。

(2)Zookeeper 框架安装

①下载 Zookeeper。打开 Zookeeper 官网下载 Zookeeper。

②解压缩 tar 文件。使用以下命令提取 tar 文件:

```
$ cd opt/
$ tar -zxf zookeeper-3.4.6.tar.gz
$ cd zookeeper-3.4.6
$ mkdir data
```

③创建配置文件。使用命令 vi conf/zoo.cfg 打开 conf/zoo.cfg 配置文件,并将以下所有参数设置为起始点。

```
$ vi conf/zoo.cfg

tickTime=2000
dataDir=/path/to/zookeeper/data
clientPort=2181
initLimit=5
syncLimit=2
```

成功保存配置文件后,再次返回终端。现在可以启动 Zookeeper 服务器。

④启动 Zookeeper 服务器。执行以下命令:

```
$ bin/zkServer.sh start
```

执行命令后,将得到如下响应:

```
$ JMX enabled by default
$ Using config:/Users/../zookeeper-3.4.6/bin/../conf/zoo.cfg
$ Starting zookeeper ... STARTED
```

⑤启动 CLI。输入以下命令:

```
$ bin/zkCli.sh
```

输入命令后,将连接到 Zookeeper 服务器,应该得到以下响应:

```
Connecting to localhost:2181
...
```

```
...
...
Welcome toZookeeper!
...
...
WATCHER::
WatchedEvent state:SyncConnected type: None path:null
[zk: localhost:2181(CONNECTED) 0]
```

(3)停止 Zookeeper 服务器

连接服务器并执行所有操作后,可以使用以下命令停止 Zookeeper 服务器。

```
$ bin/zkServer.sh stop
```

任务 4.2 调用 Zookeeper 的 Java 客户端 API

视 频

调用Zookeeper的Java客户端API

任务描述

本任务需要读者对 Zookeeper 分布式协调服务原理、Zookeeper znode 以及分布式锁有一定的了解,然后独立完成 Zookeeper 的 Java 开发环境搭建,实现 Java 对 znode 增删改查和 Java 实现分布式锁。

知识学习

1. Zookeeper 分布式协调服务原理

1)Zookeeper 的功能

Zookeeper 是一个开源的分布式协调服务,由雅虎创建,是 Google Chubby 的开源实现,如图 4-2-1 所示。分布式应用程序可以基于 Zookeeper 实现诸如数据发布/订阅、负载均衡、命名服务、分布式协调/通知、集群管理、Master 选举、分布式锁和分布式队列等功能。

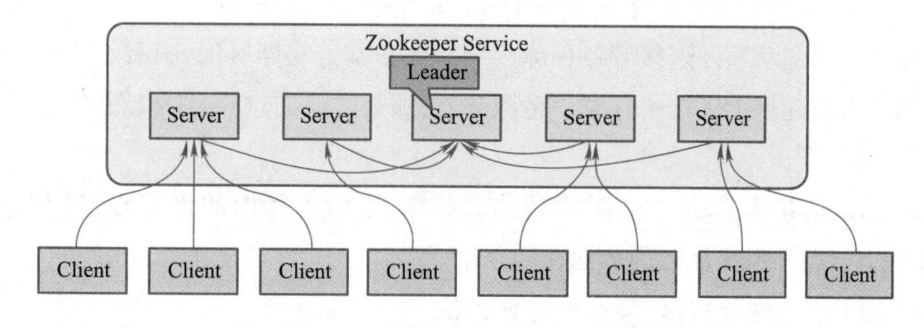

图 4-2-1 Zookeeper 分布式协调服务

2)Zookeeper 基本术语

(1)集群角色

集群角色包括 Leader(领导)、Follower(追随者)和 Observer(观察员)。

一个 Zookeeper 集群同一时刻只会有一个 Leader,其他都是 Follower 或 Observer。Zookeeper 配置很简单,每个节点的配置文件(zoo.cfg)都是一样的,只有 myid 文件不一样。myid 的值必须是 zoo.cfg 中 server.{数值} 的{数值}部分。

zoo. cfg 配置示例：

```
dataDir = /data/zookeeper/data
dataLogDir = /data/zookeeper/logdata

tickTime = 2000
initLimit = 5
syncLimit = 2
clientPort = 2181
#集群配置
server.0 = 192.168.1.100:2888:3888
server.1 = 192.168.1.101:2888:3888
server.2 = 192.168.1.102:2888:3888
```

(2)节点读写服务分工

Zookeeper 集群的所有机器通过一个 Leader 选举过程来选定一台被称为 Leader 的机器，Leader 服务器为客户端提供读和写服务。

Follower 和 Observer 都能提供读服务，不能提供写服务。两者唯一的区别在于，Observer 机器不参与 Leader 选举过程，也不参与写操作的“过半写成功”策略，因此 Observer 可以在不影响写性能的情况下提升集群的读性能。

(3)Session

Session 是指客户端会话，在讲解客户端会话之前，先来了解一下客户端连接。在 Zookeeper 中，一个客户端连接是指客户端和 Zookeeper 服务器之间的 TCP 长连接。

Zookeeper 对外的服务端口默认是 2181，客户端启动时，首先会与服务器建立一个 TCP 连接，从第一次连接建立开始，客户端会话的生命周期也开始了，通过这个连接，客户端能够通过心跳检测和服务器保持有效的会话，也能够向 Zookeeper 服务器发送请求并接受响应，同时还能通过该连接接收来自服务器的 Watch 事件通知。

Session 的 SessionTimeout 值用来设置一个客户端会话的超时时间。当由于服务器压力太大、网络故障或是客户端主动断开连接等各种原因导致客户端连接断开时，只要在 SessionTimeout 规定的时间内能够重新连接上集群中任意一台服务器，那么之前创建的会话仍然有效。

(4)数据节点

Zookeeper 的结构其实就是一个树状结构，Leader 相当于其中的根节点，其他节点相当于 Follow 节点，每个节点都保留自己的数据在内存中。

Zookeeper 的节点分两类：持久节点和临时节点。

①持久节点：仅显式删除才消失；持久节点是指一旦这个树形结构被创建，除非主动进行对树节点的移除操作，否则这个节点将一直保存在 Zookeeper 上。

②临时节点：会话终止即自动消失；临时节点的生命周期与客户端会话绑定，一旦客户端会话失效，那么这个客户端创建的所有临时节点都会被移除。

(5)状态信息

每个节点除了存储数据内容之外，还存储了节点本身的一些状态信息。用 get 命令可以同时获得某个节点的内容和状态信息。在 Zookeeper 中，version 属性用来实现乐观锁机制中的“写入校验”(保证分布式数据原子性操作)。

3)事务操作

在Zookeeper中,能改变Zookeeper服务器状态的操作称为事务操作。一般包括数据节点创建与删除、数据内容更新和客户端会话创建与失效等操作。对应每一个事务请求,Zookeeper都会为其分配一个全局唯一的事务ID,用zxid表示,通常是一个64位的数字。每个zxid对应一次更新操作,从这些zxid中可以间接地识别出Zookeeper处理这些事务操作请求的全局顺序。

4)事件监听(Watcher)

事件监听是Zookeeper中一个很重要的特性。Zookeeper允许用户在指定节点上注册一些Watcher,并且在一些特定事件触发时,Zookeeper服务端会将事件通知到感兴趣的客户端上去。该机制是Zookeeper实现分布式协调服务的重要特性。

5)配置管理

应用程序都是使用配置文件的方式在代码中引入一些配置文件(如数据库连接等)。这种方式适合只有一台服务器的情况。当有很多服务器时,就需要寻找一种集中管理配置的方法,而不是在各个服务器上存放配置文件。如果在这个集中的地方修改了配置,所有需要配置的服务都能读取配置。通常人们通过一个集群来提供这个配置服务以提升可靠性。

Zookeeper保存了配置在集群中的一致性,它使用Zab这种一致性协议来提供一致性。现在有很多开源项目使用Zookeeper来维护配置,比如在HBase中,客户端就是连接一个Zookeeper,获得必要的HBase集群的配置信息,然后才可以进一步操作。在开源的消息队列Kafka中,也是用Zookeeper来维护broker的信息。

6)名字服务

DNS把域名对应到IP地址,从而为用户提供了名字服务。在应用系统中用户有时也会需要这类名字服务,特别是在服务特别多的时候。只需要访问一个共同的地方,它提供统一的入口。

7)分布式锁

Zookeeper是一个分布式协调服务。利用Zookeeper来协调多个分布式进程之间的活动。在一个分布式环境中,为了提高可靠性,集群中的每台服务器上都部署着同样的服务。使用分布式锁,在某个时刻只让一个服务区工作,当这个服务出问题时将锁释放,并立即切换到另外的服务上。比如HBase的Master就是采用这种机制。在Zookeeper中通过选举Leader完成分布式锁。

8)集群管理

在分布式的集群中,经常会由于各种原因(如硬件故障、软件故障、网络问题等)有新的节点加入进来,也有老的节点退出集群。这个时候,集群中其他机器需要感知到这种变化,然后根据这种变化做出对应的决策。比如一个分布式的SOA架构中,服务是一个集群提供的,当消费者访问某个服务时,就需要确定哪些节点可以提供该服务。Kafka的队列就采用了Zookeeper作为消费者的上下线管理。

总之,Zookeeper就是一种可靠的、可扩展的、分布式的、可配置的协调机制,用来统一分布式系统的状态。

2. Zookeeper znode 剖析

在Zookeeper中,节点又称znode。对于程序员来说,对Zookeeper的操作主要是对znode的操作,因此,有必要对 znode 进行深入了解。

Zookeeper 采用了类似文件系统的数据模型,其节点构成了一个具有层级关系的树状结构。图 4-2-2 所示展示了 Zookeeper 节点的层级树状结构。

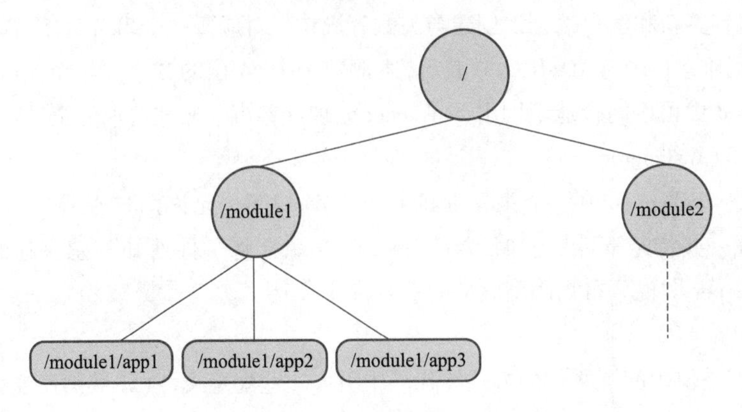

图 4-2-2 Zookeeper 节点的层级树状结构

如图 4-2-2 所示,根节点/包含了两个子节点/module1 和/module2,而节点/module1 又包含了三个子节点/module1/app1、/module1/app2 和/module1/app3。在 Zookeeper 中,节点以绝对路径表示,不存在相对路径,且路径最后不能以/结尾(根节点除外)。

(1)类型

根据节点的存活时间,可以将节点划分为持久节点和临时节点。节点的类型在创建时就被确定下来,并且不能改变。

持久节点的存活时间不依赖于客户端会话,只有客户端在显式执行删除节点操作时,节点才消失。

临时节点的存活时间依赖于客户端会话,当会话结束,临时节点将会被自动删除(当然也可以手动删除临时节点)。利用临时节点的这一特性,此处可以使用临时节点来进行集群管理,包括发现服务的上下线等。

Zookeeper 规定,临时节点不能拥有子节点。

(2)持久节点

使用命令 create 可以创建一个持久节点。

```
create/module1 module1
```

运行命令后,便创建了一个持久节点/module1,且其数据为"module1"。

(3)临时节点

使用 create 命令,并加上-e 参数,可以创建一个临时节点。

```
create -e/module1/app1 app1
```

运行命令后,便创建了一个临时节点/module1/app1,数据为"app1"。关闭会话,然后输入命令:

```
get/module1/app1
```

可以看到有以下提示,说明临时节点已经被删除。

```
Node does not exist:/module1/app1
```

(4)顺序节点

Zookeeper 中还提供了一种顺序节点的节点类型。每次创建顺序节点时,Zookeeper 都会在路径后面自动添加上 10 位数字(计数器),如 <path>0000000001、<path>0000000002 等,这个计数器可以保证在同一个父节点下是唯一的。在 Zookeeper 内部使用 4 字节的有符号整型数表示这个计数器,也就是说当计数器的大小超过 2147483647 时,将会发生溢出。

顺序节点为节点的一种特性,也就是,持久节点和临时节点都可以设置为顺序节点。这样一来,znode 共有 4 种类型:持久的、临时的、持久顺序的、临时顺序的。

使用命令 create 加上-s 参数,可以创建顺序节点,例如:

```
create -s/module1/app app
```

输出结果:

```
created/module1/app0000000001
```

便创建了一个持久顺序节点/module1/app0000000001。如果再执行此命令,则会生成节点/module1/app0000000002。

如果在 create-s 后再添加-e 参数,则可以创建一个临时顺序节点。

(5)节点的数据

在创建节点时,可以指定节点中存储的数据。Zookeeper 保证读和写都是原子操作,且每次读写操作都是对数据的完整读取或完整写入,并不提供对数据进行部分读取或者写入的操作。

以下命令创建一个节点/module1/app2,且其存储的数据为 app2。

```
create/module1/app2 app2
```

Zookeeper 虽然提供了在节点存储数据的功能,但它并不将自己定位为一个通用的数据库,也就是说,不应该在节点存储过多数据。Zookeeper 规定节点的数据大小不能超过 1 MB,但实际上在 znode 的数据量应该尽可能少,因为数据过大会导致 Zookeeper 的性能明显下降。如果确实需要存储大量的数据,一般解决方法是在另外的分布式数据库(如 Redis)中保存这部分数据,然后在 znode 中只保留这个数据库中保存位置的索引即可。

(6)节点的属性

每个 znode 都包含了一系列属性,通过命令 get 可以获得节点的属性。

```
get/module1/app2
app2
cZxid = 0x20000000e
ctime = Sat Jul 18 10:41:55 HKT 2019
mZ3xid = 0x20000000e
mtime = Sat Jul 18 10:41:55 HKT 2019
pZxid = 0x20000000e
cversion = 0
dataVersion = 0
aclVersion = 0
```

```
ephemeralOwner = 0x0
dataLength = 4
numChildren = 0
```

(7)版本号

对于每个 znode 来说,均存在 3 个版本号:

①dataVersion:数据版本号。每次对节点进行 set 操作,dataVersion 的值都会增加 1(即使设置的是相同的数据)。

②cversion:子节点的版本号。当 znode 的子节点有变化时,cversion 的值就会增加 1。

③aclVersion:ACL 的版本号,关于 znode 的 ACL(Access Control List,访问控制)。

以数据版本号来说明 Zookeeper 中版本号的作用。每个 znode 都有一个数据版本号,它随着每次数据变化而自增。Zookeeper 提供的一些 API(如 setData 和 delete)根据版本号有条件地执行。多个客户端对同一个 znode 进行操作时,版本号的使用就会显得尤为重要。例如,假设客户端 C1 对 znode/config 写入一些配置信息,如果另一个客户端 C2 同时更新了这个 znode,此时 C1 的版本号已经过期,C1 调用 setData 一定不会成功。这正是版本机制有效避免了数据更新时出现的先后顺序问题。在如图 4-2-3 所示的例子中,C1 在写入数据时使用的版本号无法匹配,使得操作失败。

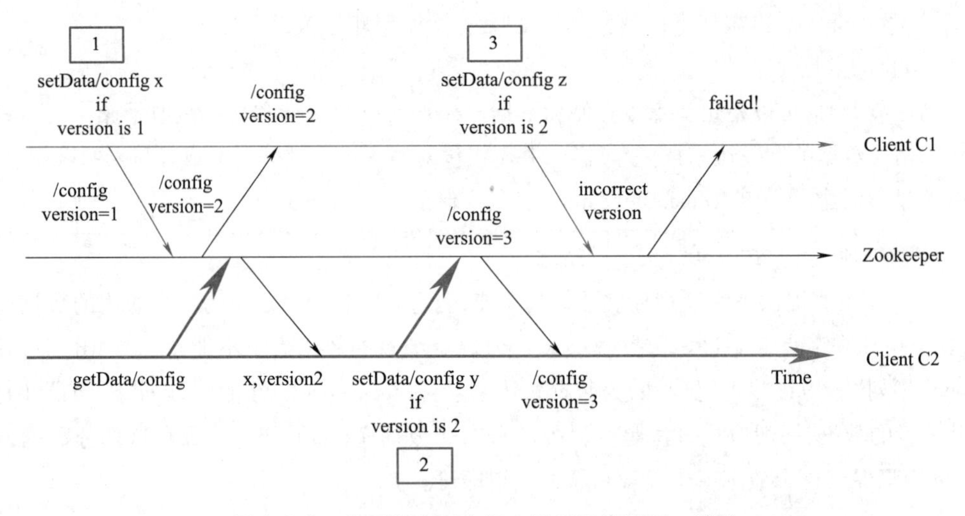

图 4-2-3　使用版本号来阻止并行操作的不一致性

(8)事务 ID

对于 Zookeeper 来说,每次的变化都会产生唯一的事务 id,即 zxid(Zookeeper Transaction Id)。通过 zxid,可以确定更新操作的先后顺序。例如,如果 zxid1 小于 zxid2,说明 zxid1 操作先于 zxid2 发生。

需要指出的是,zxid 对于整个 Zookeeper 都是唯一的,即使操作的是不同的 znode。

➢ cZxid:znode 创建的事务 id。

➢ mZxid:znode 被修改的事务 id,即每次对 znode 的修改都会更新 mZxid。

①客户端连接 S1。

②客户端执行创建操作，操作成功并获得服务器分配的 zxid = 1。

③客户端与 S1 断开连接。

④客户端尝试连接 S2，但是 S2 具有一个较低的 zxid。

⑤客户端尝试连接 S3 并成功。

在集群模式下，客户端有多个服务器可以连接，当尝试连接到一个不同的服务器时，这个服务器的状态要与最后连接的服务器的状态保持一致。Zookeeper 正是使用 zxid 来标识这个状态，如图 4-2-4 所示描述了客户端在重连情况下 zxid 的作用。当客户端因超时与 S1 断开连接后，客户端开始尝试连接 S2，但 S2 延迟于客户端所识别的状态。然而，S3 的状态与客户端所识别的状态一致，所以客户端可以安全连接上 S3。

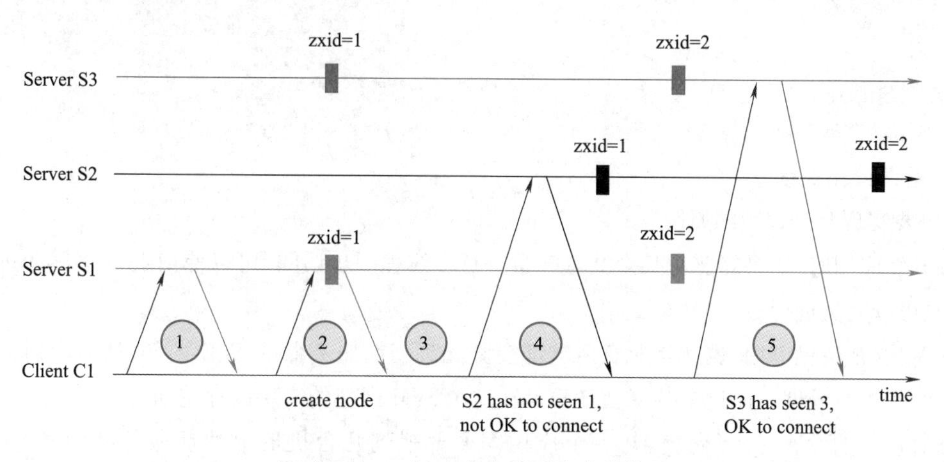

图 4-2-4　zxid 在客户端重连中的作用

(9)时间戳

包括 znode 的创建时间和修改时间，创建时间是 znode 创建时的时间，创建后就不会改变；修改时间在每次更新 znode 时都会发生变化。

以下命令创建了一个/module2 节点。

```
create/module2 module2
created/module2
```

通过 get 命令，可以看到/module2 的 ctime 和 mtime 均为 Sat Jul 18 11:18:32 CST 2019。

```
get/module2
module2
cZxid = 0x2
ctime = Sat Jul 18 11:18:32 CST 2019
mZxid = 0x2
mtime = Sat Jul 18 11:18:32 CST 2019
pZxid = 0x2
cversion = 0
dataVersion = 0
aclVersion = 0
ephemeralOwner = 0x0
```

```
dataLength = 7
numChildren = 0
```

修改/module2,可以看到 ctime 没有发生变化,mtime 已更新为最新的时间。

```
set/module2 module2_1
cZxid = 0x2
ctime = Sat Jul 18 11:18:32 CST 2019
mZxid = 0x3
mtime = Sat Jul 18 11:18:32 CST 2019
pZxid = 0x2
cversion = 0
dataVersion = 1
aclVersion = 0
ephemeralOwner = 0x0
dataLength = 9
numChildren = 0
```

3. 解读分布式锁

(1)要实现分布式锁的原因

在开发应用时,如果需要对某个共享变量进行多线程同步访问,可以使用 Java 多线程进行处理,并且可以完美运行。

注意:这是单机应用,也就是所有请求都会分配到当前服务器的 JVM 内部,然后映射为操作系统的线程进行处理。而这个共享变量只是在这个 JVM 内部的一块内存空间。

随着业务的发展,需要做集群,一个应用需要部署到几台机器上然后做负载均衡,大致如图 4-2-5 所示。

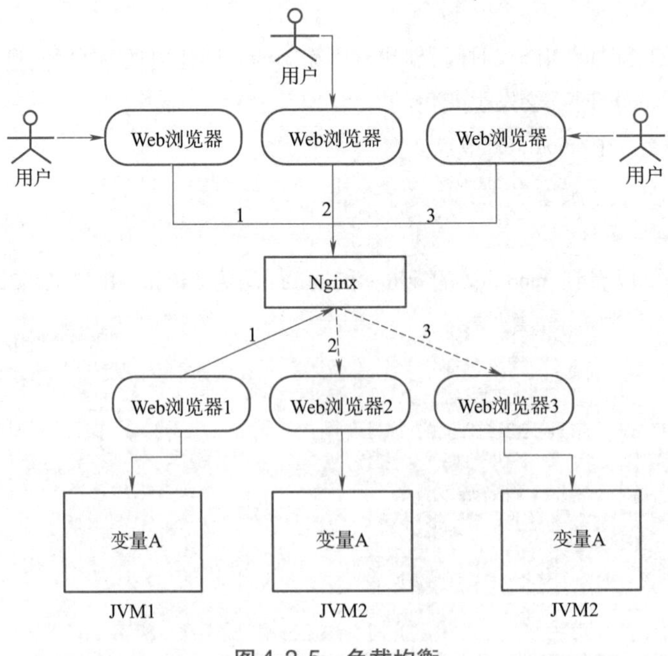

图 4-2-5　负载均衡

从图4-2-5中可以看出,变量A存在于JVM1、JVM2、JVM3三个JVM内存中,如果不加任何控制的话,变量A同时都会在JVM分配一块内存,三个请求发过来同时对这个变量操作,显然结果是不对的。即使不是同时发过来,三个请求分别操作三个不同JVM内存区域的数据,变量A之间不存在共享,也不具有可见性,处理的结果也是不对的。

如果业务中确实存在这个场景的话,就需要一种方法解决这个问题。

为了保证一个方法或属性在高并发情况下的同一时间只能被同一个线程执行,在传统单体应用单机部署的情况下,可以使用Java并发处理相关的API进行互斥控制。在单机环境中,Java中提供了很多并发处理相关的API。但是,随着业务发展的需要,原单体单机部署的系统被演化成分布式集群系统后,由于分布式系统多线程、多进程并且分布在不同机器上,这将使原单机部署情况下的并发控制锁策略失效,单纯的Java API并不能提供分布式锁的能力。为了解决这个问题就需要一种跨JVM的互斥机制来控制共享资源的访问,这就是分布式锁要解决的问题。

(2)分布式锁具备的条件

在分析分布式锁的三种实现方式之前,先了解一下分布式锁应该具备哪些条件:

①在分布式系统环境下,一个方法在同一时间只能被一个机器的一个线程执行。

②高可用的获取锁与释放锁。

③高性能的获取锁与释放锁。

④具备可重入特性。

⑤具备锁失效机制,防止死锁。

⑥具备非阻塞锁特性,即没有获取到锁将直接返回获取锁失败。

(3)分布式锁的3种实现方式

目前几乎很多大型网站及应用都是分布式部署的,分布式场景中的数据一致性问题一直是一个比较重要的话题。分布式的CAP理论得出“任何一个分布式系统都无法同时满足一致性(Consistency)、可用性(Availability)和分区容错性(Partition tolerance),最多只能同时满足两项”。所以,很多系统在设计之初就要对这三者做出取舍。在互联网领域的绝大多数场景中,都需要牺牲强一致性来换取系统的高可用性,系统往往只需要保证“最终一致性”,只要这个最终时间是在用户可以接受的范围内即可。

在很多场景中,为了保证数据的最终一致性,需要很多的技术方案来支持,如分布式事务、分布式锁等。有时候,需要保证一个方法在同一时间内只能被同一个线程执行。

➢ 基于数据库实现分布式锁。

➢ 基于缓存(Redis等)实现分布式锁。

➢ 基于Zookeeper实现分布式锁。

任务实施

1. Zookeeper的Java开发环境搭建

①新建Java项目,取名为zookeeper-test,如图4-2-6所示。

②新建Zookeeper项目的jar包引用,如图4-2-7所示,右击zookeeper-test项目,选择Build Path→Configure Build Path命令。

zookeeper-test
› JRE System Library [JavaSE-1.8]
› src

图4-2-6 zookeeper-test项目

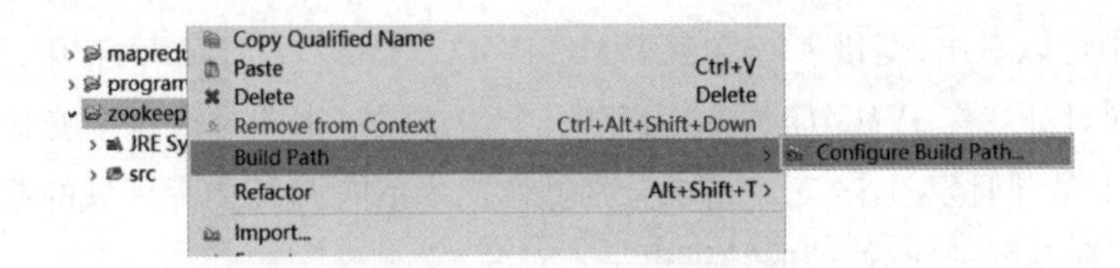

图 4-2-7　Build Path 命令

在弹出的窗口中，选择 User Libraries 下的 zookeeper-3. 4. 10，单击 Add External JARs 按钮，如图 4-2-8 所示。

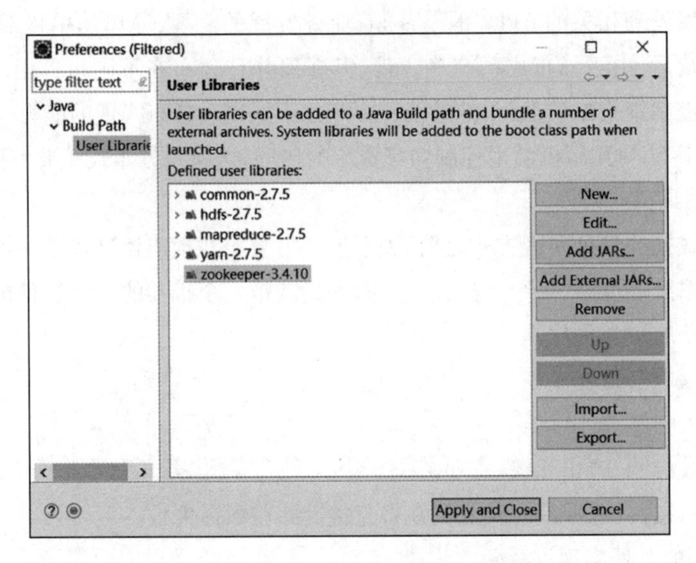

图 4-2-8　新建 Zookeeper 项目的 jar 包引用

③导入 Zookeeper 安装包下的 jar 包和 lib 目录下的依赖 jar 包。在弹出的对话框中选择本地的 Zookeeper 安装包下的 zookeeper-3. 4. 10. jar 文件，单击“打开”按钮，如图 4-2-9 所示。

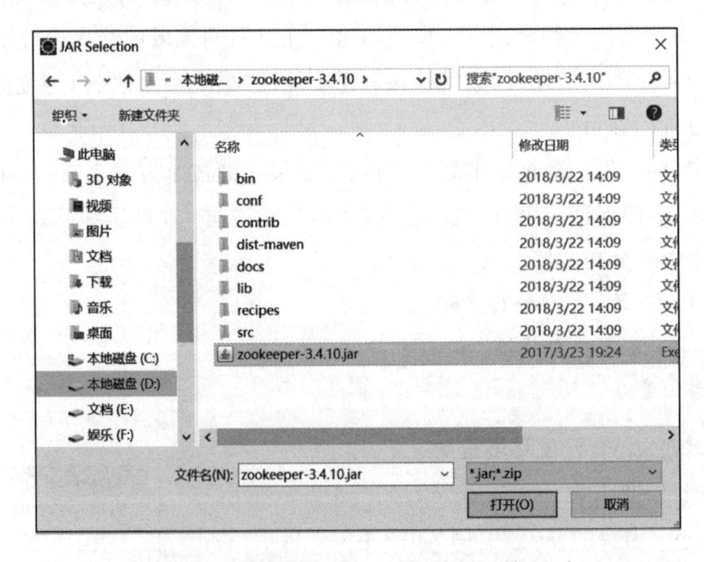

图 4-2-9　选择 Zookeeper 安装包下的 jar 包

返回刚才的窗口中,单击 Apply and Close 按钮,完成导入工作,如图 4-2-10 所示。

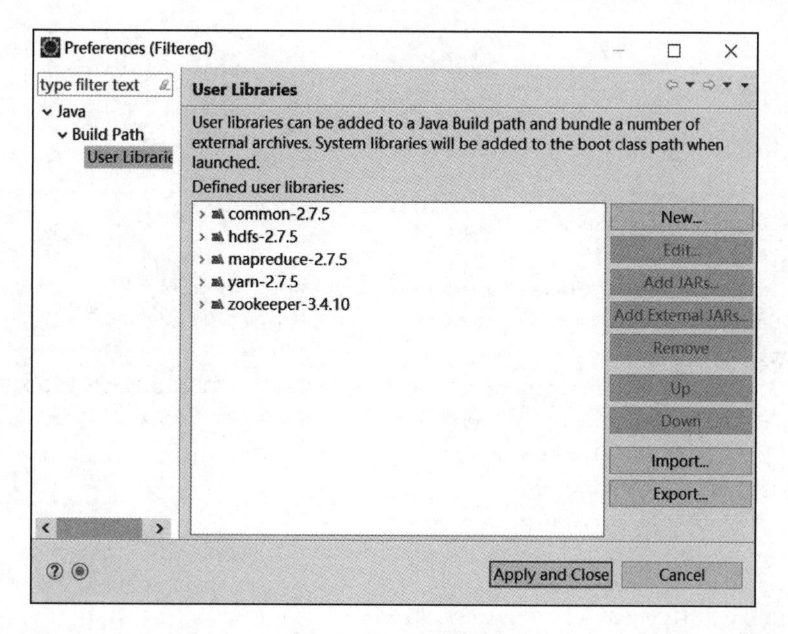

图 4-2-10 完成导入

2. Java 实现对 znode 的增删改查

(1)增加节点

同步或者异步创建节点,都不支持子节点的递归创建,异步有一个 callback 函数。

同步增加节点的主要核心方法是 public String create(final String path, byte data[], List acl, CreateMode createMode)。

```
/**
  * @ Date: 19-1-28
  * @ version: V1.0
  * @ Author: Chandler
  * @ Description: ${todo}
  */
public class ZKNodeOperator implements Watcher {
    privateZookeeper zooKeeper = null;
    public static final String zkServerPath = "127.0.0.1:2181";
    public static final Integer timeout = 5000;
    public ZKNodeOperator() {
    }
    public ZKNodeOperator(String connectingString){
        try {
            zooKeeper = newZookeeper(connectingString,timeout,new ZKNodeOperator());
        } catch (IOException e){
            e.printStackTrace();
            if (zooKeeper != null) {
                try {
                    zooKeeper.close();
                } catch (InterruptedException e1){
```

```
                    e1.printStackTrace();
                }
            }
        }
    }

    /**
     * 创建 Zookeeper 节点
     */
    public void createZKNode(String path, byte[] data, List<ACL> acls){
        String result = "";
        try {
            result = zooKeeper.create(path,data,acls, CreateMode.PERSISTENT);
            System.out.println("创建节点: \t" + result + "\t 成功...");
            new Thread().sleep(2000);
        } catch (Exception e){
            e.printStackTrace();
        }
    }
    public static void main(String[] args) {
        ZKNodeOperator zkServer = new ZKNodeOperator(zkServerPath);
        zkServer.createZKNode("/testnode", "testnode".getBytes(), ZooDefs.Ids.OPEN_
ACL_UNSAFE);
    }
    @ Override
    public void process(WatchedEvent event) {
}
```

(2)删除节点

删除节点 API:

➢ 同步:public void delete(final String path, int version)throws InterruptedException, KeeperException

➢ 异步:public void delete(final String path, int version, VoidCallback cb,Object ctx)

①同步删除节点。代码如下:

```
public static void main(String[] args) throws KeeperException, InterruptedException {
    ZKNodeOperator zkServer = new ZKNodeOperator(zkServerPath);
    zkServer.getZookeeper().delete("/test-create-node", 0);
    Thread.sleep(2000);
}
```

②异步删除节点。先创建回调函数:

```
public class DeleteCallBack implements AsyncCallback.VoidCallback {
    @ Override
    public void processResult(int rc, String path, Object ctx) {
        System.out.println("删除节点" + path);
        System.out.println((String)ctx);
    }
}
```

重新创建 test-create-node 节点,添加删除相关方法后执行 main 方法:

```
public static void main(String[] args) throws KeeperException, InterruptedException {
    ZKNodeOperator zkServer = new ZKNodeOperator(zkServerPath);
    String ctx = "{'delete':'success'}";
    zkServer.getZookeeper().delete("/test-create-node", 0, new DeleteCallBack(), ctx);
    Thread.sleep(2000);
}
```

(3)修改节点

修改节点API:

➢ 同步:public Stat setData(final String path, byte data[], int version) throws KeeperException, InterruptedException

➢ 异步:public void setData(final String path, byte data[], int version,StatCallback cb, Object ctx)

同步能够返回当前的节点状态。

①同步删除节点。首先修改一下main方法:

```
public static void main(String[] args) throws KeeperException, InterruptedException {
    ZKNodeOperator zkServer = new ZKNodeOperator(zkServerPath);
    Stat status = zkServer.getZookeeper().setData("/testnode", "xyz".getBytes(), 0);
    System.out.println(status.getVersion());
    Thread.sleep(2000);
}
```

②异步修改节点操作。首先创建修改节点的回调函数:

```
public class SetCallback implements AsyncCallback.StatCallback {
    @ Override
    public void processResult(int rc, String path, Object ctx, Stat stat) {
        System.out.println("修改节点" + path);
        System.out.println((String)ctx);
    }
}
```

然后在main方法中修改节点参数:

```
public static void main(String[] args)throws KeeperException, InterruptedException {
    ZKNodeOperator zkServer = new ZKNodeOperator(zkServerPath);
    zkServer.getZookeeper().setData("/testnode","chandler SetCallback".getBytes(), 2,
new SetCallback(),ctx);
    System.out.println(status.getVersion());
      Thread.sleep(2000);
}
```

3. Java实现分布式锁

(1)选用Redis实现分布式锁的原因

①Redis有很高的性能。

②Redis命令对此支持较好,实现起来比较方便。

(2)使用命令

在使用Redis实现分布式锁时,主要就会使用到SETNX、expire和delete 3个命令。

①SETNX。SETNX key val:当且仅当key不存在时,设置一个key为val的字符串,返回1;若

key 存在,则什么都不做,返回 0。

②expire。expire key timeout:为 key 设置一个超时时间,单位为秒,超过这个时间锁会自动释放,避免死锁。

③delete。delete key:删除 key。

(3)实现思想

①获取锁时,使用 SETNX 加锁,并使用 expire 命令为锁添加一个超时时间,超过该时间则自动释放锁,锁的 value 值为一个随机生成的 uuid,通过此在释放锁时进行判断。

②获取锁时还设置一个获取的超时时间,若超过这个时间则放弃获取锁。

③释放锁的时候,通过 uuid 判断是不是该锁,若是该锁,则执行 delete 进行锁释放。

(4)分布式锁的简单实现代码

```
/**
 * 分布式锁的简单实现代码
 */
public class DistributedLock {
    private final JedisPool jedisPool;
    public DistributedLock(JedisPool jedisPool) {
        this.jedisPool = jedisPool;
    }
    /**
     * 加锁
     * @param lockName                  锁的 key
     * @param acquireTimeout            获取超时时间
     * @param timeout                   锁的超时时间
     * @return                          锁标识
     */
    public String lockWithTimeout(String lockName, long acquireTimeout, long timeout) {
        Jedis conn = null;
        String retIdentifier = null;
        try {
            //获取连接
            conn = jedisPool.getResource();
            //随机生成一个 value
            String identifier = UUID.randomUUID().toString();
            //锁名,即 key 值
            String lockKey = "lock:" + lockName;
            //超时时间,上锁后超过此时间则自动释放锁
            int lockExpire = (int) (timeout/1000);
            //获取锁的超时时间,超过这个时间则放弃获取锁
            long end = System.currentTimeMillis() + acquireTimeout;
            while (System.currentTimeMillis() < end) {
                if (conn.setnx(lockKey, identifier) == 1) {
                    conn.expire(lockKey, lockExpire);
                    //返回 value 值,用于释放锁时间确认
                    retIdentifier = identifier;
```

```
                return retIdentifier;
            }
            //返回-1 代表 key 没有设置超时时间,为 key 设置一个超时时间
            if (conn.ttl(lockKey) == -1) {
                conn.expire(lockKey, lockExpire);
            }
            try {
                Thread.sleep(10);
            } catch (InterruptedException e) {
                Thread.currentThread().interrupt();
            }
        }
    } catch (JedisException e) {
        e.printStackTrace();
    } finally {
        if (conn != null) {
            conn.close();
        }
    }
    return retIdentifier;
}
/**
 * 释放锁
 * @ param lockName 锁的 key
 * @ param identifier 释放锁的标识
 * @ return
 */
public boolean releaseLock(String lockName, String identifier) {
    Jedis conn = null;
    String lockKey = "lock:" + lockName;
    boolean retFlag = false;
    try {
        conn = jedisPool.getResource();
        while (true) {
            //监视 lock,准备开始事务
            conn.watch(lockKey);
            //通过前面返回的 value 值判断是不是该锁,若是该锁,则删除,释放锁
            if (identifier.equals(conn.get(lockKey))) {
                Transaction transaction = conn.multi();
                transaction.del(lockKey);
                List<Object> results = transaction.exec();
                if (results == null) {
                    continue;
                }
                retFlag = true;
            }
            conn.unwatch();
            break;
        }
```

```
            } catch (JedisException e) {
                e.printStackTrace();
            } finally {
                if (conn != null) {
                    conn.close();
                }
            }
            return retFlag;
        }
    }
```

小结

本单元介绍了分布式服务框架Zookeeper的相关知识。Zookeeper是一个分布式协调服务,利用Zookeeper可以协调多个分布式进程之间的活动。在一个分布式环境中,为了提高可靠性,集群中的每台服务器上都部署着同样的服务。

Zookeeper保证了配置在集群中的一致性,它使用Zab这种一致性协议提供一致性。现在有很多开源项目使用Zookeeper来维护配置,比如在HBase中,客户端连接一个Zookeeper获得必要的HBase集群的配置信息,然后才可以进一步操作。

使用分布式锁,在某个时刻只让一个服务去工作,当这个服务出现问题时就将锁释放,并立即切换到另外的服务上。总之,Zookeeper就是一种可靠的、可扩展的、分布式的、可配置的协调机制,用来统一分布系统的状态。

通过本单元的学习,令读者对分布式服务框架Zookeeper产生浓厚的兴趣,同时掌握如何配置和安装Zookeeper、如何使用Java客户端API操作Zookeeper的知识点和技能点。

习题

一、选择题

下列(　　)部署模式不是Zookeeper特有的部署模式

A. 节点部署　　B. 伪集群部署　　C. 集群部署　　D. 单击部署

二、填空题

1. 存储在________中的数据总量是数据长度。

2. 集群角色包括________、Follower(追随者)和________。

三、简答题

1. Zookeeper有哪几种部署模式?

2. Zookeeper集群中为什么要有主节点?

3. Zookeeper如何保证主从节点的状态同步?

四、操作题

1. 上机练习,安装Zookeeper集群。

2. 上机练习,搭建Java操作Zookeeper环境并使用Java实现对znode的增删改查操作。

3. 上机练习,通过Java实现分布式锁。

试　题

单元4 试题

单元 5 数据仓库Hive

单元描述

Hive 基于 Hadoop 环境进行存储，Hadoop 目前只能依托于 Linux 系统进行搭建。因为编译 Hive 时会调用 shell，Windows 本身不支持 shell 的调用；Hive 还需要 JDK 和 MySQL 数据库的支持，Hive 是基于 Hadoop 的一个数据仓库工具，它不提供数据存储功能，也不进行分布式计算和资源调度，Hive 使用 HDFS 做数据存储，并且将 SQL 语句翻译成 MapReduce 程序来调用；Hive 通过 YARN 集群将数据的结构化映射成一张数据库表和 Hive SQL 的查询功能。本单元介绍数据仓库 Hive，通过对安装与配置 Hive、调用 Hive 的 Java API 的讲解，令读者掌握如何配置和安装 Hive、如何使用 Java API 操作 Hive 的知识点和技能点。

学习目标

【知识目标】

（1）了解 Hive 基础知识、数据类型、数据模型和架构。

（2）了解 HiveHQL。

（3）了解 Hive 函数与自定义函数。

（4）了解 Hive 常用模式设计。

【能力目标】

（1）掌握安装与配置 Hive。

（2）掌握 Hive 的 DDL 和 DML 操作。

（3）掌握数据加载计算和导出操作。

（4）掌握构建 Hive 的 Java 开发环境。

（5）掌握 JavaAPI 操作 Hive 的 CRUD。

任务 5.1　安装与配置 Hive

视　频

安装与配置 Hive

任务描述

本任务需要读者对 Hive 基础知识、数据类型、数据模型、架构以及 HiveHQL 有一定的了解，最后读者需要掌握并独立安装与配置 Hive，完成 Hive 的 DDL 和

DML 操作以及数据加载计算和导出操作。

知识学习

1. Hive 基础知识

1) Hive 的历史背景

(1) Hive 发展历史与现状

Apache Hive 数据仓库软件可以使用 SQL 方便地阅读、编写和管理分布在分布式存储中的大型数据集。其结构可以投射到已经存储的数据上。该软件提供了一个命令行工具和 JDBC 驱动程序来将用户连接到 Hive。其产生背景有以下几个方面:

①MapReduce 编程使用起来不方便、不适合事务/单一请求处理、不能随即读取、以蛮力代替索引(在索引是更好的存取机制时,MapReduce 将劣势尽显)、在查询数据时 MapReduce 往往是展示一个算法并解释如何工作的,而不是开始读取用户想要的,同时 MapReduce 的性能也具有一定的问题。例如,N 个 Map 实例产生 M 个输出文件——每个文件最后由不同的 Reduce 实例处理,这些文件写到运行 Map 实例机器的本地硬盘。如果 N 是 1 000,M 是 500,Map 阶段产生 500 000 个本地文件。当 Reduce 阶段开始,500 个 Reduce 实例每个需要读入 1 000 个文件,并用类似 FTP 的协议把它需要的输入文件从 Map 实例运行的节点上拉取过来。

②Hive 由 Facebook 公司开源,最初用于解决海量结构化的日志数据统计问题,它是基于 Hadoop 的一个数据仓库工具,可以将结构化的数据文件映射为一张数据库表,并提供完整的 SQL 查询功能,可以将 SQL 语句转换为 MapReduce 任务进行运行。其优点是学习成本低,可以通过类 SQL 语句快速实现简单的 MapReduce 统计,不必开发专门的 MapReduce 应用,十分适合数据仓库的统计分析。另外一个是 Windows 注册表文件。

③Hive 是建立在 Hadoop 上的数据仓库基础构架。它提供了一系列的工具,可用来进行数据提取转化加载(Extract-Transform-Load,ETL),这是一种可以存储、查询和分析存储在 Hadoop 中的大规模数据的机制,用来描述将数据从来源端经过提取(extract)、转化(transform)、加载(load)至目的端的过程。Hive 定义了简单的类 SQL 查询语言,称为 HQL,它允许熟悉 SQL 的用户查询数据。同时,这个语言也允许熟悉 MapReduce 的开发者开发自定义的 Mapper 和 Reducer,用于处理内建的 Mapper 和 Reducer 无法完成的复杂的分析工作。Hive 没有专门的数据格式可以很好地工作在 Thrift 之上,控制分隔符,也允许用户指定数据格式。

④Hive 比较简单、容易上手、为超大数据集设计的计算/存储扩展能力(MR 计算,HDFS 存储)、统一的元数据管理(可与 Presto/Impala/SparkSQL 等共享数据)。

⑤Hive 发行版本如图 5-1-1 所示。

(2) Hive 是基于 Hadoop 的一个数据仓库工具

"工具"意味着 Hive 并不是一个成形的数据仓库系统,它只是一个工具,来帮助实现数据仓库。

一般人们使用的都是数据库,平常意义上说的数据库都是面向事务,存储实时、在线系统的数据,是为了捕获数据而设计,例如电商类的天猫、淘宝、京东商城使用的都是平常说的数据库,

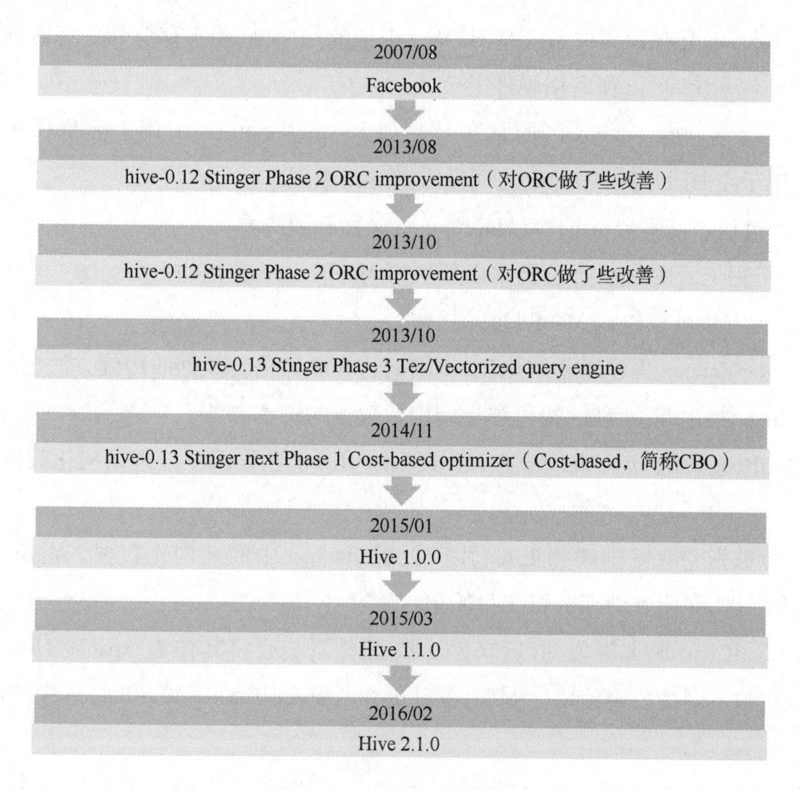

图 5-1-1 Hive 发行版本

这样的数据要求精确绝对不能出现错误,尽量避免冗余,一般采用符合范式的规则来设计(例如三范式)。还有运营商的计费系统、客户关系管理系统也是如此。例如,运营商的终端库存系统管理着运营商自己给合作渠道的库存销售情况。库存状态表、销售表都是实时更新的,终端的某个属性不会在多个表出现。为了保持属性准确,不会出现冗余数据,一般都是使用关联查询。

(3)Hive 是构建在 Hadoop 之上的数据仓库

Hive 定义了一种类 SQL 查询语言:HQL(类似 SQL 但不完全相同),通常用于进行离线数据处理(采用 MapReduce)。并且 Hive 的底层支持多种不同的执行引擎(Hive on MapReduce、Hive on Tez、Hive on Spark)。

支持多种不同的压缩格式、存储格式以及自定义函数(压缩:GZIP、LZO、Snappy、BZIP2 等;存储:TextFile、SequenceFile、RCFile、ORC、Parquet; UDF:自定义函数)。

2)Hive 介绍

(1)Hadoop

Hadoop 是一个开源框架,用于在分布式环境中存储和处理大数据。它包含两个模块,一个是 MapReduce,另一个是 Hadoop 分布式文件系统(HDFS)。

①MapReduce:它是一种并行编程模型,用于在大型商用硬件集群上处理大量结构化,半结构化和非结构化数据。

②HDFS：Hadoop分布式文件系统是Hadoop框架的一部分，用于存储和处理数据集。它提供了一个容错的文件系统，可以在商用硬件上运行。

Hadoop生态系统包含不同的子项目(工具)，如Sqoop、Pig和Hive，用于帮助Hadoop模块。

①Sqoop：用于在HDFS和RDBMS之间导入和导出数据。

②Pig：一个过程语言平台，用于为MapReduce操作开发脚本。

③Hive：一个用于开发SQL类型脚本以便执行MapReduce操作的平台。

注意：有多种方法可以执行MapReduce操作。

④将Java MapReduce程序用于结构化、半结构化和非结构化数据的传统方法。

⑤MapReduce使用Pig处理结构化和半结构化数据的脚本方法。

⑥用于MapReduce的Hive查询语言(HiveQL或HQL)使用Hive处理结构化数据。

(2)Hive

Hive是一种数据仓库基础架构工具，用于处理Hadoop中的结构化数据。它位于Hadoop之上，用于汇总大数据，并使查询和分析变得简单。

最初Hive是由Facebook开发的，后来Apache软件基金会将其作为Apache Hive名下的开源进一步开发。它被不同的公司使用。例如，亚马逊在Amazon Elastic MapReduce中使用它。

Hive的特点：

①Hive将模式存储在数据库中，并将数据处理为HDFS。Hive的数据存储在Hadoop兼容的文件系统中(如Amazon S3、HDFS)，Hive所有的数据都存储在HDFS中，Hive数据加载过程采用"读时模式"，传统的关系型数据库在进行数据加载时，必须验证数据格式是否符合表字段定义，如果不符合，数据将无法插入至数据库表中，即采用"写时模式"。

②Hive专为OLAP而设计。Hive不适合那些需要低延迟的应用，例如，联机事务处理OLTP(on-linetransaction processing)，设计模式遵循联机分析处理OLAP(on-line analytical processing)。

③Hive为查询提供了SQL类型语言，称为HiveQL或HQL。Hive提供了一套类SQL的语言，用于执行查询，类SQL的查询方式，将SQL查询转换为MapReduce的job在Hadoop集群上执行，Hive不提供实时查询和基于行级的数据更新操作。

④Hive熟悉，快速，可扩展。Hive基于HDFS，与HDFS的扩展性一致，数据库由ACID限制，扩展性有限。ACID所表示的特征为：原子性(Atomicity)、一致性(Consistency)、隔离性(Isolation)和持续性(Durability)。

⑤Hive支持数据更新、索引、执行延迟。Hive是一种数据仓库，不支持对数据的改写和添加，所有数据都是在加载时确定的，并且数据库是可以修改的。

Hive加载数据后没有建立索引，所以需要暴力扫描，但是在查询数据时实际上是MapReduce的执行过程，并行查询的效率会提高很多，数据库通常针对一个或几个列建立索引。

Hive没有索引，延迟较高，MapReduce框架也会增加延迟，不适合在线查询，并行计算特性适合大规模数据查询，数据库数据规模较小时延迟较低。

Hive的体系结构如图5-1-2所示。

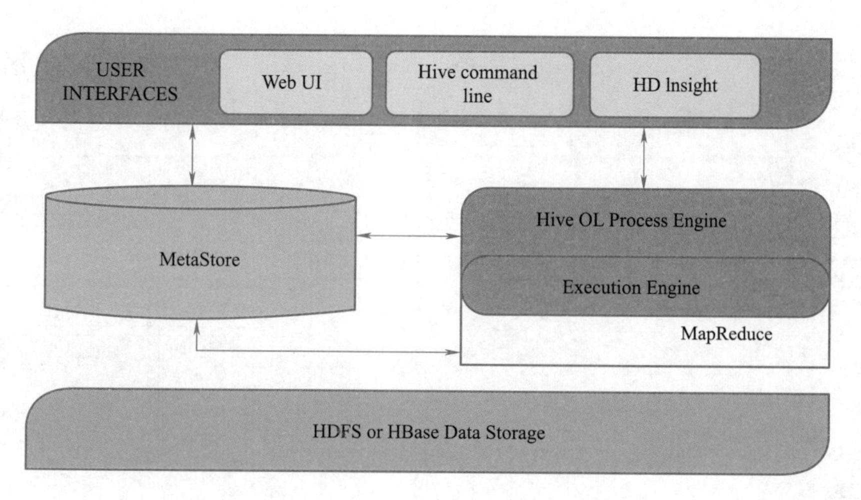

图 5-1-2　Hive 的体系结构

Hive 体系结构中包含不同的单元,表 5-1-1 描述了各个单元及其操作。

表 5-1-1　单元及其操作

单位名称	操　　作
用户界面	Hive 是一种数据仓库基础架构软件,可以在用户和 HDFS 之间创建交互。Hive 支持的用户界面是 Hive Web UI、Hive 命令行和 Hive HD Insight(在 Windows 服务器中)
MetaStore	Hive 选择相应的数据库服务器来存储表、数据库、表中的列,其数据类型与 HDFS 映射的模式或元数据相匹配
HiveQL 流程引擎	HiveQL 类似于 SQL,用于查询 MetaStore 上的架构信息。它是 MapReduce 程序传统方法的替代品之一。可以编写 MapReduce 作业的查询并处理它,而不是用 Java 编写 MapReduce 程序
执行引擎	HiveQL 流程引擎和 MapReduce 的结合部分是 Hive Execution Engine。执行引擎处理查询并生成与 MapReduce 结果相同的结果
HDFS 或 HBase	HDFS 或 HBase 是将数据存储到文件系统的数据存储技术

2. Hive 的工作

图 5-1-3 所示为 Hive 和 Hadoop 之间的工作流程图,下面介绍 Hive 如何与 Hadoop 框架交互。

①执行查询,命令行或 Web UI 等 Hive 接口将查询发送到 Driver(任何数据库驱动程序,如 JDBC、ODBC 等)执行。

②获得计划,驱动程序借助查询编译器解析查询,来检查语法、查询计划或查询要求是否正确。

③获取元数据,编译器向 MetaStore(任何数据库)发送元数据请求。

④发送元数据,MetaStore 将元数据作为对编译器的响应发送。

⑤发送计划,编译器检查需求并将计划重新发送给驱动程序。到此为止,查询的解析和编译已完成。

⑥执行计划,驱动程序将执行计划发送到执行引擎。

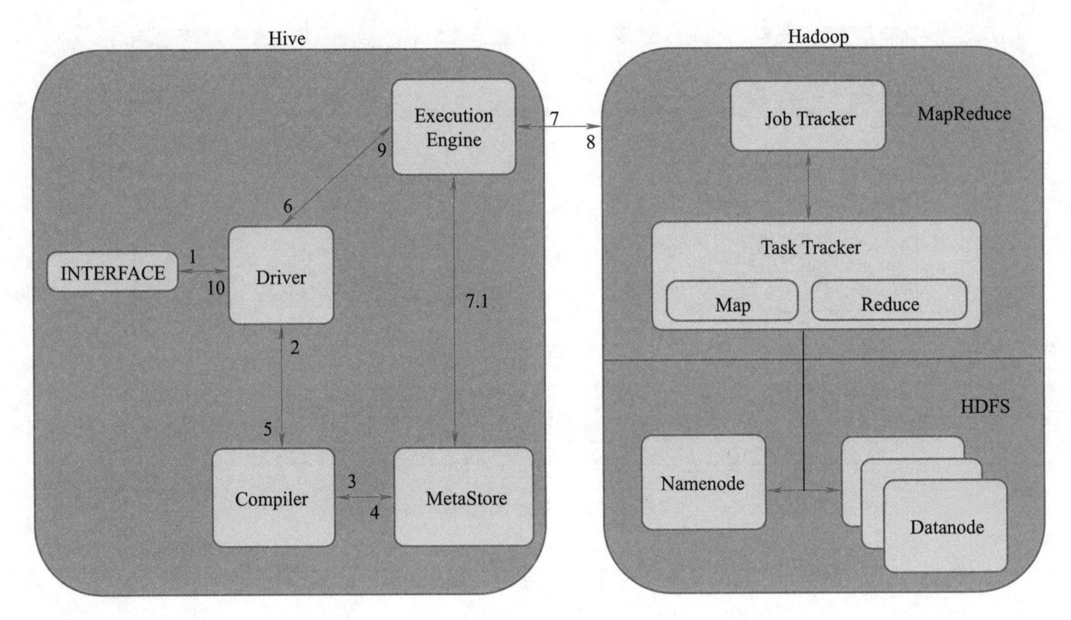

图 5-1-3　Hive 与 Hadoop 之间工作流程图

⑦执行工作，在内部，执行作业的过程是 MapReduce 作业。执行引擎将作业发送到 JobTracker，该 JobTracker 位于 Name 节点中，它将此作业分配给 TaskTracker，后者位于 Data 节点中。这里，查询执行 MapReduce 作业。

其中 7.1 为元数据操作，同时在执行中，执行引擎可以使用 MetaStore 执行元数据操作。

⑧获取结果，执行引擎从 Data 节点接收结果。

⑨发送结果，执行引擎将结果发送给驱动程序。

⑩发送结果，驱动程序将结果发送到 Hive 接口。

3. Hive 的数据类型

Hive 中的所有数据分为 4 种类型：列类型、字面、空值和复杂类型。

1）列类型

列类型用作 Hive 的列数据类型。包括以下几种：

（1）积分类型

可以使用整数数据类型 INT 指定整数类型数据。当数据范围超出 INT 范围时，需要使用 BIGINT，如果数据范围小于 INT，则使用 SMALLINT。TINYINT 小于 SMALLINT。具体 INT 数据类型见表 5-1-2。

表 5-1-2　各种 INT 数据类型

类　型	后　缀	例　子
TINYINT	Y	10Y
SMALLINT	S	10S
INT	—	10
BIGINT	L	10L

(2)字符串类型

字符串类型可以使用单引号('')或双引号("")指定。它包含两种数据类型:VARCHAR 和 CHAR。Hive 遵循 C 类型的转义字符。具体 CHAR 数据类型见表 5-1-3。

表 5-1-3 CHAR 数据类型

数据类型	长 度
VARCHAR	1~65 355
CHAR	255

(3)时间戳

它支持 java. sql. Timestamp 的格式"YYYY-MM-DD HH:MM:SS. fffffffff"并格式化为"yyyy-mm-dd hh:mm:ss. ffffffffff"。

(4)日期

DATE 值以年/月/日格式描述,格式为{{YYYY-MM-DD}}。

(5)小数点

Hive 中的 DECIMAL 类型与 Java 中的 Big Decimal 格式相同。它用于表示不可变的任意精度。

2)字面

(1)浮点类型

浮点类型只是带小数点的数字。通常,这种类型的数据由 DOUBLE 数据类型组成。

(2)十进制类型

十进制类型数据只是具有比 DOUBLE 数据类型更高范围的浮点值。十进制类型的范围为 $-10^{-308} \sim 10^{308}$。

3)空值

缺少的值由特殊值 NULL 表示。

4)复杂类型

①数组:Hive 中的数组的使用方式与 Java 中的使用方式相同。

②地图:Hive 中的地图与 Java 地图类似。

③结构:Hive 中的结构类似于使用带注释的复杂数据。

4. Hive 的数据模型

Hive 中所有的数据都存储在 HDFS 中,并没有专门的存储格式,也没有为数据建立索引,Hive 可以非常自由地组织表结构。使用者只需要在创建表时指定字段列为分隔符和记录行分隔符,Hive 就可以进行解析。尽管如此,Hive 的数据模型仍然包括几个主要概念:表(Table)、数据库(Database)、分区(Partition)和桶(Bucket)。

(1)表

Hive 的表和数据库中的表在概念上非常接近,在逻辑上,其由描述表格形式的元数据和存储于其中的具体数据共同组成,可以分为托管表和外部表。托管表在 Hive 中有一个对应的目录,所有数据都存储在这个目录中。而外部表的数据文件可以存放在 Hive 仓库以外的分布式文件系统上。表删除的 DROP 命令对于这两种类型产生的效果也不同,对托管表执行 DROP 命令时,会同时删除元数据和其中存储的数据,而对外部表执行该命令时,则只能删除元数据,而不会删除外部分布式系统上所存储的数据。

(2)数据库

数据库的作用是将用户的应用隔离到不同的数据模式中,Hive 0.6.0 之后的版本都支持数据库,相当于关系型数据库中的命名空间(Namespace)。

(3)分区

Hive 中的分区方式和数据库中的差异很大,Hive 中的概念是根据分区列对表中的数据进行大致划分。这里,分区列不是表中的某个字段,而是一个独立的列。前面提到过 Hive 表就是通过分布式文件系统的目录来实现的,那么相应地,表的分区在 Hive 存储上就体现为主目录下的多个子目录,而子目录的名称就是分区列的名称。使用分区的好处在于,查询某个具体分区列中的数据时不用进行全表扫描,可以大大加快范围内的查询。

(4)桶

表和分区都是在目录级别上进行数据的拆分,而桶则是对数据源数据文件本身进行数据拆分。使用桶的表会将源数据文件按一定的规律拆分成多个文件。

5. Hive 的架构解析

如图 5-1-4 所示显示了 Hive 的主要组件。ODBC 和 JDBC 是编程接口驱动器,对输入进行编译、优化和执行。MetaStore(元数据存储)是一个独立的 RDBMS,默认是内置的 Apache Derby 数据库。对于生产系统,推荐使用 MySQL 或其他 RDBMS。Hive 会在其中保存表模式和其他系统元数据。

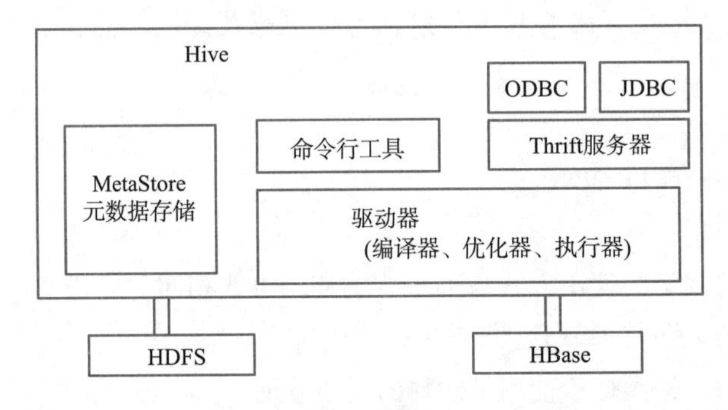

图 5-1-4　Hive 架构

Hive 不支持行级别的更新,不支持实时地查询响应。如果需要这些功能,在底层可以使用 HBase。因为大多数数据仓库应用程序都是基于 SQL 的 RDBMS 实现的,所以 Hive 降低了将这些应用程序移植到 Hadoop 上的难度,减少了开发人员的学习成本。用户只要熟悉 SQL,那么使用 HiveQL 就会很容易。Hive 还支持用户自定义函数,用户可以根据自己的需求实现自己的函数。

Hive 提供了数据的查询,多维度聚合分析查询。需要注意的:Hive 没有数据的插入、删除和更新,数据进入 Hive 是通过装载工具完成的。通过 Hive,可以将在 HDFS 上的结构化的数据文件映射为一张数据库表。HiveQL 可以实现复杂查询和 Join。Hive 支持文本文件 TextFile、SequenceFiles(包含二进制键值对的文本文件)和 RCFlies(Record Columnar Files,采用列数据库的模式存储一个表的列）。前两个文件格式都属于行式存储，后一个是列式存储，能更快地进行数据装载和查询。这对于数据仓库而言是非常关键的。比如：每天大约有超过 20 TB 的数据上传到 Facebook 的数据仓库，由于数据加载期间网络和磁盘流量会干扰正常的查询执行，因此缩短数据加载时间是非常有必要的。另外，为了满足实时性的网络请求和支持高并发用户提交查询的大量读负载，查询响应时间也是非常关键的，这就要求底层存储结构能够随着查询数量的增加而保持高速的查询处理。

6. HiveQL

Hive QL 类似于 SQL，但又没有实现常见 SQL 所遵守的 SQL-92 全集。Hive 提供了 SQL 的解析过程，从外部接口中接收命令，对外部命令进行解析后，转换成 MapReduce 执行计划，按计划生成 MapReduce 任务，交由 Hadoop 执行。下面介绍 HQL。

1）DDL 命令

（1）创建数据库

语法：

```
CREATE (DATABASE |SCHEMA) [IF NOT EXISTS] database_name
[COMMENT database_comment]
[LOCATION hdfs_path]
[WITH DBPROPERTIES (property_name = property_value,...)];
```

（2）选择数据库

使用 USE 命令选择当前操作的数据库（默认为 default）。

```
hive > USE testdb4;
```

使用默认数据库：

```
hive > USE default;
```

（3）删除库

语法：

```
DROP (DATABASE |SCHEMA) [IF EXISTS] database_name [RESTRICT |CASCADE];
```

2）DML 操作

（1）加载数据

Hive 装载数据没有做任何转换，加载到表中的数据只是移动到了 Hive 表对应的文件夹中。加载数据的语法如下：

```
LOAD DATA [LOCAL] INPATH 'filepath' [OVERWRITE] INTO TABLE tablename [PARTITION
(partcol1 = val1, partcol2 = val2 ...)]
```

（2）查询结果插入到表中

Hive 支持将查询结果插入到表中，目标表的结构要与查询结果结构相同。

①单表插入。将源表中的数据通过查询语句插入目标表中。

```
hive > create table login2 (uid BIGINT)
hive > INSERT OVERWRITE TABLE login2 select distinct uid FROM login;
```

②多表插入。

```
hive > create table login_ip (ip STRING);
hive > create table login_uid(uid bigint);
```

任务实施

1. 安装与配置 Hive

(1)验证

①验证安装 Java,参考任务 1.3。

②验证 Hadoop 安装,参考任务 1.4。

(2)下载 Hive

本书中使用 hive-0.14.0,可以访问官网下载。假设将其下载到/Downloads 目录,文件名为 apache-hive-0.14.0-bin.tar.gz。以下命令用于验证下载:

```
$ cd Downloads
$ ls
```

成功下载后,将看到以下响应:

```
apache-hive-0.14.0-bin.tar.gz
```

(3)安装 Hive

在系统上安装 Hive 需要执行以下步骤。假设 Hive 已下载到/Downloads 目录。

①提取和验证 Hive Archive。以下命令用于验证下载并解压缩 Hive:

```
$ tar zxvf apache-hive-0.14.0-bin.tar.gz
$ ls
```

成功下载后,将看到以下响应:

```
apache-hive-0.14.0-bin apache-hive-0.14.0-bin.tar.gz
```

②将文件复制到/usr/local/hive 目录。需要从超级用户“su -”复制文件。以下命令用于将文件从解压缩的目录复制到/usr/local/hive 目录:

```
$ su -
passwd:

# cd/home/user/Download
# mv apache-hive-0.14.0-bin/usr/local/hive
# exit
```

③为 Hive 设置环境。可以通过在 ~/.bashrc 文件中附加以下行来设置 Hive 环境:

```
export HIVE_HOME = /usr/local/hive
export PATH = $PATH: $HIVE_HOME/bin
export CLASSPATH = $CLASSPATH:/usr/local/Hadoop/lib/* :.
export CLASSPATH = $CLASSPATH:/usr/local/hive/lib/* :.
```

以下命令用于执行 ~/.bashrc 文件:

```
$ source ~/.bashrc
```

④配置 Hive。要使用 Hadoop 配置 Hive,需要编辑 hive-env. sh 文件,该文件位于 $HIVE_HOME/conf 目录中。以下命令重定向到 Hive 配置文件夹并复制模板文件:

```
$ cd $HIVE_HOME/conf
$ cp hive-env. sh. template hive-env. sh
```

通过附加以下行来编辑 hive-env. sh 文件:

```
export HADOOP_HOME = /usr/local/hadoop
```

Hive 安装成功后,需要外部数据库服务器来配置 MetaStore,可以使用 Apache Derby 数据库。

⑤验证 Hive 安装。在运行 Hive 之前,需要在 HDFS 中创建/tmp 文件夹和单独的 Hive 文件夹。此处使用/user/hive/warehouse 文件夹。需要为这些新创建的文件夹设置写入权限,如下所示:

```
chmod g + w
```

在验证 Hive 之前将它们设置为 HDFS。使用以下命令:

```
$ $HADOOP_HOME/bin/hadoop fs -mkdir/tmp
$ $HADOOP_HOME/bin/hadoop fs -mkdir/user/hive/warehouse
$ $HADOOP_HOME/bin/hadoop fs -chmod g + w/tmp
$ $HADOOP_HOME/bin/hadoop fs -chmod g + w/user/hive/warehouse
```

以下命令用于验证 Hive 安装:

```
$ cd $HIVE_HOME
$ bin/hive
```

2. Hive 的 DDL 操作

(1)创建数据库

语法:

```
CREATE (DATABASE |SCHEMA) [IF NOT EXISTS]database_name
[COMMENT database_comment]
[LOCATION hdfs_path]
[WITH DBPROPERTIES (property_name = property_value,...)];
```

①创建简单的数据库。示例:

```
hive > CREATE DATABASE testdb;
OK
Time taken:5. 43 seconds
hive > SHOW DATABASES;
OK
default
testdb
Time taken:4. 084 seconds,Fetched:2 row(s)
```

如果 Hive 中数据库非常多,可以使用正则表达式检索。例如:

```
hive > SHOW DATABASES LIKE 't. * '
OK
Testdb
Time taken:4. 391 seconds,Fetched:1row(s)
```

数据库中的表存在于和数据库同名的 HDFS 目录中。Hive 中有一个默认数据库 default,它没有目录,default 中的表直接存在 Hive 数据目录中,该目录由 hive. metastore. warehouse. dir 参数指定。如果没有指定数据库的路径,默认路径为/user/hive/warehouse 目录,如刚创建的 testdb 数据库路径为/user/hive/warehouse/testdb. db。

②当创建的数据库同名时,设置数据库的存储路径,代码如下:

```
hive > CREATE DATABASE testdb2
 > LOCATION '/user/mydb';
OK
Time taken:4.167 seconds
```

执行以上命令后,数据库存储在/user/mydb 目录下。

③在建库的同时,给数据库添加注释。

```
hive > CREATE DATABASE testdb3
 > COMMENT 'This is a test database';
```

使用 describe database < database > 查看数据库注释和存储路径。

```
hive > describe database testdb3;
OK
Testdb3 This is a test database hdfs://192.168.1.10:9000
/user/hive/warehouse/testdb3.db
Time taken:4.322 seconds,Fetched:1 row(s)
```

(2)选择数据库

使用 USE 命令选择当前操作的数据库(默认为 default)。

```
hive > USE testdb4;
```

使用默认数据库。

```
hive > USE default;
```

(3)删除库

语法:

```
DROP (DATABASE |SCHEMA) [IF EXISTS]
database_name [RESTRICT |CASCADE];
```

示例:

```
hive > DROP DATABASE IF EXISTS testdb4;
```

当数据库中存在表时,需要加 CASCADE 才能删除。一旦删除成功,数据库在 HDFS 中的文件夹也被删除。

```
hive > DROP DATABASE IF EXISTS testdb3 CASCADE;
```

(4)创建一个普通表

```
hive > CREATE TABLE IF NOT EXISTS test_1
 > (id INT,
 > name STRING,
 > address STRING);
```

也可以在创建表时,指定存储格式。

(5)创建一个外部表

```
CREATE EXTERNAL TABLE external_table(dummy STRING)
LOCATION'/user/tom/data.txt'INTO TABLE external_table;
```

注意:如果对表的操作都在 Hive 中,建议使用内部表,如果对数据的操作除了 Hive 还有其他工具,建议使用外部表。

(6)修改表结构

①给表增加字段:对 user 表添加 address、telephone、qq、birthday 四个字段。

```
hive>alter table user add columns
 >(address String,
 > telephone String,
 >qq String,
 > birthday date);
```

②修改表的字段名:

```
hive>ALTER TABLE user CHANGE address addr STRING;
```

此命令中 address 为原字段名,addr 为新字段名,STRING 为字段类型。

③修改表名:

```
hive>alter table test_1 rename to test_table;
```

④删除表。语法:

```
DROP TABLE [IF EXISTS] table_name;
```

示例:

```
hive> DROP TABLE IF EXISTS test_table;
```

(7)创建视图

```
hive>CREATE VIEW user_view
 >as
 >SELECT name from user;
```

①修改视图:

```
hive>ALTER VIEW user_view SET TBLPROPERTIES
('created_at ' = '2019-8-10 ');
```

②删除视图:

```
hive>DROP VIEW IF EXISTS user_view;
```

(8)创建、显示、删除索引

```
CREATE INDEX table01_index ON TABLE table01 (column2)
AS 'COMPACT';
SHOE INDEX ON table01;
DROP INDEX table01_index ON table01;
```

重建 Index。语法:

```
ALTER INDEX index_name ON table_name
[PARTITION partition_spec] REBUILD;
```

假如在创建索引时，使用了 WITH DEFERRED REBUILD 语句，可以通过 SLTER INDEC… REBUILD 重建以前创建过的索引，如果指定过分区，则只有那个分区上的索引重建。

3. Hive 的 DML 操作

Hive 支持将查询结果插入到表中，目标表的结构要与查询表结果结构相同。

（1）单表插入

将源表中的数据通过查询语句插入目标表中。

```
hive > create table login2 (uid BIGINT);
hive > INSERT OVERWRITE TABLE login2 select distinct uid FROM login;
```

（2）多表插入

现在有两个表 login_uid 和 login_ip，login_uid 表中有 uid 字段，login_ip 表中有 ip 字段，两表的建表语句如下：

```
hive > create table login_uid(uid bigint);
hive > create table login_ip(ip STRING);
```

将 login 表中的数据查询后，插入 login_uid 和 login_ip 两个表中。

```
hive > from login
 > insert overwrite table login_uid
 > select uid
 > insert overwrite table login_ip
 > select ip;
```

4. 数据加载计算和导出操作

（1）加载本地数据到 Hive 表中

```
hive > LOAD DATA LOCAL INPATH ' /home/Hadoop/login.txt' OVERWRITE
INTO TABLE login PARTITION (pt ='20190810');
Copying data from file:/home/Hadoop/login.txt
Copying file:file:/home/Hadoop/login.txt
Loading data to table default.login partition (pt =20190810)
Partition default.login{ pt =20190810}stats: [num_files:1, num_rows:0, total_size:40, raw_data_size:0]
Table default.login stats:[num_partitions:1, num_files:1, num_rows:0, total_size:40, raw_data_size:0]
OK
Time taken:0..273 seconds
hive > SELECT *  FROM LOGIN;
OK
1510701 192.168.1.1    20190810
1510702 192.168.1.2    20190810
Time taken:0.15 seconds, Fetched:2 row(s)
```

该命令从 Linux 本地文件夹/home/hadoop/目录下的 login.txt 文件加载数据，放入 20190810 分区中。

(2)加载 HDFS 中的文件

现在有另一个文件 login2. txt,把它上传到 HDFS 文件系统/tmp 目录中,命令如下:

```
hadoop@ master: ~ $printf "% s,% s\n" 11151007003 192.168.1.3 >> login2.txt
hadoop@ master: ~ $printf "% s,% s\n" 11151007004 192.168.1.4 >> login2.txt
hadoop@ master: ~ $hadoop fs -put login2.txt/tmp
hadoop@ master: ~ $hadoop fs -ls/tmp
Found 2 items
drwxr -xr-x    -hadoop supergroup     0   2019-08-10 14:21     /tmp/hive-hadoop
-rw-r--r--     3 hadoop supergroup    48  2019-08-10 14:57     /tmp/login2.txt
hive > LOAD DATA INPATH '/tmp/login2.txt' INTO TABLE login PARTITION
(pt ='20190810')
Loading data to table default.login partition (pt =20190810)
Partition default.login{ pt =20190810}stats: [num_files:2, num_rows:0, total_size:
80, raw_data_size:0]
Table default.login stats:[num_partitions:1, num_files:2, num_rows:0, total_size:
80, raw_data_size:0]
OK
Time taken:0..326 seconds
hive > SELECT *  FROM LOGIN;
OK
1510701 192.168.1.1     20190810
1510702 192.168.1.2     20190810
1510703 192.168.1.3     20190810
1510704 192.168.1.4     20190810
Time taken:0.094 seconds, Fetched:4 row(s)
```

在加载中并未用到 OVERWRITE,login2. txt 文件中的数据会被追加到 login 表中。

(3)查询结果输出到文件系统中

语法:

```
FROM from_statement
INSERT OVERWRITE [LOCAL] DIRECTORY directory1 select_statement1
[INSERT OVERWRITE [LOCAL] DIRECTORY directory2 select_statement2]..
```

示例:

```
hive > FROM login
> INSERT OVERWRITE LOCAL DIRECTORY '/home/Hadoop/login' SELECT *
> INSERT OVERWRITE DIRECTORY '/tmp/ip' SELECT ip;
```

此语句在 Linux 服务器的/home/hadoop 目录下生成 login 目录,在目录下生成 000000_0 文件和 . 000000_0. crc 文件。另外,在 HDFS 的/tmp/下生成 ip 目录,生成 000000_0(48. 0br3)文件。

视 频

调用Hive的 Java API

任务 5. 2 调用 Hive 的 Java API

任务描述

本任务需要同学们对 Hive 函数与自定义函数、Hive 常用模式设计有一定的了解,最后独立构建 Hive 的 Java 开发环境以及使用 Java API 操作 Hive 的 CRUD。

知识学习

1. Hive 函数与自定义函数

1）Hive 内置函数

Hive 提供了大量的操作符和内置函数，用户可以直接使用，这些操作符和函数包括：关系运算符、逻辑运算符、数值运算符、统计函数、字符串函数、条件函数、日期函数、聚集函数和处理 XML 和 JSON 的函数。

可以在 Hive Shell 中通过 SHOW FUNCTIONS；查看函数列表，通过 DESCRIBE FUNCTION □ 查看某一函数的使用帮助。例如：

```
hive > show functions;
OK
!
! =
…
xpath_string
year
|
~
Time taken: 0.702 seconds, Fetched:192 row(s)
```

查看 Substr 函数的帮助信息：

```
Hive > describe function substr;
OK
Substr(str,pos[,len]) -returns the substring of str that starts at pos and is of
length len orsubstr(bin,pos[,len]) -returns the slice of byte array that starts at pos and
is of length len
```

Hive 支持表 5-2-1 所列的内置函数。

表 5-2-1　Hive 支持的内置函数

返回类型	签　名	描　述
BIGINT	round(double a)	返回 BIGINT 最近的 double 值
BIGINT	floor(double a)	返回最大 BIGINT 值等于或小于 double
BIGINT	ceil(double a)	返回最小 BIGINT 值等于或大于 double
double	rand(), rand(int seed)	返回一个随机数，从行改变到行
string	concat(string A, string B,...)	返回从 A 后串联 B 产生的字符串
string	substr(string A, int start)	返回一个起始，从起始位置的子字符串，直到 A 结束
string	substr(string A, int start, int length)	返回从给定长度的起始 start 位置开始的字符串
string	upper(string A)	返回字符串 A 的大写格式
string	ucase(string A)	返回字符串 A 的大写格式
string	lower(string A)	返回字符串 A 的小写格式
string	lcase(string A)	返回字符串 A 的小写格式

续表

返回类型	签　名	描　述
string	trim(string A)	返回字符串从 A 两端修剪空格的结果
string	ltrim(string A)	返回 A 从一开始修整空格产生的字符串(左侧)
string	rtrim(string A)	返回 A 从结束修整空格产生的字符串(右侧)
string	regexp_replace(string A, string B, string C)	将字符串 A 中符合 Java 正则表达式 B 的部分替换为 C
int	size(Map <K. V>)	返回 Map 类型的元素数量
int	size(Array <T>)	返回数组类型的元素数量
Value of <type>	cast(<expr> as <type>)	把表达式的结果 expr <类型> 如 cast('1'作为BIGINT)代表整体转换为字符串 '1'。如果转换不成功,返回 NULL
string	from_unixtime(int unixtime)	返回表示 UNIX 时间标记的一个字符串(1970-01-0100:00:00 UTC),根据 format 字符串格式化:"1970-01-01 00:00:00"
string	to_date(string timestamp)	返回一个字符串时间戳的日期部分:to_date("1970-01-01 00:00:00") = "1970-01-01"
int	year(string date)	返回年份部分的日期或时间戳字符串:year("1970-01-01 00:00:00") = 1970, year("1970-01-01") = 1970
int	month(string date)	返回日期或时间戳字符串的月份:month("1970-11-01 00:00:00") = 11, month("1970-11-01") = 11
int	day(string date)	返回日期或时间戳字符串的日期:day("1970-11-01 00:00:00") = 1, day("1970-11-01") = 1
string	get_json_object(string json_string, string path)	解析 JSON 的字符串 json_string,返回 path 指定的内容。如果输入的 JSON 字符串无效,返回 NULL

2)示例

以下查询演示了一些内置函数:

(1)round()函数

```
hive> SELECT round(2.6) from temp;
```

成功执行查询后,将看到以下响应:

```
2.0
```

(2)floor()函数

```
hive> SELECT floor(2.6) from temp;
```

成功执行查询后,将看到以下响应:

```
2.0
```

(3)ceil()函数

```
hive> SELECT ceil(2.6) from temp;
```

成功执行查询后,将看到以下响应:

```
3.0
```

(4)聚合函数

Hive 支持表 5-2-2 所示的内置聚合函数。这些函数的用法与 SQL 聚合函数相同。

表 5-2-2 Hive 支持的聚合函数

返回值类型	签 名	描 述
BIGINT	count(*), count(expr)	返回检索行的总数
DOUBLE	sum(col), sum(DISTINCT col)	返回组中元素的总和或组中列的不同值的总和
DOUBLE	avg(col), avg(DISTINCT col)	返回组中元素的平均值或组中列的不同值的平均值
DOUBLE	min(col)	返回组中列的最小值
DOUBLE	max(col)	返回组中列的最大值

3)Hive 用户自定义函数

Hive 提供的内置函数虽然比较多,功能也比较强大,但用户的需求是多种多样的,有时内置函数不能满足用户需求,用户可以自己开发自定义函数以填补内置函数的不足,自定义函数包括:普通自定义函数(UDF)、聚集自定义函数(UDAF)和表生成自定义函数(UDTF)。

用户自定义函数(User Defined Function, UDF)需要继承 org.apache.hadoop.hive.ql.exec.UDF,实现 UDF 类中的 evaluate 方法,方法支持重载。

下面构造一个自定义函数 ADD,可以将两个整数或浮点数相加,代码如下:

```
package org.myory;
import org.apache.hadoop.hive.ql.exec.UDF;
public class Add extends UDF{
    public Integer evaluate(Integer a,Integer b){
        if((a==null)||(b==null)){
            return null;
        }
    return a+b;
    }
    public Double evaluate(Double a,Double b){
        if((a==null)||(b==null)){
        return null;
        }
        return a+b;
    }
    public Integer evaluate(Integer[] a){
        int sum=0;
        for(int i=0;i<a.length;i++){
            if(a[i]!=null)
            sum+=a[i];
        }
        return sum;
    }
}
```

将该Java文件编译导出成Add.jar,用secureFX上传到Linux服务器的/home/hadoop/目录下,用ADD JAR命令将Add.jar包注册到Hive中:

```
hive>add jar Add.jar;
```

用create temporary function命令为自定义函数起一个别名:

```
hive>create temporary function Add as 'org.myorg.Add';
```

使用自定义函数:

```
hive>select Add(1,3) from login;
hive>select Add(1,2,3,4,5,6,7) from login;
```

如果不再需要某个自定义函数,可以使用drop temporary function命令把函数从Hive中注销掉。

```
hive>drop temporary function Add;
```

2. Hive常用模式设计

1)本地模式

本地模式没有HDFS,只能测试MapReduce程序,程序运行的结果保存在本地文件系统。

(1)原理

本地运行MapReduce。这对于在小型数据集上运行查询非常有用,在这种情况下,本地模式的执行通常比向大型集群提交作业要快得多,从HDFS透明地访问数据。相反,本地模式只能运行一个Reducer,处理较大的数据集可能非常慢。

(2)配置

①完全本地模式。从0.7版本开始,Hive完全支持本地模式的执行。对于所有MapReduce任务都以本地模式运行,要启用此功能,用户可以启用以下选项:

```
SET mapreduce.framework.name=local;
SET mapred.local.dir=/tmp/username/mapred/local;
```

②自动本地模式。Hive通过条件判断是否通过本地模式运行MapReduce,任务条件为:

作业的总输入大小低于hive.exec.mode.local.auto.inputbytes.max,默认为128 MB;Map任务的总数小于hive.exec.mode.local.auto.tasks.max,默认为4;所需的Reduce任务总数为1或0。

配置:SET hive.exec.mode.local.auto=true;默认情况下为false,禁用此功能。

对于小数据集的查询,或者对于具有多个MapReduce作业的查询,其中对后续作业的输入要小得多。

2)远程模式

(1)远程模式的应用场景

①元数据信息被存储在MySQL数据库中。

②MySQL数据库与Hive运行不在同一台物理机器上。

③多用于实际的生产运行环境。

(2)配置

①在Linux系统的MySQL数据库中创建数据库:

```
mysql > create database hive
mysql > show databases;
+ -------------------- +
| Database             |
+ -------------------- +
| information_schema   |
| hive                 |
| mysql                |
| performance_schema   |
| sys                  |
+ -------------------- +
5 rows in set (0.00 sec)
```

②解压安装包。

```
[root@ localhost ~]# tar -zxvf apache-hive-0.13.0-bin.tar.gz
```

③上传 MySQL 驱动的 jar 包到指定的 lib 文件夹内。

④修改配置文件 hive-site. xml。

⑤确保 Hadoop 运行正常。

```
[root@ localhost conf]# jps
5676 SecondaryNameNode
5286 NameNode
5792 JobTracker
6061 Jps
5444 DataNode
5957 TaskTracker1
```

⑥运行命令示例如下:

```
[root@ localhost ~]# hive
```

⑦验证。

3)内嵌模式

在不修改任何配置的情况下,在本机通过默认的元数据数据库管理,Hive 中有一个自带的数据库 derby,在首次启动时需要进行初始化数据。因为有一些默认的表结构和默认的数据库。

```
schematool -initSchema -dbType derby
```

初始化成功后,会在当前执行的目录下生成 metastore_db,在执行的目录的地方运行 Hive。将进入 Hive Shell 窗口。

```
mysql -uroot -p1234
mysql >
```

如果直接启动,将会出现:

```
Call From kd01/192.168.200.10 to kd01:9000 failed on connection exception
```

原因是 Hive 需要连接 HDFS 的内容。所以在启动之前需要先启动 HDFS。

当有 hive > 时表示启动成功,derby 只能单用户操作,derby 是将所有数据存储在当前 metastore_db 目录中。如果在不同目录下多次初始化的话,将无法做到数据共享,所以内嵌模式只适用于学习使用。

注意：

①执行 Hive 命令之前需要将 HDFS 启动。

②在哪个目录下运行 Hive，都必须进行初始化。

③在同一个目录下多次初始化时，需要将 metastore_db 目录删除后再进行初始化。

任务实施

1. 构建 Hive 的 Java 开发环境

①选择 File→New→Project→Maven Project 命令，新建 Maven 项目，如图 5-2-1 所示。

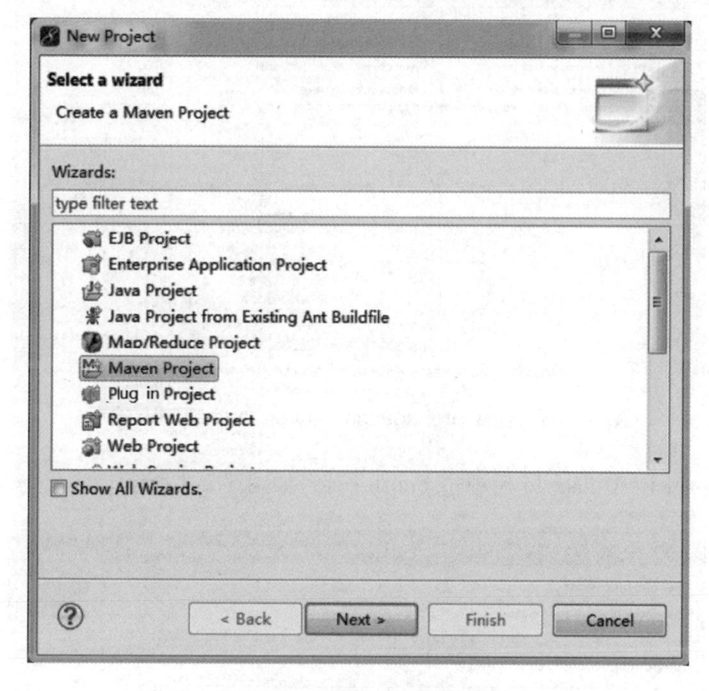

图 5-2-1　新建 Maven 项目

②选择工作路径后单击 Next 按钮，如图 5-2-2 所示。

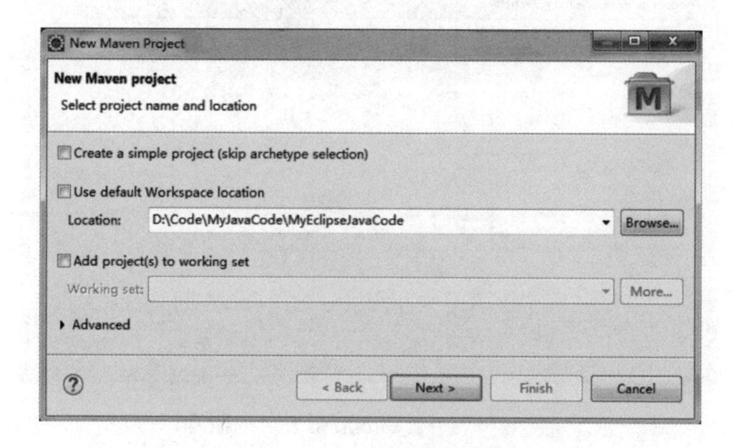

图 5-2-2　选择工作路径

③选择 org. apache. maven. archetypes 选项,如图 5-2-3 所示。

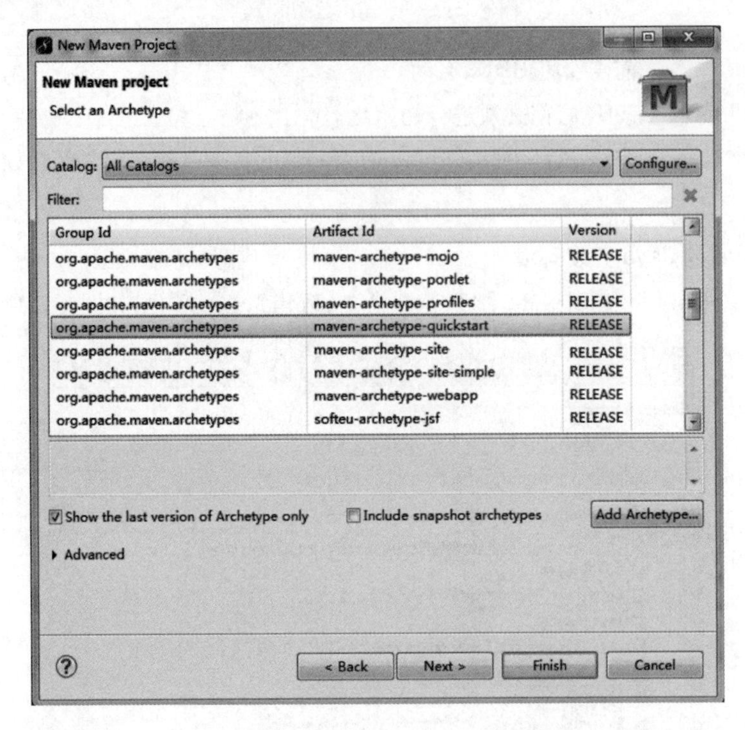

图 5-2-3　选择 org. apache. maven. archetypes 选项

④设置 Group Id 和 Artifact Id 后单击 Finish 按钮,如图 5-2-4 所示。

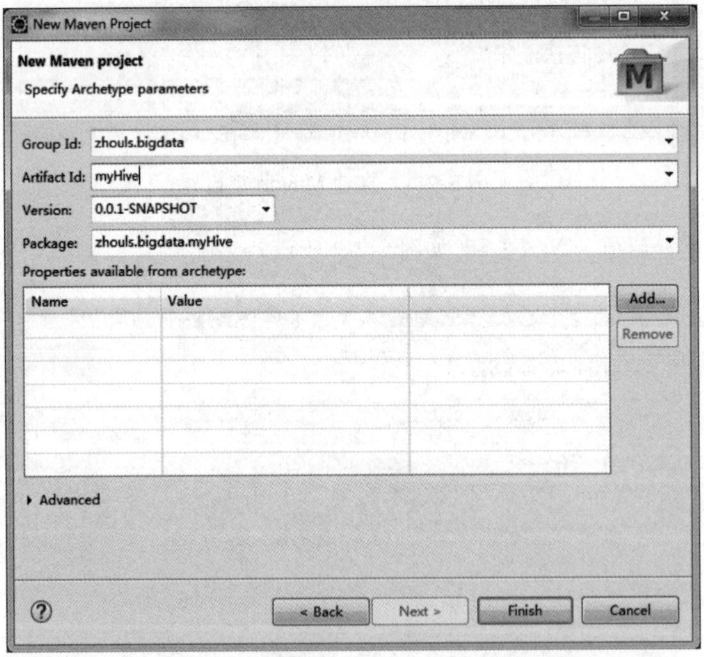

图 5-2-4　设置 Group Id 和 Artifact Id

⑤修改 JDK 版本，如图 5-2-5 所示。

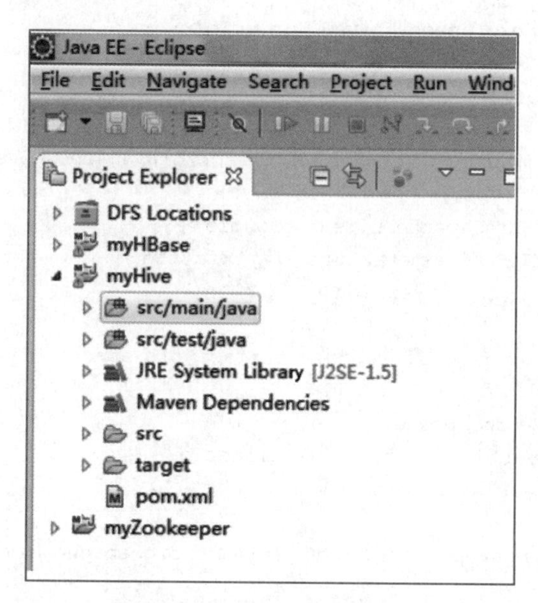

图 5-2-5 修改 JDK 版本

⑥修改 pom.xml 配置文件

```
<project xmlns="http://maven.apache.org/POM/4.0.0" xmlns:xsi="http://www.w3.org/2001/XMLSchema-instance" xsi:schemaLocation="http://maven.apache.org/POM/4.0.0 http://maven.apache.org/xsd/maven-4.0.0.xsd">
    <modelVersion>4.0.0</modelVersion>

    <groupId>zhouls.bigdata</groupId>
    <artifactId>myHive</artifactId>
    <version>0.0.1-SNAPSHOT</version>
    <packaging>jar</packaging>

    <name>myHive</name>
    <url>http://maven.apache.org</url>

    <properties>
        <project.build.sourceEncoding>UTF-8</project.build.sourceEncoding>
    </properties>

    <dependencies>
        <dependency>
            <groupId>junit</groupId>
            <artifactId>junit</artifactId>
            <version>3.8.1</version>
            <scope>test</scope>
        </dependency>
        <!-- https://mvnrepository.com/artifact/org.apache.hive/hive-exec -->
```

```
    <dependency>
        <groupId>org.apache.hive</groupId>
        <artifactId>hive-exec</artifactId>
        <version>1.2.1</version>
    </dependency>
    <!-- https://mvnrepository.com/artifact/org.apache.hive/hive-metastore -->
    <dependency>
        <groupId>org.apache.hive</groupId>
        <artifactId>hive-metastore</artifactId>
        <version>1.2.1</version>
    </dependency>
    <!-- https://mvnrepository.com/artifact/org.apache.hive/hive-common -->
    <dependency>
        <groupId>org.apache.hive</groupId>
        <artifactId>hive-common</artifactId>
        <version>1.2.1</version>
    </dependency>
    <!-- https://mvnrepository.com/artifact/org.apache.hive/hive-service -->
    <dependency>
        <groupId>org.apache.hive</groupId>
        <artifactId>hive-service</artifactId>
        <version>1.2.1</version>
    </dependency>
    <!-- https://mvnrepository.com/artifact/org.apache.hive/hive-jdbc -->
    <dependency>
        <groupId>org.apache.hive</groupId>
        <artifactId>hive-jdbc</artifactId>
        <version>1.2.1</version>
    </dependency>
    <!-- https://mvnrepository.com/artifact/org.apache.hadoop/hadoop-common -->
    <dependency>
        <groupId>org.apache.hadoop</groupId>
        <artifactId>hadoop-common</artifactId>
        <version>2.6.0</version>
    </dependency>
    <dependency>
        <groupId>jdk.tools</groupId>
        <artifactId>jdk.tools</artifactId>
        <version>1.7</version>
        <scope>system</scope>
        <systemPath>${JAVA_HOME}/lib/tools.jar</systemPath>
    </dependency>
</dependencies>
</project>
```

2. Java API 操作 Hive 的 CRUD

①创建一个 maven 项目，pom.xml 文件配置如下：

```
<?xml version="1.0" encoding="UTF-8"?>
<project xmlns="http://maven.apache.org/POM/4.0.0"
```

```
        xmlns:xsi = "http://www.w3.org/2001/XMLSchema-instance"
        xsi:schemaLocation = "http://maven.apache.org/POM/4.0.0 http://maven.apache.org/xsd/maven-4.0.0.xsd">
    <modelVersion>4.0.0</modelVersion>
    <groupId>com.bigdata.hadoop</groupId>
    <artifactId>hive</artifactId>
    <version>1.0-SNAPSHOT</version>
    <properties>

<project.build.sourceEncoding>UTF-8</project.build.sourceEncoding>
    </properties>
    <dependencies>
        <dependency>
            <groupId>org.apache.hive</groupId>
            <artifactId>hive-jdbc</artifactId>
            <version>2.3.0</version>
        </dependency>
        <dependency>
            <groupId>junit</groupId>
            <artifactId>junit</artifactId>
            <version>4.9</version>
        </dependency>
    </dependencies>
    <build>
        <plugins>
            <plugin>
                <groupId>org.apache.maven.plugins</groupId>
                <artifactId>maven-compiler-plugin</artifactId>
                <version>3.5.1</version>
                <configuration>
                    <source>1.8</source>
                    <target>1.8</target>
                </configuration>
            </plugin>
        </plugins>
    </build>
</project>
```

②创建测试类 HiveJDBC，代码如下：

```
package com.bigdata.hadoop.hive;
import org.junit.After;
import org.junit.Before;
import org.junit.Test;
import java.sql.*;
/**
 * JDBC 操作 Hive(注:JDBC 访问 Hive 前需要先启动 HiveServer2)
 */
public class HiveJDBC {
    private static String driverName = "org.apache.hive.jdbc.HiveDriver";
```

```
    private static String url = "jdbc:hive2://hdpcomprs:10000/db_comprs";
    private static String user = "hadoop";
    private static String password = "";
    private static Connection conn = null;
    private static Statement stmt = null;
    private static ResultSet rs = null;
    //加载驱动、创建连接
    @ Before
    public void init() throws Exception {
        Class.forName(driverName);
        conn = DriverManager.getConnection(url,user,password);
        stmt = conn.createStatement();
    }
    //创建数据库
    @ Test
    public void createDatabase() throws Exception {
        String sql = "create database hive_jdbc_test";
        System.out.println("Running: " + sql);
        stmt.execute(sql);
    }
    //查询所有数据库
    @ Test
    public void showDatabases() throws Exception {
        String sql = "show databases";
        System.out.println("Running: " + sql);
        rs = stmt.executeQuery(sql);
        while (rs.next()) {
            System.out.println(rs.getString(1));
        }
    }
    //创建表
    @ Test
    public void createTable() throws Exception {
        String sql = "create table emp(\n" +
                    "empno int, \n" +
                    "ename string, \n" +
                    "job string, \n" +
                    "mgr int, \n" +
                    "hiredate string, \n" +
                    "sal double, \n" +
                    "comm double, \n" +
                    "deptno int \n" +
                    ") \n" +
                    "row format delimited fields terminated by '\\t'";
        System.out.println("Running: " + sql);
        stmt.execute(sql);
    }
    //查询所有表
    @ Test
```

```
    public void showTables() throws Exception {
        String sql = "show tables";
        System.out.println("Running: " + sql);
        rs = stmt.executeQuery(sql);
        while (rs.next()) {
            System.out.println(rs.getString(1));
        }
    }
    //查看表结构
    @ Test
    public void descTable() throws Exception {
        String sql = "desc emp";
        System.out.println("Running: " + sql);
        rs = stmt.executeQuery(sql);
        while (rs.next()) {
            System.out.println(rs.getString(1) + "\t" + rs.getString(2));
        }
    }
    //加载数据
    @ Test
    public void loadData() throws Exception {
        String filePath = "/home/hadoop/data/emp.txt";
        String sql = "load data local inpath '" + filePath + "' overwrite into table emp";
        System.out.println("Running: " + sql);
        stmt.execute(sql);
    }
    //查询数据
    @ Test
    public void selectData() throws Exception {
        String sql = "select *  from emp";
        System.out.println("Running: " + sql);
        rs = stmt.executeQuery(sql);
        System.out.println("员工编号" + "\t" + "员工姓名" + "\t" + "工作岗位");
        while (rs.next()) {
              System.out.println(rs.getString("empno") + "\t\t" + rs.getString
("ename") + "\t\t" + rs.getString("job"));
        }
    }
    //统计查询(会运行 MapReduce 作业)
    @ Test
    public void countData() throws Exception {
        String sql = "select count(1) from emp";
        System.out.println("Running: " + sql);
        rs = stmt.executeQuery(sql);
        while (rs.next()) {
            System.out.println(rs.getInt(1) );
        }
    }
    //删除数据库
```

```
    @ Test
    public void dropDatabase() throws Exception {
        String sql = "drop database if exists hive_jdbc_test";
        System.out.println("Running: " + sql);
        stmt.execute(sql);
    }
    //删除数据库表
    @ Test
    public void deopTable() throws Exception {
        String sql = "drop table if exists emp";
        System.out.println("Running: " + sql);
        stmt.execute(sql);
    }
    //释放资源
    @ After
    public void destory() throws Exception {
        if ( rs ! =null) {
            rs.close();
        }
        if (stmt ! =null) {
            stmt.close();
        }
        if (conn ! =null) {
            conn.close();
        }
    }
}
```

小结

本单元介绍了数据仓库Hive的相关知识。Hive是基于Hadoop的一个数据仓库,它能够让熟悉SQL但又不掌握Java编程技术的数据分析人员能够对存储在数据仓库中的结构化数据,利用SQL语句进行查询、汇总、分析。Hive能够将SQL语句转换成MapReduce任务进行运行,充分发挥Hadoop集群的计算和存储优势。

Hive数据库中对库、表、分区、桶等模型进行描述的数据称为元数据,由于元数据面临不断地更新、修改,所以Hive元数据并不适合存储于HDFS中,Hive把元数据存储于RDBMS中,一般常用MySQL和Derby,Hive默认把元数据存储于Derby库中。

通过本单元的学习,令读者对数据仓库Hive产生浓厚的兴趣,能够掌握如何配置和安装Hive、如何使用Java API操作Hive的知识点和技能点。

习题

一、选择题

Hive的计算引擎是(　　)。

A. Spark　　B. MapReduce　　C. HDFS　　D. Zookeeper

二、填空题

1. Hive 自定义函数时需要继承________类。

2. Hive 是由________公司开源大数据的组件。

三、简答题

1. 简述 Hive 的优点。

2. Hive 的数据类型有哪些?

3. Hive 的 DDL 中的删除数据库的方式有哪些?

4. 简述 Hive 本地模式的原理。

试 题

单元5 试题

四、操作题

1. 上机练习 Hive 的 DDL、DML 操作。

2. 上机构建 Hive 的 Java 开发环境并使用 Java API 操作 Hive 的 CRUD。

单元 6 分布式数据库HBase

单元描述

HBase 是针对谷歌 BigTable 的开源实现，是一个高可靠、高性能、面向列、可伸缩的分布式数据库，主要用来存储非结构化和半结构化的松散数据。HBase 可以支持超大规模数据存储，它可以通过水平扩展的方式，利用廉价计算机集群处理由超过 10 亿行数据和数百万列元素组成的数据表。本单元将介绍分布式数据库 HBase，通过对安装与配置 HBase、使用 HBase Shell 和调用 HBase 的 Java API 的讲解，令读者掌握如何配置和安装 HBase、如何使用 HBase Shell 以及如何使用 Java API 操作 HBase 的知识点和技能点。

学习目标

【知识目标】

(1)了解 HBase 的基本内容、基本原则与架构和数据模型。

(2)了解 HBase HDFS 目录分析。

(3)了解 HBase Shell 基础常用命令。

(4)了解 HBase 文件存储与读写。

(5)了解 HBase Schema 设计规则。

(6)了解 HBase API 基本访问命令。

【能力目标】

(1)掌握 HBase 集群安装与配置。

(2)掌握 HBase Shell 常用命令的操作。

(3)掌握 HBase Flushes 和 Compaction 实验。

(4)掌握 Java 开发环境的搭建。

(5)掌握 Java 对 HBase 数据库的 CRUD 操作。

视　频

安装与配置
HBase

任务 6.1　安装与配置 HBase

任务描述

本任务需要读者对 HBase 概述、HBase 基本原则与架构、HBase 数据模型以及 HBase HDFS 目录分析有一定的了解，最后独立完成 HBase 集群安装与配置。

知识学习

1. HBase 概述

1）BigTable 介绍

随着计算机技术的发展，计算机被广泛应用于数据处理，以银行为代表的事务型数据处理推动了关系型数据库的产生和发展。但是，随着互联网应用的快速发展对数据库技术产生了新的要求，以 Google 旗下 BigTable 为代表的新型数据库产生并迅速发展起来。HBase 就是 BigTable 的开源实现。

BigTable 是一个分布式存储系统，利用谷歌提出的 MapReduce 分布式并行计算模型来处理海量数据，使用谷歌分布式文件系统 GFS 作为底层数据存储，并采用 Chubby 提供协同服务管理，可以扩展到 PB 级别的数据和上千台机器，具备广泛应用性、可扩展性、高性能和高可用性等特点。从 2005 年 4 月开始，BigTable 已经在谷歌公司的实际生产系统中应用，谷歌的许多项目都存储在 BigTable 中，包括搜索、地图、财经、打印、社交网站 Orkut、视频共享网站 YouTube 和博客网站 Blogger 等。这些应用无论在数据量方面（从 URL 到网页到卫星图像），还是在延迟需求方面（从后端批量处理到实时数据服务），都对 BigTable 提出了截然不同的需求。尽管这些应用的需求大不相同，但是 BigTable 依然能够为所有谷歌产品提供一个灵活的、高性能的解决方案。当用户的资源需求随着时间变化时，只需要简单地往系统中添加机器，就可以实现服务器集群的扩展。

总的来说，BigTable 具备以下特性：支持大规模海量数据、分布式并发数据处理效率极高、易于扩展且支持动态伸缩、适用于廉价设备、适合于读操作不适合写操作。

2）互联网时代对数据库的要求

互联网出现于 20 世纪 90 年代，随着其迅速发展，对数据库技术提出了新的要求。

（1）能够存储处理非结构化数据

以搜索引擎为代表的网络应用产生了大量非结构化数据，如网页、图片、音频、视频、电子邮件等。传统的关系型数据库对这些非结构化数据的存储与处理已经显得力不从心，因为关系型数据库以行（记录）为单位，结构相对固定，对网页等非结构化数据的处理具有较大的难度。

（2）能够处理海量数据

Google 等搜索引擎抓取了大量网页，存储在数据库中，从而产生了 TB 级甚至 PB 级的数据量，这就要求数据库有海量的存储处理能力。而关系型数据库已经不能胜任存储并处理这些海量数据的任务。

（3）能够适应应用系统的高并发、高吞吐量的要求

互联网应用上线以后，用户量可能会急速上升，数据吞吐量也非常巨大。例如，天猫在“双11”购物节时，访问量达 6 500 万人次；优酷网日均用户访问高达 3.2 亿人次，每周覆盖的不重复用户达 1.5 亿。如此巨大的访问量及吞吐率是关系型数据库难以承受的。

（4）能够应对高速发展变化的业务需求

互联网应用一旦上线，用户对该应用会提出新的功能要求，应用服务商也会不断推出新功能。如 Facebook 就频繁地推出过不少新功能。这些变化的业务系统，就要求数据库系统具有极

强的扩展性。

正是互联网应用的迅速发展,要求存储并处理网络数据的数据库系统能够满足互联网业务的需求,从而产生了以Google的BigTable为代表的NoSQL技术,NoSQL的含义不是指抛弃SQL技术,而是指Not only SQL,即是指超越传统的关系型数据库。

3)HBase简介

HBase是一个高可靠、高性能、面向列、可伸缩的分布式数据库,是谷歌BigTable的开源实现,主要用来存储非结构化和半结构化的松散数据。HBase的目标是处理非常庞大的表,可以通过水平扩展的方式,利用廉价计算机集群处理由超过10亿行数据和数百万列元素组成的数据表。

图6-1-1所示描述了Hadoop生态系统中HBase与其他部分的关系。HBase利用Hadoop MapReduce处理HBase中的海量数据,实现高性能计算;利用Zookeeper作为协同服务,实现稳定服务和失败恢复;使用HDFS作为高可靠的底层存储,利用廉价集群提供海量数据存储能力。当然,HBase也可以直接使用本地文件系统而不用HDFS作为底层数据存储方式,不过,为了提高数据可靠性和系统的健壮性,发挥HBase处理大数据量的功能,一般都使用HDFS作为HBase的底层数据存储方式。此外,为了方便在HBase上进行数据处理,Soop为HBase提供了高效、便捷的RDBMS数据导入功能,Pig和Hive为HBase提供了高层语言支持。

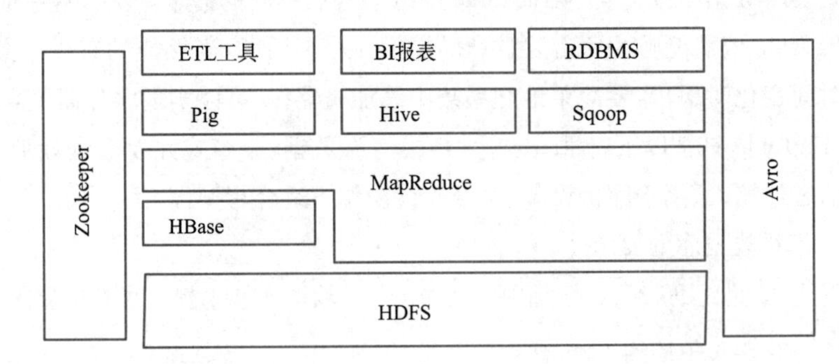

图6-1-1　Hadoop生态系统中HBase与其他部分的关系

HBase是BigTable的开源实现,HBase和BigTable的底层技术对应关系见表6-1-1。

表6-1-1　HBase和BigTable的底层技术对应关系

项　目	BigTable	HBase
文件存储系统	GFS	HDFS
海量数据存储	MapReduce	Hadoop MapReduce
协同服务管理	Chubby	Zookeeper

4)HBase与传统关系数据库的对比分析

关系数据库从20世纪70年代发展到今天,已经是种非常成熟稳定的数据库管理系统,通常具备的功能包括面向磁盘的存储和索引结构、多线程访问、基于锁的同步访问机制、基于日志记录的恢复机制和事务机制等。

但是,随着Web 2.0应用的不断发展,传统的关系数据库已经无法满足Web 2.0的需求,无论在数据高并发方面,还是在高可扩展性和高可用性方面,传统的关系数据库都显得力不从心,关系数据库的关键特性——完善的事务机制和高效的查询机制，在 Web 2.0 时代也成为“鸡肋”。包括 HBase 在内的非关系型数据库的出现，有效弥补了传统关系数据库的缺陷，在 Web 2.0 中得到了大量应应用。

HBase 与传统关系数据库的区别主要体现在以下几个方面。

（1）数据类型

关系数据库采用关系模型，具有丰富的数据类型和存储方式。HBase 则采用了更加简单的数据模型。它把数据存储为未经解释的字符串，用户可以把不同格式的结构化数据和非结构化数据都序列化成字符串保存到 HBase 中，用户需要自己编写程序把字符串解释成不同的数据类型。

（2）数据操作

关系数据库中包含了丰富的操作，如插入、删除、更新、查询等，其中会涉及复杂的多表连接，通常是借助于多个表之间的主外键关联来实现的。HBase 操作则不存在复杂的表与表之间的关系，只有简单的插入、查询、删除、清空等，因为 HBase 在设计上避免了复杂的表与表之间的关系。通常只采用单表的主键查询，所以它无法实现像关系数据库中那样的表与表之间的关系。

（3）存储模式

关系数据库是基于行模式存储的，元组或行会被连续地存储在磁盘页中。在读取数据时，需要顺序扫描每个元组，然后从中筛选出查询所需要的属性。如果每个元组只有少量属性的值对于查询是有用的，那么基于行模式存储就会浪费许多磁盘空间和内存带宽。HBase 是基于列存储的，每个列族都由几个文件保存，不同列族的文件是分离的。它的优点是：可以降低 I/O 开销，支持大量并发用户查询，因为仅需要处理可以回答这些查询的列，而不需要处理与查询无关的大量数据行；同一个列族中的数据会被一起进行压缩，由于同一列族内的数据相似度较高，因此可以获得较高的数据压缩比。

（4）数据索引

关系数据库通常可以针对不同列构建复杂的多个索引，以提高数据访问性能。与关系数据库不同的是，HBase 只有一个索引——行键，通过巧妙的设计，HBase 中的所有访问方法，或者通过行键访问，或者通过行键扫描，从而使得整个系统不会慢下来。由于 HBase 位于 Hadoop 框架之上，因此可以使用 Hadoop MapReduce 来快速、高效地生成索引表。

（5）数据维护

在关系数据库中，更新操作会用最新的当前值去替换记录中原来的旧值，旧值被覆盖后就不会存在。而在 HBase 中执行更新操作时，并不会删除数据旧的版本，而是生成新的版本，旧有的版本仍然保留。

（6）可伸缩性

关系数据库很难实现横向扩展，纵向扩展的空间也比较有限。相反，HBase 和 BigTable 这些分布式数据库就是为了实现灵活水平扩展而开发的，因此能够轻易地通过在集群中增加或者减少硬件数量来实现性能的伸缩。

但是，相对于关系数据库来说，HBase 也有自身的局限性，如 HBase 不支持事务，因此无法实现跨行的原子性。

5)HBase 的特点

HBase 具有以下特点：

①大：一个表可以有上百万列或上亿行。HBase 仅使用普通硬件就可以处理成千上万的行和列组成的大型数据。

②面向列：面向列(族)的存储和权限控制，列(族)独立检索。

③稀疏：对为空(Null)的列，并不占用存储空间，因此，表可以设计得非常稀疏。HBase 中存储的数据介于映射与关系型数据之间，它存储的数据可以理解为一种映射，但又不是一种简单的映射。

2. HBase 基本原则和架构

1)HBase 基本原则

(1)HBase 的功能组件

HBase 的实现包括 3 个主要的功能组件：库函数，链接到每个客户端；一个 Master 主服务器；许多个 Region 服务器。Region 服务器负责存储和维护分配给自己的 Region，处理来自客户端的读写请求。主服务器 Master 负责管理和维护 HBase 表的分区信息，比如，一个表被分成了哪些 Region，每个 Region 被存放在哪台 Region 服务器上，同时也负责维护 Region 服务器列表。因此，如果 Master 主服务器故障，那么整个系统都会无效。Master 会实时监测集群中的 Region 服务器，把特定的 Region 分配到可用的 Region 服务器上，并确保整个集群内部不同 Region 服务器之间的负载均衡，当某个 Region 服务器因出现故障而失效时，Master 会把该故障服务器上存储的 Region 重新分配给其他可用的 Region 服务器。除此以外，Master 还处理模式变化，如表和列族的创建。客户端并不是直接从 Master 主服务器上读取数据，而是在获得 Region 的存储位置信息后，直接从 Region 服务器上读取数据。尤其需要指出的是，HBase 客户端并不依赖于 Master 而是借助于 Zookeeper 来获得 Region 的位置信息的，所以大多数客户端从来不和主服务器 Master 通信，这种设计方式使 Master 的负载很小。

(2)表和 Region

在一个 HBase 中，存储了许多表。对于每个 HBase 表而言，表中的行是根据行键值的字典序进行维护的，表中包含行的数量可能非常庞大，无法存储在一台机器上，需要分布存储到多台机器上。因此，需要根据行键的值对表中的行进行分区，如图 6-1-2 所示，每个行区间构成一个分区，称为 Region，包含了位于某个值域区间内的所有数据，它是负载均衡和数据分发的基本单位，这些 Region 会被分发到不同的 Region 服务器上。

初始时，每个表只包含一个 Region，随着数据的不断插入，Region 会持续增大，当一个 Region 中包含的行数量达到一个阈值时，就会被自动等分成两个新的 Region，如图 6-1-3 所示。随着表中行的数量继续增加，就会分裂出越来越多的 Region。

每个 Region 的默认大小是 100 ~200 MB，是 HBase 中负载均衡和数据分发的基本单位。

Master 主服务器会把不同的 Region 分配到不同的 Region 服务器上，如图 6-1-4 所示，但是同一个 Region 是不会被拆分到多个 Region 服务器上的。每个 Region 服务器负责管理一个 Region 集合，通常在每个 Region 服务器上会放置 10 ~1 000 个 Region。

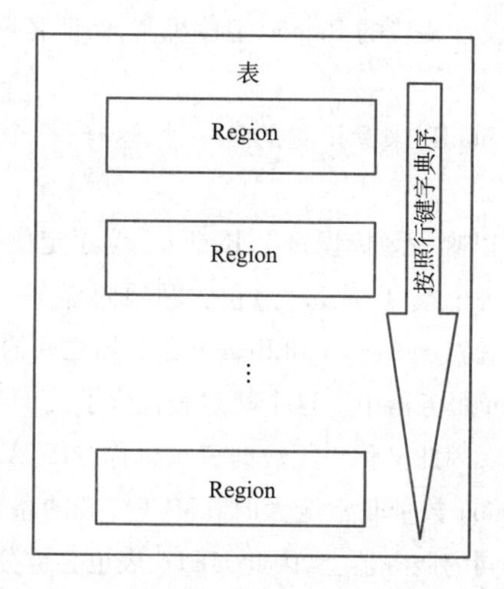

图6-1-2 一个HBase表被划分成多个Region

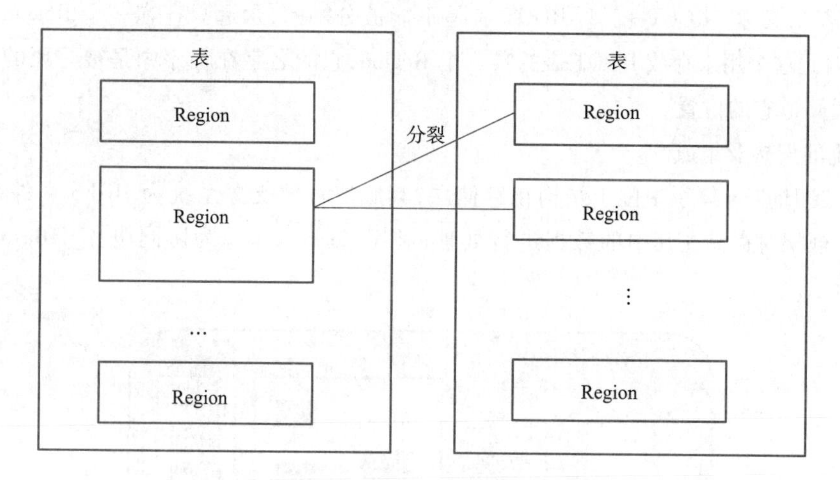

图6-1-3 一个Region会分裂成多个新的Region

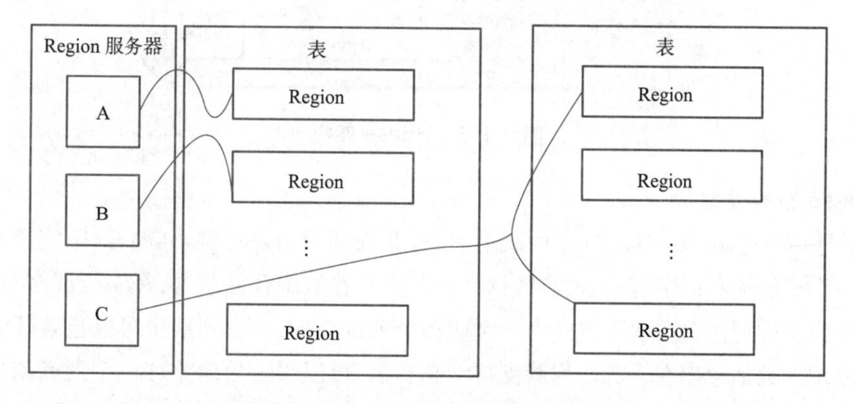

图6-1-4 不同的Region可以分布在不同的Region服务器上

(3)Region的定位

一个HBase的表可能非常庞大,会被分裂成很多个Region,这些Region被分发到不同的

Region 服务器上。因此,必须设计相应的 Region 定位机制,保证客户端知道哪里可以找到自己所需要的数据。

每个 Region 都有一个 RegionID 来标识它的唯一性,这样,一个 Region 标识符就可以表示成"表名 + 开始主键 + RegionID"。

有了 Region 标识符,就可以唯一地标识每个 Region。为了定位每个 Region 所在的位置,就可以构建一张映射表,映射表的每个条目(或每行)包含两项内容,一个是 Region 标识符,另一个是 Region 服务器标识,这个条目就表示 Region 和 Region 服务器之间的对应关系,从而就可以知道某个 Region 被保存在哪个 Region 服务器中。这个映射表包含了关于 Region 的元数据,即 Region 和 Region 服务器之间的对应关系,因此又称"元数据表",也称"META. 表"。

当一个 HBase 表中的 Region 数量非常庞大时,. META. 表的条目就会非常多,一个服务器保存不下,也需要分区存储到不同的服务器上,因此 META 表也会被分裂成多个 Region。这时,为了定位这些 Region,就需要再构建一个新的映射表,记录所有元数据的具体位置,这个新的映射表就是"根数据表",又称"-ROOT-表"。-ROOT 表是不能被分割的,永远只存在一个 Region 用于存放 ROOT 表,因此这个用来存放 ROOT 表的唯一个 Region,它的名字在程序中是被写死的,Master 主服务器永远知道它的位置。

2)系统的架构及组成

HBase 在 Hadoop 体系中位于结构化存储层,其底层存储支撑系统为 HDFS 文件系统,使用 MapReduce 框架对存储在其中的数据进行处理,利用 Zookeeper 作为协同服务,HBase 的架构如图 6-1-5 所示。

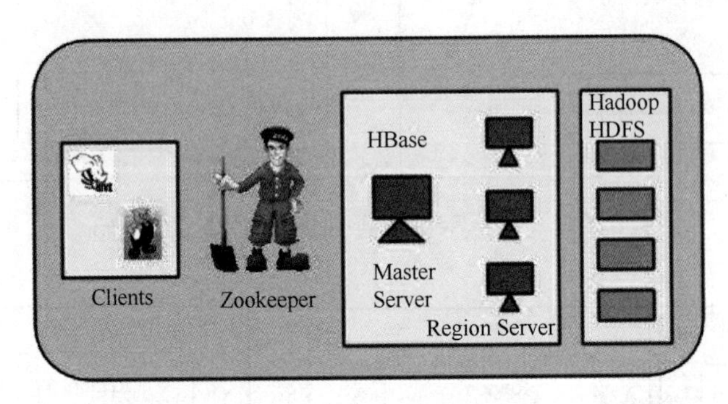

图 6-1-5 HBase 架构

3. HBase 数据模型

HBase 是一个稀疏、多维度、排序的映射表,这张表的索引是行键、列族、列限定符和时间戳。每个值是一个未经解释的字符串,没有数据类型。用户在表中存储数据,每一行都有一个可排序的行键和任意多的列。表在水平方向由一个或多个列族组成,一个列族中可以包含任意多个列,同一个列族中的数据存储在一起。列族支持动态扩展,可以很轻松地添加一个列族或列,无须预先定义列的数量以及类型,所有列均以字符串形式存储,用户需要自行进行数据类型转换。由于同张表里面的每行数据都可以有截然不同的列,因此对于整个映射表的每行数据而言,有些列的值就是空的,所以说 HBase 是稀疏的。

在 HBase 中执行更新操作时,并不会删除数据旧的版本,而是生成一个新的版本, 旧有的版本仍然保留，HBase 可以对允许保留的版本的数量进行设置。客户端可以选择获取距离某个时间最近的版本，或者一次获取所有版本。如果在查询时不提供时间戳，那么会返回距离现在最近的那个版本的数据，因为在存储时，数据会按照时间戳排序。HBase 提供了两种数据版本回收方式：一是保存数据的最后 n 个版本；二是保存最近一段时间内的版本（如近 7 天）。

在讲到数据模型时，需要掌握以下术语。

（1）表

对应于关系型数据库中的一张张表，HBase 以“表”为单位组织数据，表由多行组成。

（2）行

行由一个 RowKey 和多个列族组成，一个行有一个 RowKey，用来唯一标示。

（3）列族

每一行由若干列族组成，每个列族下可包含多个列，如 ImployeeBasicInfoCLF 和 DetailInfoCLF 即是两个列族。列族是列共性的一些体现。

（4）列限定符

列由列族和列限定符唯一指定，如 name、age 是 ImployeeBasicInfoCLF 列族的列限定符。

（5）单元格

单元格由 RowKey、列族、列限定符唯一定位，单元格之中存放一个值（Value）和一个版本号。

（6）时间戳

单元格内不同版本的值按时间倒序排列，最新的数据排在最前面。

4. HBase HDFS 目录分析

HBase 天生就架设在 HDFS 上，在这个分布式文件系统中，HBase 是如何构建目录树的呢？下面分析一下系统级别的一级目录以及用户自定义目录，如图 6-1-6 所示。

/hbase

/hbase/-ROOT-	/hbase/.META	/hbase/.archive
/hbase/.corrupt	/hbase/.hbck	/hbase/.logs
/hbase/.oldlogs	/hbase/.snapshot	/hbase/.tmp
/hbase/habse.id	/hbase/habse.version	

图 6-1-6　HBase 目录

（1）/hbase/-ROOT-

HBase 读写数据时采用三级寻址方式，首先从 Zookeeper 中找到-ROOT- 表所在位置，通过-ROOT-表找到. META. 表所在位置，然后再从. META. 表定位到要读写数据 Region 所在的 RegionServer。所以-ROOT-目录对应 HBase 中的系统表 ROOT。

（2）/hbase/. META.

找到. META. 表所在位置时，再从. META. 表定位到 Region 所在的 RegionServer 中。

（3）/hbase/. archive

HBase 在做 Split 或者 Compact 操作完成之后，会将 HFile 移到. archive 目录中，然后将之前的

Hfile 删除,该目录由 HMaster 上的一个定时任务定期去清理。

(4)/hbase/. corrupt

存储 HBase 损坏的日志文件,一般都为空。

(5)/hbase/. hbck

HBase 运维过程中,偶尔会遇到元数据不一致的情况,这时会使用 hbck 工具修复,修复过程中会使用该目录作为临时过渡缓缓冲。

(6)/hbase/. logs

HBase 是支持 WAL(Write Ahead Log,预写式日志)的,HBase 会在第一次启动之初给每台 RegionServer 在. log 下创建一个目录,若客户端开启 WAL 模式,会先将数据写入一份到. log 下,当 RegionServer crash 或者目录达到一定大小,会开启 replay 模式,类似 MySQL 的 binlog。

(7)/hbase/. oldlogs

当. logs 文件夹中的 HLog 没用之后会移动到. oldlogs 中,HMaster 会定期去清理。

(8)/hbase/. snapshot

HBase 若开启了 snapshot 功能之后,对某个用户表建立一个 snapshot 之后,snapshot 都存储在该目录下,如对表 test 做了一个名为 sp_test 的 snapshot,就会在/hbase/. snapshot/目录下创建一个 sp_test 文件夹,snapshot 之后的所有写入都记录在这个 snapshot 上。

(9)/hbase/. tmp

当对表做创建或者删除操作时,会将表移动到该 tmp 目录下,然后再去做处理操作。

(10)/hbase/hbase. id

它是一个文件,存储集群唯一的 cluster id 号,是一个 uuid。

(11)/hbase/hbase. version

同样也是一个文件,存储集群的版本号,只能通过 web-ui 正确显示出来。

任务实施

HBase 集群安装与配置

1)预安装设置

在将 Hadoop 安装到 Linux 环境之前,需要使用 SSH(Secure Shell)设置 Linux。按照以下步骤设置 Linux 环境。

(1)创建用户

首先,建议为 Hadoop 创建一个单独的用户,以将 Hadoop 文件系统与 UNIX 文件系统隔离开来。按照以下步骤创建用户。

①使用命令 su 打开 root。

②使用命令 useradd username 从 root 账户创建用户。

③使用命令 su username 打开现有用户账户。

打开 Linux 终端并输入以下命令创建用户。

```
$ su
password:
# useradd hadoop
```

```
# passwd hadoop
New passwd:
Retype new passwd
```

(2)SSH 设置和密钥生成

需要 SSH 设置才能在集群上执行不同的操作,例如,启动、停止和分布式守护程序 shell 操作。要对 Hadoop 的不同用户进行身份验证,需要为 Hadoop 用户提供公钥/私钥对,并与不同的用户共享。

以下命令用于使用 SSH 生成密钥值对。将公钥表单 id_rsa. pub 复制到 authorized_keys,并分别为 authorized_keys 文件提供所有者,读写权限。

```
$ ssh-keygen -t rsa
$ cat ~/.ssh/id_rsa.pub > > ~/.ssh/authorized_keys
$ chmod 0600 ~/.ssh/authorized_keys
```

(3)验证 SSH

```
ssh localhost
```

2)安装 Java

Java 是 Hadoop 和 HBase 的主要先决条件。首先,应该使用 java -version 命令验证系统中是否存在 Java。java version 命令的语法如下。

```
$ java -version
```

如果一切正常,会输出以下信息。

```
java version "1.7.0_71 "
Java(TM ) SE Runtime Environment (build 1.7.0_71-b13 )
Java HotSpot(TM ) Client VM (build 25.0-b02, mixed mode )
```

3)安装 Hadoop

安装 Java 之后,必须安装 Hadoop。首先,使用 hadoop version 命令验证系统中是否存在 Hadoop,如下代码所示。

```
hadoop version
```

如果一切正常,会输出以下信息。

```
Hadoop 2.6.0
Compiled by jenkins on 2014-11-13T21:10Z
Compiled with protoc 2.5.0
From source with checksum 18e43357c8f927c0695f1e9522859d6a
This command was run using
/home/hadoop/hadoop/share/hadoop/common/hadoop-common-2.6.0.jar
```

以上内容在前面章节中已经安装过,所以只需验证即可,下面安装 HBase。

4)安装 HBase

可以通过以下三种模式的任何一种安装 HBase:独立模式、伪分布模式和完全分布模式。

(1)在独立模式下安装 HBase

使用 wget 命令从 http://www. interior-dsgn. com/apache/hbase/stable/下载最新稳定版本的

HBase,并使用 tar" zxvf" 命令将其解压缩。参阅以下命令。

```
$ cd usr/local/
$ wget http://www.interior-dsgn.com/apache/hbase/stable/hbase-0.98.8-
hadoop2-bin.tar.gz
$ tar -zxvf hbase-0.98.8-hadoop2-bin.tar.gz
```

切换到超级用户模式,并将 HBase 文件夹移动到/usr/local,如下代码所示。

```
$ su
$ password: enter your password here
mv hbase-0.99.1/*  Hbase/
```

编辑以下文件并配置 HBase:

①hbase-env. sh。设置 java Home for HBase 并从 conf 文件夹中打开 hbase-env. sh 文件。编辑 JAVA_HOME 环境变量并将现有路径更改为当前的 JAVA_HOME 变量,如下代码所示。

```
cd /usr/local/Hbase/conf
gedit hbase-env.sh
```

打开 HBase 的 env. sh 文件,用当前值替换现有的 JAVA_HOME 值,如下所示。

```
export JAVA_HOME = /usr/lib/jvm/java-1.7.0
```

②hbase- site. xml。这是 HBase 的主要配置文件。通过打开/usr/local/HBase 中的 HBase 主文件夹,将数据目录设置为适当的位置。在 conf 文件夹中,会看到几个文件,打开 hbase-site. xml 文件,如下代码所示。

```
#cd /usr/local/HBase/
#cd conf
# gedit hbase-site.xml
```

在 hbase-site. xml 文件中,找到 <configuration> 和 </ configuration> 标记。在其中,将属性键下的 HBase 目录设置为 hbase. rootdir 名称,如下代码所示。

```
<configuration>
   //Here you have to set the path where you want HBase to store its files.
   <property>
      <name>hbase.rootdir</name>
      <value>file:/home/hadoop/HBase/HFiles</value>
   </property>

   //这里必须设置 HBase 在 Zookeeper 上的存储路径
   <property>
      <name>hbase.zookeeper.property.dataDir</name>
      <value>/home/hadoop/zookeeper</value>
   </property>
</configuration>
```

这样,HBase 安装和配置部分就能成功完成。现在可以使用 HBase 的 bin 文件夹中提供的 start-hbase. sh 脚本启动 HBase。为此,打开 HBase Home Folder 并运行 HBase 启动脚本,如下代码所示。

```
$ cd /usr/local/HBase/bin
$ ./start-hbase.sh
```

如果一切顺利,尝试运行 HBase 启动脚本时,它会提示一条消息,说明 HBase 已启动。

```
starting master, logging to /usr/local/HBase/bin/../logs/hbase-tpmaster-localhost.localdomain.out
```

(2)在伪分布式模式下安装 HBase

①配置 HBase。在继续使用 HBase 之前,首先在本地系统或远程系统上配置 Hadoop 和 HDFS,并确保它们正在运行。如果正在运行,须停止 HBase。

②在 hbase-site.xml 配置以下内容。

```
<property>
   <name>hbase.cluster.distributed</name>
   <value>true</value>
</property>
```

它将提到应该运行 HBase 的模式。在本地文件系统的同一文件中,使用 hdfs://// URI 语法更改 hbase.rootdir,即 HDFS 实例地址。本实验在端口 8030 的 localhost 上运行 HDFS。

```
<property>
   <name>hbase.rootdir</name>
   <value>hdfs://localhost:8030/hbase</value>
</property>
```

③启动 HBase(在启动 HBase 之前,请确保 Hadoop 正在运行。)

配置完成后,浏览到 HBase 主文件夹并使用以下命令启动 HBase。

```
$ cd /usr/local/HBase
$ bin/start-hbase.sh
```

任务 6.2 使用 HBase Shell

视 频

使用 HBase Shell

任务描述

本任务需要读者了解 HBase Shell 基础常用命令、HBase 架构和 HBase 文件存储与读写,最后独立完成 HBase Shell 常用命令的操作以及 HBase Flushes 和 Compaction 实验。

知识学习

1. HBase Shell 常用命令

HBase 支持多种方式对数据进行管理,包括:最直观简单的 Shell 方式;Java 编程的 API 方式;非 Java 语言的 Thrift、REST、Avro 方式等。

HBase 的 Shell 方式是通过连接到本地或远程的 HBase 服务器采用命令行的方式对数据进行管理。Shell 工具在使用时,应遵守以下规则。

①名称规则:在 HBase 中输入表名、列名等参数时,应以单引号将名称包围起来。

②数值输入规则:HBase Shell 支持以十六进制或八进制输入或输出数据,输入数据时,需要将数值用双引号包围起来。

③参数分割规则:当 HBase Shell 命令中有多个参数时,需要用逗号分隔开。

④关键字-值输入规则:在输入关键字-值形式的参数时,需要采用 Ruby 哈希值输入格式:{'key1'=>'value1','key2'=>'value2',…}。即关键字和值都需要用单引号包围起来。

HBase 为用户提供了非常方便的 Shell 命令,通过这些命令可以很方便地对表、列族、列等进行操作。下面介绍一些常用的 Shell 命令以及具体的操作实例。

首先,需要启动 HDFS 和 HBase 进程;然后,在终端输入:hbase shell 命令进入该 Shell 环境,输入 help 命令,可以查看 HBase 支持的所有 Shell 命令,见表 6-2-1。

表 6-2-1　HBase 支持的所有 Shell 命令

操作类型	命　　令
general	status、version、whoami
DDL	alter、alter_async、alter_status、create、describe、disable、disable_all、drop、drop_all、enable、enable_all、exists、is_disabled、is_enabled、list、show_filters
DML	count、delete、deleteall、get、get_counter、incr、put、scan、truncate、truncate_preserve
tools	assign、balance_switch、balancer、close_region、compact、flush、hlog_roll、major_compact、move、split、unassign、zk_dump
replication	add_peer、disable_peer、enable_peer、list_peer、list_replicated_tables、remove_peer、start_replication、stop_ replication
snapshot	clone_snapshot、delete_snapshot、list_snapshots、restore_snapshot、snapshot
security	grant、revoke、user_permission

下面详细介绍常用的 DDL(Data Definition Language)和 DML(Data Manipulation Language)命令,对于其他命令,读者可以使用 help 命令获取该命令的作用及其具体语法,比如使用 help create 命令查询 create 的使用方法。

①create:创建表。

➢ 创建表 t1,列族为 f1,列族版本号为 5,命令如下:

```
hbase>create 't1',{NAME=>'f1',VERSIONS=>5 }
```

➢ 创建表 t1,3 个列族分别为 f1、f2、f3,命令如下。

```
hbase>create't1',{NAME=>'f1'},{NAME=>'f2'},{NAME=>'f3'}
```

或者使用如下等价的命令:

```
hbase>create't1','f1','f2','f3'
```

➢ 创建表 t1、将表依据分割算法 HexStringSplit 分布在 15 个 Region 中,命令如下:

```
hbase>create't1','f1',{NUMREGIONS=>15,SPLITALGO=>' HexStringSplit'}
```

➢ 创建表 t1,指定切分点,命令如下:

```
hbase>create't1','f1',{SPLITS=>['10','20','30','40']}
```

②list:列出 HBase 中所有的表信息。

③put:向表、行、列指定的单元格添加数据。

向表 t1 中行 row1 和列 f1:c1 对应的单元格中添加数据 value1,时间戳为 1421822284898。命令如下:

```
hbase>put 't1','row1','f1:c1',' value1', 1421822284898
```

④get:通过指定表名、行、列、时间戳、时间范围和版本号来获得相应单元格的值。

➤ 获得表 t1、行 r1、列 c1、时间范围为[ts1,ts2]、版本号为 4 的数据。命令如下:

```
hbase>et't1','r1',{COLUMN=>'c1',TIMERANGE=>[ts1,ts2],VERSIONS=>4}
```

➤ 获得表 t1、行 r1、列 c1、和 c2 上的数据。命令如下:

```
hbase>get 't1','r1','c1','c2'
```

⑤scan:浏览表的相关信息。可以通过 TIMERANGE、FILTER、LIMIT、STARTROW、STOPROW、TIMESTAMP、MAXLENGIH、COLUMNS、CACHE 限定所需要浏览的数据。

➤ 浏览表“. META. ”、列 info:regioninfo 上的数据。命令如下:

```
hbase>scan '.META.',{COLUMNS=> 'info:regioninfo' }
```

➤ 浏览表 t1、列 c1、时间范围为[1303668804,1303668904]的数据。命令如下:

```
hbase>scan 't1', {COLUMNS=>'c1',TIMERANGE=>[1303668804,1303668904]}
```

⑥alter:修改列族模式。

➤ 向表 t1 中添加列族 f1。命令如下:

```
hbase>alter 't1',NAME=> 'f1'
```

➤删除表 t1 中的列族 f1。命令如下:

```
hbase>alter't1',NAME=> 'f1',METHOD=> 'delete'
```

➤ 设定表 t1 中列族 f1 最大为 128 MB。命令如下:

```
hbase>alter 't1', METHOD=> 'table_att', MAX_FILESIZE=> '134217728'
```

上面命令中,134217728 表示字节数,128 MB 等于 13 421 7728 字节。

⑦count:统计表中的行数。例如,使用如下命令统计表 t1 中的行数。

```
hbase>count 't1'
```

⑧describe:显示表的相关信息。例如,使用如下命令显示表 t1 的信息。

```
hbase> describe 't1'
```

⑨1enable/disable:使表有效或无效。

⑩delete:删除指定单元格的数据。例如,使用如下命令删除表 t1、行 r1、列 c1、时间戳为 ts1 上的数据。

```
hbase> delete 't1','r1','c1','ts1'
```

⑪drop:删除表。该命令比较简单,这里不做具体说明。需要指出的是,删除某个表之前,必须先使该表无效。

⑫exists:判断表是否存在。

⑬truncate:使表无效,删除该表,然后重新建立表。

⑭exit:退出 HBase Shell。

⑮shutdown:关闭 HBase 集群。

⑯version:输出 HBase 版本信息。

⑰status:输出 HBase 集群状态信息。

可以通过 summary、simple 或者 detailed 这 3 个参数指定输出信息的详细程度。输出集群详细信息,命令如下。

```
hbase > status 'detailed'
```

2. HBase 架构详情

1)系统的架构及组成

HBase 在 Hadoop 体系中位于结构化存储层,其底层存储支撑系统为 HDFS 文件系统,使用 MapReduce 框架对存储在其中的数据进行处理,利用 Zookeeper 作为协同服务,HBase 的架构如图 6-2-1 所示。

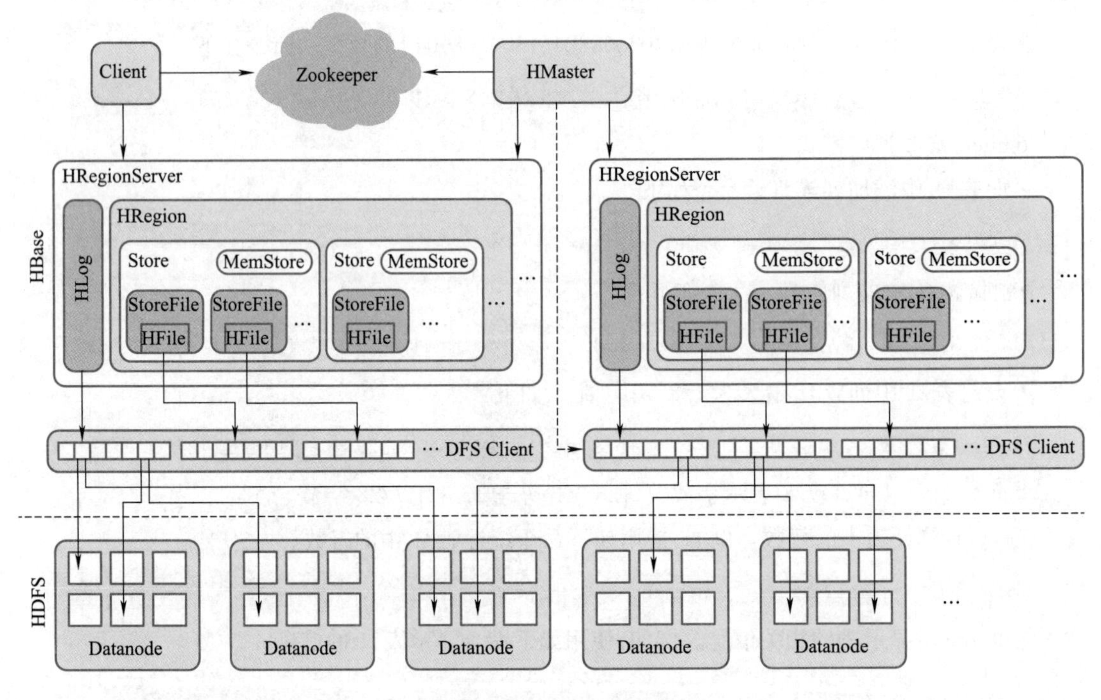

图 6-2-1　HBase 架构

(1)HBase Client

HBase Client 是 HBase 的使用者利用 RPC 机制与 HMaster 和 HRegionServer 进行通信,HBase Client 与 HMaster 通信进行管理类操作;与 HRegionServer 通信进行数据读写操作。

(2)Zookeeper

Zookeeper 在 HBase 中协调管理节点,提供分布式协调、管理操作。在 Zookeeper Quorum 中,除了存储-ROOT-表的地址和 HMaster 的地址外，HRegionServer 也以 Ephemeral 方式把自己注册到 Zookeeper 中，使得 HMaster 可以感知到各个 HRegionServer 的健康状况，Zookeeper 也避免了 HMaster 的单点问题。

(3)HMaster

HMaster 是整个架构中的控制节点，HBase 中可以启动多个 HMaster，通过 Zookeeper 的 Master Election 机制保证总有一个 Master 在运行，这样就避免了单点问题。HMaster 的功能如下：

①管理用户对 Table 的增加、修改、删除、查询等操作。

②管理 HRegionServer 的负载均衡、调整 Region 分布。

③在 Region Split 后，负责新 Region 的分配。

④在 HRegionServer 停机后，负责失效 HRegionServer 上的 Region 迁移。

(4)HRegionServer

HRegionServer 是 HBase 中最核心的组件，它主要负责响应用户的 I/O 请求，向 HDFS 文件系统中读写数据。HRegionServer 内部管理着一系列 HRegion 对象，每个 HRegion 对应 Table 中的一个 Region(分区)。

①HRegion。HRegion 是 HRegionServer 中管理的一类数据对象，HRegion 由多个 HSsore 组成，每个 HSsore 对应 Table 中的一个 ColumnFamily(列族)的存储，也就是说每个“列族”其实就是一个集中的存储单元，所以将具有共同 I/O 特性的 Column(列)放在一个“列族”中是最高效的做法。

②Store。Store 是 HBase 存储的核心对象，它由两部分组成，一部分是 StoreFile，另一部分是 MemStore。

③MemStore。MemStore 是 StoreFile 的内存缓存，也就是以内存的形式存储数据，用户写入的数据首先会放入 MemStore，当 MemStore 满了以后，执行 Flush 操作，把数据写入 StoreFile。数据的增加、删除、修改都是在 StoreFile 的后续操作中完成的，用户的写操作只需要访问内存中的 MemStore。

④StoreFile。StoreFile 以 HDFS 文件的形式存储数据，当 StoreFile 文件数量增长到一定阈值时，会触发 Compact 操作，把多个 StoreFile 文件合并成一个 StoreFile，合并过程中会进行版本合并和数据删除。StoreFile 在完成 Compact 操作后，会逐渐形成越来越大的 StoreFile，当单个 StoreFile 大小超过一定阈值时，会触发 Split 操作，把当前 Region 分裂成两个 Region，父 Region 下线，新分裂的 2 个子 Region 会被 HMaster 分配到相应的 HRegionServer 上，使原来的一个 Region 的压力分到 2 个 Region 上。

(5)HLog

HLog 是为了解决分布式环境下系统可靠性而设计的。在分布式环境下，系统出错和宕机是经常的事，为了避免 MemStore 中的数据丢失，就引进了 HLog 对象。每个 HRegionServer 都是一个 HLog 对象，写入 MemStore 中的数据首先序列化写入 HLog 文件中，HLog 文件定期更新，删除旧文件，这时数据已经持久化到 StoreFile 文件中。当 HRegionServer 终止后，HMaster 通过 Zookeeper 感知到了异常，HMaster 会处理遗留的 HLog，把其中不同 Region 的 Log 进行拆分，分别放到相应的 Region 目录下，然后将失效的 Region 重新分配，这些 Region 的 HRegionServer 在 Load Region 过程中,会发现有历史 HLog 需要处理,重新加载 HLog 中的数据到 MemStore 中,并持久化到 StoreFile 中,至此完成数据的恢复。

2) HBase 逻辑视图

HBase 中存储数据的逻辑视图就是一张大表(BigTable),见表 6-2-2。

表 6-2-2　HBase 中存储数据的逻辑视图

<table>
<tr><th>RowKey</th><th>TimeStamp</th><th>ColumnFamily:"contents"</th><th>ColumnFamily:"anchor"</th><th>ColumnFamily:"mime"</th></tr>
<tr><td rowspan="5">"cn.edu.tsinghua.www"</td><td>t9</td><td><html>a1</html></td><td>anchor:pku.edu.cn = "PKU"</td><td rowspan="5">mime:type = "text/html"</td></tr>
<tr><td>t7</td><td></td><td>anchor:ruc.edu.cn = "RUC"</td></tr>
<tr><td>t5</td><td><html>c3</html></td><td></td></tr>
<tr><td>t4</td><td><html>b2</html></td><td></td></tr>
<tr><td>t3</td><td><html>d4</html></td><td></td></tr>
</table>

表的数据模型可以描述为多维映射,表中的每个值可以由四个元素映射得到。映射函数为:

```
CellValue = Map(TableName,RowKey,ColumnKey,TimeStamp )
```

其中:

①TableName(表名)为一个字符串,是一个表标识。

②RowKey(行关键字)是一个最大长度为 64 KB 的字符串,在存储时,数据按照 RowKey 的字典顺序排列存储,在设计 RowKey 时要充分利用这个特性,将经常一起读取的行存储在一起。

➢ ColumnKey(列关键字)是由 ColumnFamily(列族)和 Qualifier(限定词)构成的。每张表是列族的集合,在定义表结构时,列族需要先定义好,而且是固定不变的,而列的限定词却不需要,可以在使用时生成,且可以为空。这样就增加了 HBase 的灵活性。HBase 把同一列族下的数据存储在同一目录下,并且写数据时是按行来锁定的。

➢ TimeStamp(时间戳)是为了适应同一数据在不同时间的变化而设计的。例如,互联网上的网页数据,在 URL 相同时,网页内容可能有多个版本,因此 HBase 采用时间戳来标识不同的内容。时间戳是 64 位的整数,可以由 HBase 赋值为系统时间,也可以由客户显式赋值。每个 Cell 中,不同版本的数据按照时间倒序排列,即最新的数据排在最前面。为了避免过多的时间戳造成的版本管理问题(存储和索引),HBase 采用了两种版本回收机制:一是对每个数据单元,只存储指定个数的最新版本;二是保存一段时间内的版本(如最近七天),用户可以对每个列族进行设置。

3) HBase 的物理模型

HBase 从逻辑上看与传统的关系模型非常相像,但它实际上是按照列存储的稀疏矩阵,物理上是把逻辑模型按行键进行分割,并按列族存储的。上面的逻辑视图经过分割后,转变为下列三个物理视图,分别是 ColumnFamily:"contents"、ColumnFamily:"anchor"、ColumnFamily:"mime",见表 6-2-3 ~ 表 6-2-5。

表 6-2-3 列族 contents 物理视图

RowKey	TimeStamp	ColumnFamily："contents"
"cn. edu. tsinghua. www"	t9	< html > a1 < /html >
	t5	< html > c3 < /html >
	t4	< html > b2 < /html >
	t3	< html > d4 < /html >

表 6-2-4 列族 anchor 物理视图

RowKey	TimeStamp	ColumnFamily："anchor"
"cn. edu. tsinghua. www"	t9	anchor：pku. edu. cn = "PKU"
	t7	anchor：ruc. edu. cn = "RUC"

表 6-2-5 列族 mime 物理视图

RowKey	TimeStamp	ColumnFamily："mime"
"cn. edu. tsinghua. www"	t5	mime：type = "text/html"

4)元数据表

HBase 的核心组件有 MasterServer、HRegionServer、HRegion、HMemcache、HLog、HStore，它们之间的关系如图 6-2-2 所示，Hadoop 使用了主从结构，也就是 Master-Slave 结构，HBase 也采用了主从结构，MasterServer 负责管理所有的 HRegionServer，数据会被分为 HRegion 单元存储在 HRegionServer 上。表中的数据按 RowKey 排序后，分为多个 HRegion 进行存储，每个表在开始时只有一个 HRegion，随着数据不断增加，HRegion 会越来越大，当超过一定阈值是，这个 HRegion 会被分为两个 HRegion。这样 HRegion 会不断增多。

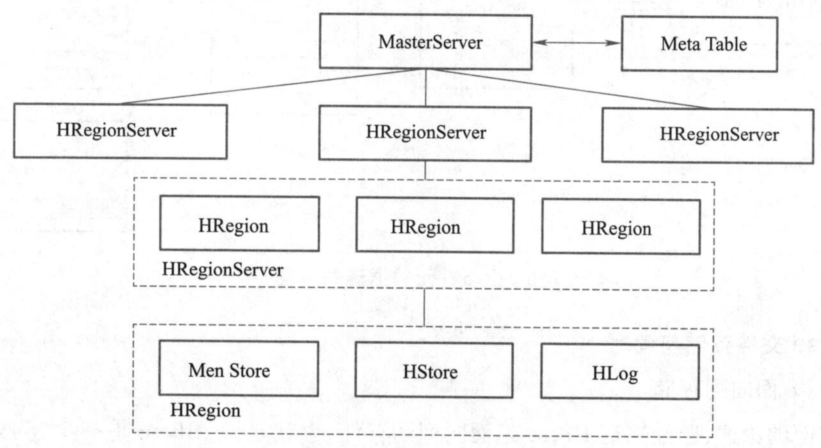

图 6-2-2 HBase 组件关系图

HRegion 是 HBase 中数据存储的最小单元，多个 HRegion 可以存放在一个 HRegionServer 上，但一个 HRegion 不能分在多个 HRegionServer 上。这样能很好地实现数据管理的负载均衡。

HRegion 被划分为若干 Store 进行存储，每个 Store 保存了一个列族中的数据，Store 又由两部分组成：MemStorm 和 StoreFile。MemStorm 是 HRegionServer 中的内存缓存，数据库进行数据写入时，首先写入 MemStorm，当 MemStorm 写满后，会写入 StoreFile，而 StoreFile 实际上是 HDFS 中的一个 HFile。

从上面的描述中可以看出，在 HBase 中，大部分操作都是在 HRegionServer 中完成的，Client 端想要插入、删除、查询数据都需要先找到相应的 HRegionServer。Client 本身并不知道哪个 HRegionServer 管理哪个 HRegion，那么它是如何找到相应的 HRegionServer 的呢？这就需要两个元数据：-ROOT-和. META. 。

它们是 HBase 的两张内置表，从存储结构和操作方法的角度来说，它们和其他 HBase 的表没有任何区别，可以把它们当作两张普通表，可以像操作普通表一样操作它们，它们与众不同的地方是，HBase 用它们来存储一个重要的系统信息——Region 的分布情况以及每个 Region 的详细信息。

-ROOT-是 HBase 的根数据表，里面存放了. META. 表的 Region 信息，且 HBase 中只有一个-ROOT-表。-ROOT-保存在 Zookeeper 服务器中，HBase 客户端一次访问数据时，先从 Zookeeper 获得-ROOT-位置信息并存入缓存。

. META. 表记录了用户表的 Region 信息，可以有多个 Region。

客户端访问用户数据之前，首先需要访问 Zookeeper，然后访问-ROOT-，根据-ROOT-信息访问. META. 表，根据. META. 表的信息找到用户数据所在的位置，中间需要经过多次网络访问，如图 6-2-3 所示。不过客户端采用缓存机制后，能够有效降低网络开销。

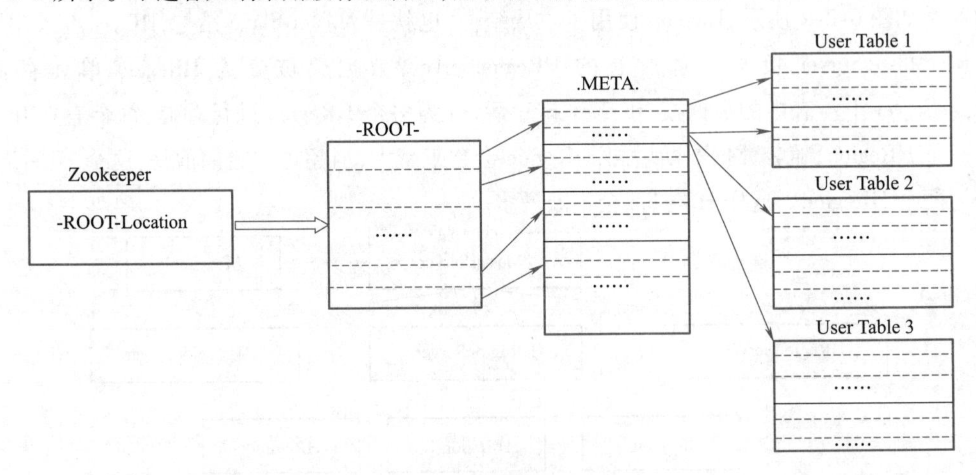

图 6-2-3　元数据表关系图

3. HBase 文件存储与读写

(1) HBase 面向列存储

通过前面的论述，已经知道 HBase 是面向列的存储，也就是说，HBase 是一个“列式数据库”。而传统的关系型数据库采用的是面向行的存储，称为“行式数据库”。为了加深对这个问题的认识，下面将对面向行的存储（行式数据库）和面向列的存储（列式数据库）做一个简单介绍。

简单地说，行式数据库使用NSM（N-ary Storage Model）存储模型，一个元组（或行）会被连续地存储在磁盘页中。也就是说，数据是一行一行被存储的，第一行写入磁盘页后，再继续写入第二行，依此类推。在从磁盘中读取数据时，需要从磁盘中顺序扫描每个元组的完整内容，然后从每个元组中筛选出查询所需要的属性。如果每个元组只有少量属性的值对于查询是有用的，那么NSM就会浪费许多磁盘空间和内存带宽。

列式数据库采用DSM（Decomposition Storage Model）存储模型，它是在1985年提出来的，目的是最小化无用的I/O。DSM采用了不同于NSM的思路，对于采用DSM存储模型的关系数据库而言，DSM会对关系进行垂直分解，并为每个属性分配一个子关系。因此，一个具有n个属性的关系会被分解成n个子关系，每个子关系单独存储，每个子关系只有当其相应的属性被请求时才会被访问。也就是说，DSM是以关系数据库中的属性或列为单位进行存储，关系中多个元组的同一属性值（或同一列值）会被存储在一起，而一个元组中不同属性值则通常会被分别存放于不同的磁盘页中。

行式数据库主要适合于小批量的数据处理，如联机事务型数据处理，人们平时熟悉的Oracle和MySQL等关系数据库都属于行式数据库。列式数据库主要适合于批量数据处理和即席查询（Ad-Hoc Query）。它的优点是：可以降低I/O开销，支持大量并发用户查询，其数据处理速度比传统方法快100倍，因为仅需要处理可以回答这些查询的列，而不是分类整理与特定查询无关的数据行；具有较高的数据压缩比，较传统的行式数据库更加有效，甚至能达到5倍的效果。列式数据库主要用于数据挖掘、决策支持和地理信息系统等查询密集型系统中，因为一次查询就需要得出结果，而不必每次都遍历所有数据库。所以，列式数据库大多都是应用在人口统计调查、医疗分析等行业中，这种行业需要处理大量的数据统计分析，假如采用行式数据库，势必导致消耗的时间会无限放大。

DSM存储模型的缺陷是：执行连接操作时需要昂贵的元组重构代价，因为一个元组的不同属性被分散到不同磁盘页中存储，当需要一个完整的元组时，就要从多个磁盘页中读取相应字段的值来重新组合得到原来的一个元组。对于联机事务型数据处理而言，需要频繁对一些元组进行修改，如果采用DSM存储模型，就会带来高昂的开销。在过去的很多年里，数据库主要应用于联机事务型数据处理。因此，在很长一段时间里，主流商业数据库大都采用了NSM存储模型而不是DSM存储模型。但是，随着市场需求的变化，分析型应用开始发挥着越来越重要的作用，企业需要分析各种经营数据帮助企业制定决策，而对于分析型应用而言，一般数据被存储后不会发生修改（如数据仓库），因此不会涉及昂贵的元组重构代价。所以从近年开始，DSM模型开始受到青睐，并且出现了一些采用DSM模型的商业产品和学术研究原型系统，如Sybase IQ、ParAccel、Sand/DNA、Analytics、Vertica、InfiniDB、INFOBright、MonetDB和LucidDB。类似Sybase IQ和Vertica等商业化的列式数据库，已经可以很好地满足数据仓库等分析型应用的需求，并且可以获得较高的性能。

可以看出，如果严格从关系数据库的角度来看，HBase并不是一个列式存储的数据库，毕竟HBase是以列族为单位进行分解（列族当中可以包含多个列），而不是每个列都单独存储，但是HBase借鉴和利用了磁盘上的这种列存储格式，所以，从这个角度来说，HBase可以被视为列式数据库。

(2)HBase 写过程

①Client 先从缓存中定位 Region,如果没有缓存则需访问 Zookeeper,从. META. 表获取要写入的 Region 信息。

②找到小于 RowKey 并且最接近 RowKey 的 StartKey 对应的 Region。

③将更新写入 WAL 中。当客户端发起 Put/Delete 请求时,考虑到写入内存会有丢失数据的风险,因此在写入缓存前,HBase 会先写入到 Write Ahead Log(WAL)中(WAL 存储在 HDFS 中),那么即使发生故障,也可以通过 WAL 还原初始数据。

④将更新写入 MemStore 中,当增加到一定大小,达到预设的 Flush size 阈值时,会触发 flush memstore,把 memstore 中的数据写到 HDFS 上,生成一个 StoreFile。

⑤随着 StoreFile 文件的不断增多,当增长到一定阈值后,触发 Compact 合并操作,将多个 StoreFile 合并成一个,同时进行版本合并和数据删除。

⑥StoreFile 通过不断 Compact 合并操作,逐步形成越来越大的 StoreFile。

⑦单个 StoreFile 大小超过一定阈值后,触发 Split 操作,把当前 Region 拆分成两个,新拆分的 2 个 Region 会被 HBase Master 分配到相应的 2 个 RegionServer 上。

(3)HBase 读过程

①Client 先从缓存中定位 Region,如果没有缓存则需访问 Zookeeper,查询. -ROOT-. 表,获取. -ROOT-. 表所在的 RegionServer 地址。

②通过查询. -ROOT-. 的 Region 服务器获取含有. -META-. 表所在的 RegionServer 地址。

③Clinet 会将保存着 regionserver 位置信息的元数据表. META. 进行缓存,然后在表中确定待检索 RowKey 所在的 RegionServer 信息。

④Client 会向在. META. 表中确定的 RegionServer 发送真正的数据读取请求。

⑤先从 MemStore 中找,如果没有,再到 StoreFile 上读。

任务实施

1. HBase Shell 常用命令的操作

1)基本 Shell 命令

(1)启动 Shell

```
hadoop@ master: ~ $hbase shell
HBase Shell; enter 'help' for list of supported commands.
Type "exit " to leave the HBase Shell
Version 0.96.2-hadoop1, r1581096, July 26  9 16:58:34 UTC 2019
```

(2)查看服务器运行状态

```
hbase (main ):001:0 > status
1 servers, 0 dead, 3.0000 average load
```

(3)查看 HBase 版本

```
hbase(main ):002:0 > version
0.96.2-hadoop1, r1581096, July 26  9 16:58:34 UTC 2019
```

(4)获得帮助

```
hbase(main):003:0 > help
```

(5)退出 Shell

```
hbase(main):004:0 >exit
```

2)DDL 操作

(1)create 命令

创建一个具有三个列族 member_id、address 和 info 的表 member,其中表名、行和列都要用单引号包围起来,并以逗号隔开。

```
hbase(main):001:0 > create 'member','member_id','address','info'
0 row(s) in 1.1770 seconds
```

(2)list 命令

查看当前 HBase 中具有哪些表。

```
hbase(main):002:0 > list
TABLE
member
test
2 row(s) in 0.0170 seconds
```

(3)describe 命令

查看表的描述信息。

```
hbase(main):003:0 > describe 'member'
DESCRIPTION      ENABLED
{NAME = > 'member', FAMILIES = > [{NAME = > 'address', BLOOMFILTER = > 'NONE', REPLICATION_SCO truePE = > '0', VERSIONS = > '3', COMPRESSION = > 'NONE', MIN_VERSIONS = > '0', TTL = > '2147483647', BLOCKSIZE = > '65536', IN_MEMORY = > 'false', BLOCKCACHE = > 'true'}, {NAME = > 'info', BLOOMFILTER = > 'NONE', REPLICATION_SCOPE = > '0', VERSIONS = > '3', COMPRESSION = > 'NONE', MIN_VERSIONS = > '0', TTL = > '2147483647', BLOCKSIZE = > '65536', IN_MEMORY = > 'false', BLOCKCACHE = > 'true'}, {NAME = > 'member_id', BLOOMFILTER = > 'NONE', REPLICATION_SCOPE = > '0', VERSIONS = > '3', COMPRESSION = > 'NONE', MIN_VERSIONS = > '0', TTL = > '2147483647', BLOCKSIZE = >'65536', IN_MEMORY = > 'false', BLOCKCACHE = > 'true'}]}
1 row(s) in 0.0320 seconds
```

(4)删除一个列族:disable、alter、enable

修改表结构必须先设置 disable:

```
hbase(main):004:0 > disable member
NameError: undefined local variable or method 'member' for #

hbase(main):005:0 > disable 'member'
0 row(s) in 2.1560 seconds
```

删除 member 表的 info 列:

```
hbase(main):006:0 > alter 'member', 'delete' = > 'info'
Updating all regions with the new schema...
```

```
1/1 regions updated.
Done.
0 row(s ) in 1.3370 seconds
```

启用 enable 表:

```
hbase(main ):007:0 > enable 'member'
0 row(s ) in 2.2330 seconds
```

(5)删除一个表 test(disable,drop)

```
hbase(main ):008:0 > disable 'test'
0 row(s ) in 2.2100 seconds

hbase(main ):011:0 > drop 'test'
0 row(s ) in 1.2350 seconds
```

(6)查询表是否存在

```
hbase(main ):016:0 > exists 'test'
Table test does not exist
0 row(s ) in 0.1820 seconds
```

(7)查看表是否 enable

```
hbase(main ):032:0 > is_enabled 'member'
true
0 row(s ) in 0.0070 seconds
```

3)DML 操作

(1)插入数据

```
hbase(main ):005:0 > put 'member','scutshuxue','info:age','24'
0 row(s ) in 0.0790 seconds

hbase(main ):005:0 > put 'member','duansf','info:age','37'
0 row(s ) in 0.0790 seconds

hbase(main ):001:0 > put 'member','scutshuxue','info:company','alibaba'
0 row(s ) in 0.6520 seconds

hbase(main ):002:0 > put 'member','xiaofeng','address:contry','china'
0 row(s ) in 0.0090 seconds

hbase(main ):007:0 > put 'member','xiaofeng','info:birthday','1987-4-17'
0 row(s ) in 0.0120 seconds
```

(2)获取一条数据

```
hbase(main ):012:0*  get 'member','xiaofeng'
COLUMN                    CELL
address:contry     timestamp=1488307463293, value=china
info:birthday      timestamp=1488307533852, value=1987-4-17
2 row(s ) in 0.0130 seconds
```

(3)获取一条记录中某个列族的信息

```
hbase(main):013:0 > get 'member','xiaofeng','info'
COLUMN                CELL
info:birthday         timestamp=1488307533852, value=1987-4-17
1 row(s) in 0.0100 seconds
```

(4)获取一条记录的某个列族中的某个列的信息

```
hbase(main):020:0 > get 'member','xiaofeng','info:birthday'
COLUMN                CELL
info:birthday         timestamp=1488307533852, value=1987-4-17
1 row(s) in 0.0090 seconds
```

(5)删除 member 表中某个列

```
hbase(main):032:0*  delete 'member','scutshuxue','info:age'
0 row(s) in 0.0080 seconds
```

(6)查询 member 表中有多少行

```
hbase(main):041:0 > count 'member'
2 row(s) in 0.0240 seconds
```

2. HBase Flushes 和 Compaction 实验

1)Flushes 和 Compaction 基本原理

(1)Flushes 基本原理

当 MemStore 太大了达到尺寸阈值,或者达到了刷写时间间隔阈值时,HBase 会被这个 MemStore 的内容刷写到 HDFS 系统上,称为一个存储在硬盘上的 HFile 文件。同时删除 HLog 中的历史数据。至此,可以称为数据真正地被持久化到硬盘上,就算故障、断电,数据也不会丢失。

三个条件满足任意一个都可以触发 Flush:

①当一个 RegionServer 中的所有 MemStore 的大小之和超过了堆内存的 40%,则这个 RegionServer 中所有 MemStore 一起刷写到 HFile 中。

```
hbase.regionserver.global.memstore.size=0.4//RegionServer 级别
hbase.regionserver.global.memstore.size.lower.limit=0.95   //溢写 0.05% 即停止
```

②当有任何一个 MemStore 的存活时间超过了 1 小时,则这个 RegionServer 中所有 MemStore 一起刷写到 HFile 中。

```
hbase.regionserver.optionalcacheflushinterval=3600000        //RegionServer 级别
```

③当所有 Region 中的 MemStore 之和超过 128 MB,也会触发。

```
hbase.hregion.memstore.flush.size=134217728(128M)            //Region 级别
```

(2)Compaction 基本原理

由于存在前面的刷写过程,磁盘可能会生成比较多的 HFile 小文件, 而 HDFS 并不适合存储小文件,所以就存在了一个小文件合并的过程。合并分为两种:

①小合并(Minor Compaction)。当一个 Region 中的 HFile 的数量超过一个值(默认为 10)时,这个 Region 中的 HFile 会合并成另一个文件,并删除旧文件。

```
<!--每个 Minor Compaction 操作允许的最大 HFile 文件上限 -->
    <property>
        <name>hbase.hstore.compaction.max</name>
        <value>10</value>
        <description>Max number of HStoreFiles to compact per 'minor' compaction.
</description>
    </property>
```

②大合并(Major Compaction)。Major Compaction 指一个 Region 下的所有 HFile 做归并排序,最后形成一个大的 HFile,这可以提高读性能。

```
<!--一个 Region 进行 Major Compaction 合并的周期,在这个点的时候,这个 Region 下的所有HFile 会进行合并,默认是 7 天,Major Compaction 非常耗费资源,建议生产关闭(设置为 0),在应用空闲时手动触发 -->
    <property>
        <name>hbase.hregion.majorcompaction</name>
        <value>604800000</value>
        <description>The time (in miliseconds) between 'major' compactions of
         all
         HStoreFiles in a region. Default: Set to 7 days. Major compactions tend to
happen exactly when you need them least so enable them such that they
         run at
        off-peak for your deploy; or, since this setting is on a periodicity that is
unlikely to match your loading, run the compactions via an external
         invocation out of a cron job or some such.
        </description>
    </property>
```

但是,Major Compaction 重写所有 HFile,占用大量硬盘 I/O 和网络带宽。这又称写放大现象(Write Amplification)。Major Compaction 可以被调度成自动运行模式,但是由于写放大的问题,Major Compaction 通常一周执行一次或者只在凌晨运行。

2)实验思路

①为 Flush 添加线程池。

②修改 HLog 获取 SequenceId 时的锁类型。

③为 Compact 添加线程池,顺便注释掉 Split 部分。

3)实验代码

①FlushRegionHandler.java,实现代码如下:

```
package org.apache.hadoop.hbase.regionserver.handler;
import java.io.IOException;
import org.apache.commons.logging.Log;
import org.apache.commons.logging.LogFactory;
import org.apache.hadoop.hbase.DroppedSnapshotException;
import org.apache.hadoop.hbase.RemoteExceptionHandler;
import org.apache.hadoop.hbase.Server;
import org.apache.hadoop.hbase.executor.EventHandler;
import org.apache.hadoop.hbase.regionserver.HRegion;
import org.apache.hadoop.hbase.regionserver.HRegionServer;
```

```
import org.apache.hadoop.hbase.regionserver.MemStoreFlusher;
import org.apache.hadoop.hbase.util.Bytes;
/* *
*
*  Deal with region flush
*
* /
public class FlushRegionHandler extends EventHandler {
  private static final Log LOG = LogFactory.getLog(FlushRegionHandler.class );
  private HRegion region;
  HRegionServer server;
  Status status;
  MemStoreFlusher flusher;
  public FlushRegionHandler(Server server,HRegion region,MemStoreFlusher flusher ) {
    super(server, EventType.RS_ZK_REGION_FLUSH );
    this.server = (HRegionServer ) server;
    this.region = region;
    this.flusher = flusher;
  }
  @ Override
  public void process() throws IOException {
    flush();
  }
  private void flush() {
    boolean needsCompaction = false;
    try {
      needsCompaction = region.flushcache();
      if (needsCompaction ) {
        // Had to change visibility of CompactSplit stuff to public
        // TODO: Cleanup once compactions and splits are ripped apart
        if (server ! = null ) {
          server.compactRegion(region.getRegionInfo(), false );
        }
        status = Status.NEEDS_COMPACTION;
      } else {
        status = Status.SUCCESS;
      }
    } catch (DroppedSnapshotException dse ) {
      // Cache flush can fail in a few places. If it fails in a critical
      // section, we get a DroppedSnapshotException and a replay of hlog
      // is required. Currently the only way to do this is a restart of
      // the server. Abort because hdfs is probably bad (HBASE-644 is a case
      // where hdfs was bad but passed the hdfs check ).
      LOG.fatal("Dropped a file during a flush, must abort server ", dse );
      server.abort("Dropped a flushed file, requires log replay ", dse );
      status = Status.FAILURE;
    } catch (IOException e ) {
      LOG.error(
```

```
            "Cache flush failed " + (region ! = null ? (" for region " + Bytes.toString
(region.getRegionName())) : ""),
            RemoteExceptionHandler.checkIOException(e ));
        server.checkFileSystem();
        status = Status.FAILURE;
      }
      finally
      {
        this.flusher.removeFlushedRegion(region );
      }
    }
    public enum Status {
      FAILURE, NEEDS_COMPACTION, SUCCESS
    };
  }
```

②CompactionHandler. java,实现代码如下:

```
package org.apache.hadoop.hbase.regionserver.handler;
import java.io.IOException;
import org.apache.commons.logging.Log;
import org.apache.commons.logging.LogFactory;
import org.apache.hadoop.hbase.RemoteExceptionHandler;
import org.apache.hadoop.hbase.Server;
import org.apache.hadoop.hbase.executor.EventHandler;
import org.apache.hadoop.hbase.regionserver.CompactSplitThread;
import org.apache.hadoop.hbase.regionserver.HRegion;
import org.apache.hadoop.hbase.regionserver.HRegionServer;
/* *
*  Deal with region compaction
*
* /
public class CompactionHandler extends EventHandler {
  private static final Log LOG = LogFactory.getLog(CompactionHandler.class );
  private HRegion region;
  HRegionServer server;
  CompactSplitThread compactor;
  public CompactionHandler(Server server, HRegion region,CompactSplitThread compactor ) {
    super(server, EventType.RS_ZK_REGION_COMPACT );
    this.server = (HRegionServer ) server;
    this.region = region;
    this.compactor = compactor;
  }
  @ Override
  public void process() throws IOException {
    compact();
  }
  private void compact() {
    try {
      byte [] midKey = this.region.compactStores();
```

```
        if (this.region.getLastCompactInfo() ! = null ) {  // compaction aborted?
          this.server.getMetrics ().addCompaction (this.region.getLastCompactInfo
());
        }
        if (this.compactor.shouldSplitRegion() && midKey ! = null &&
            !this.server.isStopped()) {
          this.compactor.split(this.region, midKey );
        }
      } catch (IOException ex ) {
        LOG.error ("Compaction/Split failed for region " +
            region.getRegionNameAsString( ),
          RemoteExceptionHandler.checkIOException(ex ));
        server.checkFileSystem();
      } catch (Exception ex ) {
        LOG.error ("Compaction failed " + (region ! = null ? (" for region " + region.
getRegionNameAsString()) : ""),ex);
        server.checkFileSystem();
      }
      finally
      {
        this.compactor.cleanRegion(region );
      }
    }
  }
```

任务 6.3 调用 HBase 的 Java API

视 频

调用HBase的Java API

任务描述

本任务需要读者对 HBase Schema 设计规则、HBase API 基本访问命令有一定的了解，然后独立完成 Java 开发环境的搭建以及 Java 对 HBase 数据库的 CRUD 操作。

知识学习

1. HBase Schema 设计规则

HBase 的架构设计规则如图 6-3-1 所示，包括 Zookeeper 服务器、Master 主服务器、Region 服务器。需要说明的是，HBase 一般采用 HDFS 作为底层数据存储，因此加入了 HDFS 和 Hadoop。

1）客户端

客户端包含访问 HBase 的接口，同时在缓存中维护着已经访问过的 Region 位置信息，用来加快后续数据访问过程。HBase 客户端使用 HBase 的 RPC 机制与 Master 和 Region 服务器进行通信。其中，对于管理类操作，客户端与 Master 进行 RPC；而对于数据读写类操作，客户端则会与 Region 服务器进行 RPC。

2）Zookeeper 服务器

Zookeeper 服务器并非一台单一的机器，可能是由多台机器构成的集群来提供稳定可靠的协同服务。Zookeeper 能够很容易地实现集群管理的功能，如果有多台服务器组成一个服务器集群，那么必须有一个“主管”知道当前集群中每台机器的服务状态，一旦某台机器不能提供服务，集群中其他机器必须知道，从而做出调整重新分配服务策略。同样，当增加集群的服务能力时，就会增加一台或多台服务器，同样也必须让“主管”知道。

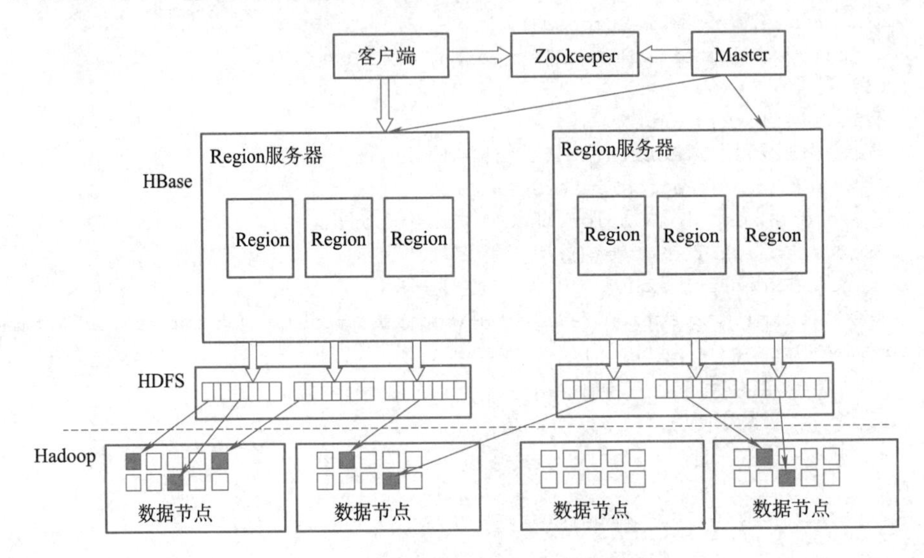

图 6-3-1　HBase Schema 设计规则

在 HBase 服务器集群中，包含了一个 Master 和多个 Region 服务器，Master 就是这个 HBase 集群中的“主管”，它必须知道 Region 服务器的状态。Zookeeper 就可以轻松做到这一点，每个 Region 服务器都需要到 Zookeeper 中进行注册，Zookeeper 会实时监控每个 Region 服务器的状态并通知给 Master，这样，Master 就可以通过 Zookeeper 随时感知到各个 Region 服务器的工作状态。

Zookeeper 不仅能够帮助维护当前集群中机器的服务状态，而且能够帮助选出一个“主管”，让这个主管来管理集群。HBase 中可以启动多个 Master，但是 Zookeeper 可以帮助选举出一个 Master 作为集群的主管，并保证在任何时刻总有唯一 Master 在运行，这就避免了 Master 的“单点失败”问题。

Zookeeper 中保存了-ROOT-表的地址和 Master 的地址，客户端可以通过访问 Zookeeper 获得-ROOT-表的地址，并最终通过“三级寻址”找到所需的数据。Zookeeper 中还存储了 HBase 的模式，包括有哪些表，每个表有哪些列族。

3）主服务器 Master

Master 主要负责表和 Region 的管理工作。

①管理用户对表的增加、删除、修改、查询等操作。

②实现不同 Region 服务器之间的负载均衡。

③在 Region 分裂或合并后，负责重新调整 Region 的分布。

④对发生故障失效的 Region 服务器上的 Region 进行迁移。

客户端访问 HBase 上数据的过程并不需要 Master 参与，客户端可以访问 Zookeeper 获取

-ROOT-表的地址,并最终到达相应的 Region 服务器上进行数据读写,Master 仅仅维护着表和 Region 的元数据信息,因此负载很低。

任何时刻,一个 Region 只能分配给一个 Region 服务器。Master 维护了当前可用的 Region 服务器列表,以及当前哪些 Region 分配给了哪些 Region 服务器,哪些 Region 还未被分配。当存在未被分配的 Region,并且有一个 Region 服务器上有可用空间时,Master 就给这个 Region 服务器发送一个请求,把该 Region 分配给它。Region 服务器接受请求完成数据加载后,就开始负责管理该 Region 对象,并对外提供服务。

4)Region

在一个 HBase 中,存储了许多表。对于每个 HBase 表而言,表中的行是根据行键的值的字典序进行维护的,表中包含的行的数量可能非常庞大,无法存储在一台机器上,需要分布存储到多台机器上。因此,需要根据行键的值对表中的行进行分区如图 6-3-1 所示,每个行区间构成一个分区,称为 Region,包含了位于某个值域区间内的所有数据,它是负载均衡和数据分发的基本单位,这些 Region 会被分发到不同的 Region 服务器上。

5)NameSpace 命名空间设计

通俗地讲,命名空间可视为表组(与 Oracle 中的表空间类似),划分依据不固定,可依据业务类型划分,也可依据时间周期划分。例如,针对电力气象方面的数据表,可以创建一个电力气象的命名空间,取名为 DLQX,将电力气象相关的表都组织在此命名空间下面。引进命名空间的好处就是方便对表进行组织管理。

HBase 默认的命名空间是 default,默认情况下,如果在创建表时没有显式地指定命名空间,那么表将创建在 default 命名空间下。如果表隶属于某个非默认的命名空间,那么在引用表(如读取表数据)时,就必须指定命名空间,否则将出现类似“无法定位到表”的错误,完整表名的格式为“命名空间名称:表名称”,如“DLQX:SYSTEM_USER”;如果是默认的命名空间,则完整表名也可以省略掉“default:”,直接拼写表名 SYSTEM_USER 即可。

6)Table 表设计

HBase 有几个高级特性,在用户设计表时可以使用。这些特性不一定联系到模式或行键设计,但是它们定义了某些方面的表行为。

(1)理想 HBase 表

HBase 作为列数据库,根据官方的说法,在性能和效率上更擅长处理“高而瘦”的表,而非“矮而胖”的表。所谓“高而瘦”,是指表的列的数量较少,但是行的数量极大,从而使表展现出一种又高又瘦的形象。所谓“矮而胖”,是指表的列的数据居多,但是行的数量却有限,给人一种又矮又胖的形象,虽然 HBase 表号称可容纳百万列,但是那也仅仅限于理论上的极限,在实际应用中,请尽量构建“高而瘦”的表,同时需要对列的数量进行测试,以避免过度影响读写性能。

(2)预创建分区

默认情况下,在创建 HBase 表时会自动创建一个 Region 分区,当导入数据时,所有 HBase 客户端都向这个 Region 写数据,直到该 Region 足够大了才进行切分。一种可以加快批量写入速度的方法是通过预先创建一些空的 Regions,这样当数据写入 HBase 时,会按照 Region 分区情况,在集群内做数据的负载均衡。

(3)列族数量

不要在一张表里定义太多的 Column Family。目前 HBase 并不能很好地处理超过 2 ~ 3 个 Column Family 的表。因为某个 Column Family 在 Flush 时,它邻近的 Column Family 也会因关联效应被触发 Flush,最终导致系统产生更多的 I/O。所以,根据官方的建议,一个 HBase 表中创建一个列族即可。

7)Column Family 列族设计

列族是针对多个列的分组,分组的依据是不固定的。虽然理论上 HBase 一个表可以创建多个列族,但是 HBase 官方建议一个表不要创建多于一个的列族。经过测试,单个列族的写入和读取效率要远远超过多个列族时的情况。在存储时,一个列族会存储成一个 StoreFile,多个列族对应的多个文件在分裂时会对服务器造成更大的压力。所以建议,一个表创建一个列族。

8)Qualifier 列设计

HBase 与传统关系数据库的一个明显不同之处是创建表时不需要创建列,而是在写入数据时动态地创建列。而且其中的空列并不真正占用存储空间。

9)版本设计

如果表的某个列族涉及多版本问题,则必须在创建列族时指定 MaxVersions。虽然,HBase 默认的版本数是 3,但是如果在创建表时没有明确指定,则仍然只能保存一个版本,因为 HBase 会认为用户不想启用列族的多版本机制。

10)RowKey 设计

在设计 HBase 表时,行键是唯一重要的事情,应该基于预期的访问模式为行键建模。

行键决定了访问 HBase 表时可以得到的性能。这个结论根植于两个事实:Region 基于行键为一个区间的行提供服务,并且负责区间内每一行;HFile 在硬盘上存储有序的行。当 Region 刷写留在内存中的行时生成了 HFile。这些行已经排过序,也会有序地刷写到硬盘上。HBase 表的有序特性和底层存储格式可以让用户根据如何设计行键以及把什么放入列限定符来推理其性能表现。

有效的行键设计不仅要考虑把什么放入行键中,而且要考虑它们在行键中的位置。信息在行键中的位置和选择放入什么信息同等重要。

HBase 中的数据是三维有序存储的,通过 RowKey(行键),ColumnKey(Column Family 和 Qualifier)和 TimeStamp(时间戳)这三个维度组合对 HBase 中的数据进行快速定位。

(1)RowKey 长度控制

RowKey 是一个二进制字节数组,可以是任意字符串,最大长度 64 KB ,实际应用中一般为 10 ~ 100 B,以byte[ ]形式保存,一般设计成定长。建议越短越好,不要超过 16 B。因为 HBase 按照 Column Family 列族组织存储,每个列族存储时都包含 RowKey,防止 RowKey 本身占用过多空间,64 位操作系统,内存 8 字节对齐,控制在 16 字节,8 字节的整数倍利用了操作系统的最佳特性。

(2)RowKey 唯一原则

必须在设计上保证其唯一性。由于在 HBase 中数据存储是 key-value 形式,若 HBase 中同一表插入相同 RowKey,则原先的数据会被覆盖掉(如果表的 Version 设置为 1 的话),所以务必保证 RowKey 的唯一性。

(3)RowKey 的排序原则

HBase 的 RowKey 是按照 ASCII 有序设计的,在设计 RowKey 时要充分利用这一特点。通常不将有序的信息放置在 RowKey 的高位,防止出现热点问题。

(4)RowKey 散列原则

实际应用中需要将数据均衡分布在每个 RegionServer 中,以实现负载均衡的概率。如果没有散列字段,首字段直接是时间信息,所有数据都会集中在一个 RegionServer 上,这样的话,在数据检索时负载会集中在个别 RegionServer 上,造成热点问题,会降低查询效率。

2. HBase API 基本访问命令

与 HBase Shell 工具相对应,用户可以通过 Table 接口对表进行 Get、Put、Scan、Delete 等操作,从而完成向 HBase 存储、检索、删除数据等操作。

(1)org. apache. hadoop. hbase. HBaseConfiguration

作用:通过此类可以对 HBase 进行配置。

用法实例:

```
Configuration config = HBaseConfiguration.create();
```

(2)org. apache. hadoop. hbase. client. Connection

作用:Connection 是一个接口,它的对象代表着到 HBase 的一个数据库连接。使用 ConnectionFactory. createConnection(config)创建一个 Connection。通过这个 Connection 实例,可以使用 Connection. getTable()方法取得 Table 对象。

(3)org. apache. hadoop. hbase. client. Table

作用:这个接口可以和 HBase 进行通信,对表进行操作。

用法实例:

```
Table tab = connection.getTable(TableName.valueOf("table1 "));
ResultScanner sc =tab.getScanner(Bytes.toBytes("familyName"));
```

任务实施

1. Java 开发环境搭建

(1)创建 Maven 项目

选择 File→New→Other→Maven→Maven Project 命令新建 Maven 项目,type 为 maven-archetype-quickstart,工程名为 MyHBase。

(2)添加配置文件到资源路径

从集群的 Hadoop 配置文件夹复制 core-site. xml、hdfs-site. xml、mapred-site. xml 三个文件放在 Hadoop 文件夹中,从集群的 HBase 配置文件夹复制 hbase-site. xml 放在 HBase 文件夹中,然后把这两个文件夹分别添加到项目的资源文件夹路径下:

```
/src/main/resources/hadoop
/src/main/resources/hbase
```

(3)将配置路径添加到 classpath 中

将 Libraries 中的 myHbase/src/main/resources/hadoop (class folder) 和 myHbase/src/main/resources/hbase(class folder) 选中后,单击 Add Class Folder 按钮,将其添加到 classpath 中,如图 6-3-2 所示。

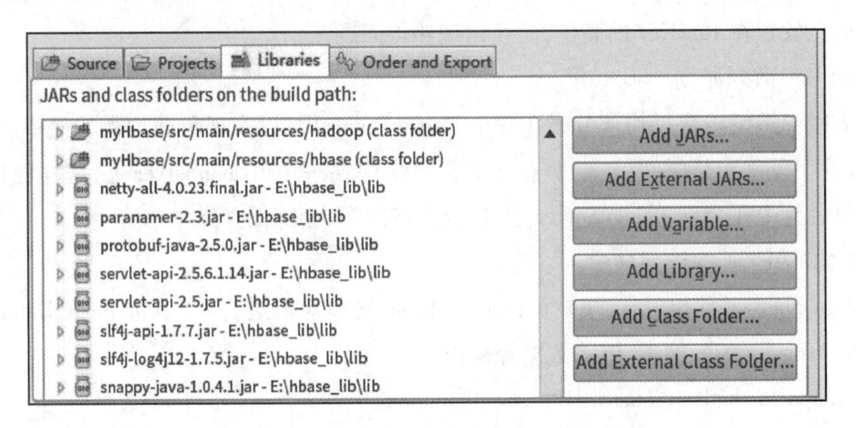

图 6-3-2　将配置路径添加到 classpath 中

(4)修改 hbase-site. xml

```
<configuration>
    <property>
        <name>hbase.rootdir</name>
        <value>hdfs://harry.com:9000/hbase</value>
    </property>
    <property>
        <name>dfs.replication</name>
        <value>1</value>
    </property>
    <property>
        <name>hbase.zookeeper.quorum</name>
        <value>harry.com</value>
    </property>
    <property>
        <name>hbase.cluster.distributed</name>
        <value>true</value>
    </property>
</configuration>
```

(5)同步 HBase 库

同步 HBase 库,在 Java Build Path 的 Libraries 中,单击 Add External JARs 按钮,如图 6-3-3 所示。

2. Java 对 HBase 数据库的 CRUD 操作

之前已搭建好了 Java 环境,现在可以在 Eclipse 环境下进行 HBase 编程。下面给出 Java 对 HBase 数据库的 CRUD 操作的关键代码,代码如下:

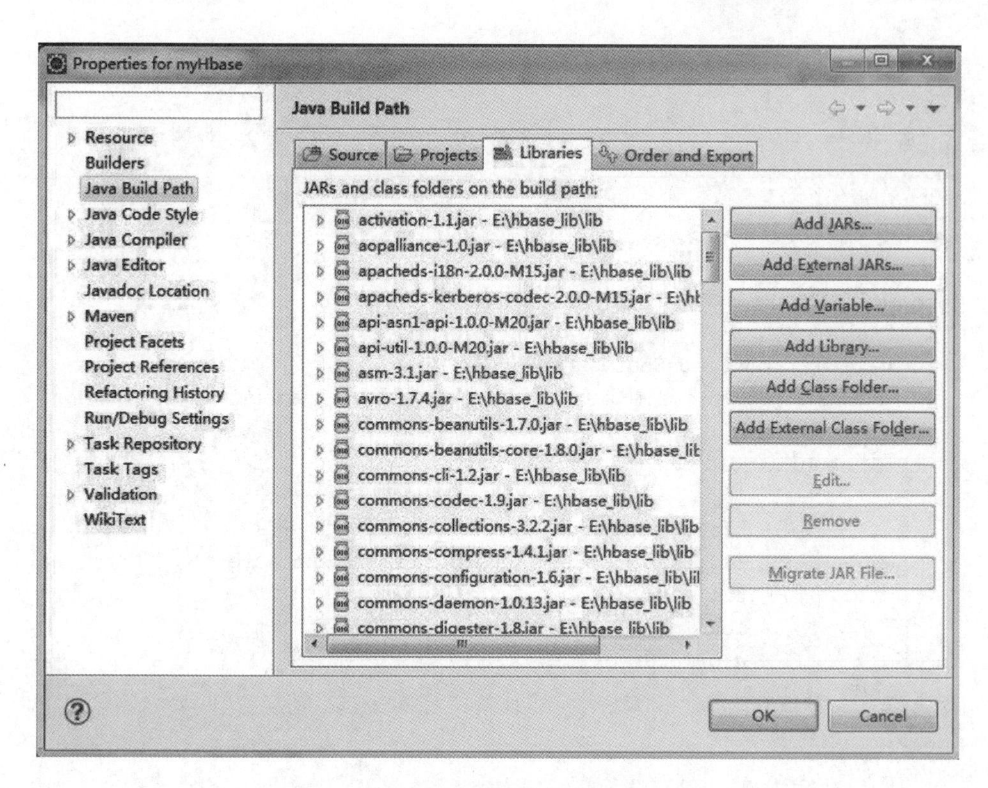

图6-3-3 同步 HBase 库

```
public class HBaseUtil {

    private static final Logger log = LoggerFactory.getLogger (HBaseUtil.class );
    private static Configuration conf = HBaseConfiguration.create ( );
    private volatile static Connection conn;
      static {
        conf.set ("hbase.zookeeper.quorum ", "192.168.8.11 " );
        conf.set ("hbase.zookeeper.property.clientPort ", "2181" );
    }
    /* *
     * 获取 HBase 连接
     *
     *  @ return
     *  @ throws IOException
     *  @ throws Exception
     * /
    private static Table getTable (String tableName ) throws IOException {
        if (null = = conn ) {
            synchronized (conn ) {
                if (null = = conn ) {
                    //创建连接
                    conn = ConnectionFactory.createConnection (conf );
                    doShutDownWork ( );
                }
```

```
            }
        }
        Table table = conn.getTable (TableName.valueOf (tableName ));
        return table;
    }

    /* *
     * 当 JVM 退出,回调该方法
     * /
    private static void doShutDownWork () {
        Runtime.getRuntime ().addShutdownHook (new Thread (new Runnable () {
            @ Override
            public void run () {
                try {
                    closeConnection ();
                    log.info ("HBase Connection close successed ");
                } catch (Exception e ) {
                    log.info ("HBase Connection close failed ");
                    e.printStackTrace ();
                }
            }
        }));
    }

    /* *
     * 关闭 HBase 连接
     * /
    public static void closeConnection () {
        try {
            if (null ! = conn ) {
                conn.close ();
            }
        } catch (IOException e ) {
            e.printStackTrace ();
        }
    }

    /* *
     * 指定的 table 是否存在指定 RowKey 的记录
     *
     * @ param tableName
     * @ param rowkey
     * @ return
     * @ throws IOException
     * /
    public static boolean exist (String tableName, String rowkey )
            throws IOException {
        Table table = getTable (tableName );
        Get get = new Get (Bytes.toBytes (rowkey ));
```

```
        boolean bool = table.exists (get );
        table.close ( );
        return bool;
    }

    /* *
     * 单条插入
     *
     * @ param tableName
     * @ param put
     * @ throws IOException
     * /
    public static void put (String tableName, Put put ) throws IOException {
        Table table = getTable (tableName );
        table.put (put );
        table.close ( );
    }

    /* *
     * 插入数据
     *
     * @ param tableName
     * @ param rowkey
     * @ param columnFamily
     * @ param column
     * @ param value
     * @ throws Exception
     * /
    public static void putBatch (String tableName, List < Put > putList )
            throws IOException {
        Table table = getTable (tableName );
        table.put (putList );
        table.close ();
    }

    /* *
     * 单条删除
     *
     * @ param tableName
     * @ param rowkey
     * @ param columnFamily
     * @ param column
     * @ throws IOException
     * /
    public static void delete (String tableName, Delete delete )throws IOException {
        Table table = getTable (tableName );
        table.delete (delete );
        table.close ();
    }
```

```
/* *
 * 批量删除
 *
 * @ param tableName
 * @ param rowkey
 * @ param colFamily
 * @ param col
 * @ throws Exception
 * @ throws IOException
 * /
public static void deleteBatch (String tableName, List < Delete > deleteList )
        throws IOException {
    Table table = getTable (tableName );
    table.delete (deleteList );
    table.close ( );
}

/* *
 * 根据表名、RowKey 查找数据
 *
 * @ param tableName
 * @ param rowkey
 * @ throws Exception
 * /
public static Result get (String tableName, Get get ) throws IOException {
    Table table = getTable (tableName );
    Result result = table.get (get );
    table.close ( );
    return result;
}

/* *
 *
 * @ param tableName
 * @ param gets
 * @ return
 * @ throws IOException
 * /
public static List < Result > getBatch (String tableName, List < Get > getList )
        throws IOException {
    Table table = getTable (tableName );
    Result[] results = table.get (getList );

    List < Result > listResult = new ArrayList < Result > ( );
    for (Result res : results ) {
        listResult.add (res );
    }
    table.close ();
```

```
        return listResult;
    }

    /* *
     * 批量扫描数据
     *
     * @ param tableName
     * @ param startRow
     * @ param stopRow
     * @ return
     * @ throws IOException
     * /
    public static List < Result > scan (String tableName, Scan scan )
            throws IOException {
        Table table = getTable (tableName );
        ResultScanner resultScanner = table.getScanner (scan );

        List < Result > listResult = new ArrayList < Result > ( );
        for (Result res : resultScanner ) {
            listResult.add (res );
        }
        table.close ( );

        return listResult;
    }
}
```

小结

本单元详细介绍了分布式数据库 HBase 的相关知识。HBase 数据库是 BigTable 的开源实现，和 BigTable 一样，它支持大规模海量数据，分布式并发数据处理效率极高，易于扩展且支持动态伸缩，适用于廉价设备。

HBase 可以支持 Native Jave API、HBase Shell、Thrift Gateway、REST Gateway、Pig、Hive 等多种访问接口，可以根据具体应用场合选择相应的访问方式。

HBase 实际上就是一个稀疏、多维、持久化存储的映射表，它采用行键、列键和时间戳进行索引，每个值都是未经解释的字符串。

HBase 采用分区存储，一个大的表会被拆分成多个 Region，这些 Region 会被分发到不同的服务器上实现分布式存储。

HBase 的系统架构包括客户端、Zookeeper 服务器、Master、Region 服务器。客户端包含访问 HBase 的接口；Zookeeper 服务器负责提供稳定、可靠的协同服务；Master 主要负责表和 Region 的管理工作；Region 服务器负责维护分配给自己的 Region，并响应用户的读写请求。

通过本单元的学习，可以令读者对分布式数据库 HBase 产生浓厚的兴趣，并掌握如何配置和安装 HBase、如何使用 HBase Shell 以及如何使用 Java API 操作 HBase 的知识点和技能点。

习题

一、选择题

下列不是 HBase Shell 命令的是(　　)。

A. NonGrouping

B. Tuples

C. AllGrouping

D. DirectGrouping

二、填空题

1. HBase 采用表来组织数据,表由________和________组成,________划分为若干个________。

2. 修改列族模式的 Shell 命令是________。

三、问答题

1. HBase 有哪些类型的访问接口?

2. HBase 中的分区是如何定位的?

3. 当一台 Region 服务器意外终止时,Master 如何发现这种意外终止情况?为了恢复这台发生意外的 Region 服务器上的 Region,Master 应该做出哪些处理?

四、操作题

1. 上机练习 HBase Shell 常用命令的操作。

2. 上机练习 Flushes 和 Compaction 实验操作。

3. 上机练习,搭建 Java 开发 HBase 环境。

试　题

单元6 试题

单元 7

流式数据处理框架Storm

单元描述

随着数据规模的日益增长，对流数据进行实时分析计算的需求也逐渐增加。但是，直到几年前，仍然只有大型的金融机构和政府机构等能够通过昂贵的定制系统来满足这种需求。因为流数据一般出现在金融行业或者互联网流量监控的业务场景，而这些场景中数据库应用占主导地位，因而造成了早期对于流计算的研究多数是基于对传统数据库处理的流式化，即工业界更多的是研究实时数据库，而对流式框架的研究则偏少。

2010 年雅虎开发的分布式流式处理系统 S4（Simple、Scalable、Streaming、System）的开源和 2010 年 Twitter 开发的流计算框架 Storm 的开源，改变了这个情况。S4 系统和 Storm 框架相比于 MapReduce 而言，在流数据处理上更具优势。MapReduce 框架主要解决的是静态数据的批量处理，即 MapReduce 框架处理的是已存储到位的数据；但是，流计算系统在启动时，一般数据并没有完全到位，而是源源不断地流入。批处理系统一般重视数据处理的吞吐量，而流处理系统则更加关注数据处理的延时，即流入的数据越快得到处理越好。

S4 系统和 Storm 框架的开源也改变了开发人员开发实时应用的方式。以往开发人员在开发一个实时应用的时候，除了要关注处理逻辑，还要为实时数据的获取、传输、存储大伤脑筋，但是现在情况却大为不同。开发人员可以基于开源流处理框架 Storm，快速地搭建健壮、易用的实时流处理系统，并配合 Hadoop 等平台，就可以低成本地做出很多以前很难想象的实时产品。

S4 系统和 Storm 框架均是目前较为流行的开源流计算系统，在架构设计上各有特点，但相对而言，Storm 框架更为优秀，也更有影响力。因此，本单元将介绍 Storm，通过对安装与配置 Storm、使用 Java 开发 Storm 的讲解，令读者掌握如何配置和安装 Storm 以及如何使用 Java 开发 Storm 的知识点和技能点。

学习目标

【知识目标】

（1）了解 Storm 介绍与架构。

（2）比较 Storm、Flink、Spark 流式数据处理框架。

（3）了解 Storm 基本概念、组件和扩展。

（4）深入分析 Storm Nimbus 和 Supervisor、Storm Worker、Executor 和 Task。

（5）了解 Storm 的应用开发和调试过程介绍。

【技能目标】

(1)掌握安装 Storm 集群。

(2)掌握 Storm UI 的访问。

(3)掌握 Java 搭建 Storm 开发环境。

(4)掌握 Java 开发 Storm 案例。

(5)掌握集群运行 Storm。

任务 7.1　安装与配置 Storm

任务描述

本任务需要读者了解 Storm 的基本内容与架构、Storm、Flink、Spark 流式数据处理框架比较、Storm 基本概念与组件以及 Storm 的扩展,然后独立安装 Storm 集群和完成 Storm UI 的访问。

知识学习

1. Storm 概述与架构

1)Storm 的基本内容

Storm 是一个分布式实时大数据处理系统。Storm 旨在以容错和水平可扩展方法处理大量数据。它是一种流数据框架,具有最高的摄取率。虽然 Storm 是无状态的,但它通过 Apache Zookeeper 管理分布式环境和集群状态。它很简单,可以并行执行对实时数据的各种操作。

Storm 将继续成为实时数据分析领域的领导者。Storm 易于设置、操作,并且可以保证每条消息至少通过拓扑处理一次。

Twitter Storm 是一个免费的、开源的分布式实时计算系统,Storm 对于实时计算的意义类似于 Hadoop 对于批处理的意义,Storm 可以简单、高效、可靠地处理流数据,并支持多种编程语言。Storm 框架可以方便地与数据库系统进行整合,从而开发出强大的实时计算系统。目前 Storm 框架已成为 Apache 的孵化项目,可以在其官方网站中了解更多信息。

Twitter 是全球访问量最大的社交网站之一,Twitter 之所以开发 Storm 流处理框架也是为了应对其不断增长的流数据实时处理需求。为了处理实时数据,Twitter 采用了由实时系统和批处理系统组成的分层数据处理架构,如图 7-1-1 所示。一方面,由 Hadoop 和 ElephantDB(专门用于从 Hadoop 中导出 key/value 数据的数据库)组成批处理系统,另一方面,由 Storm 和 Cassandra(非关系型数据库)组成实时系统。在计算查询时,该系统会同时查询批处理视图和实时视图,并把它们合并起来以得到最终的结果。实时系统处理的结果最终会由批处理系统来修

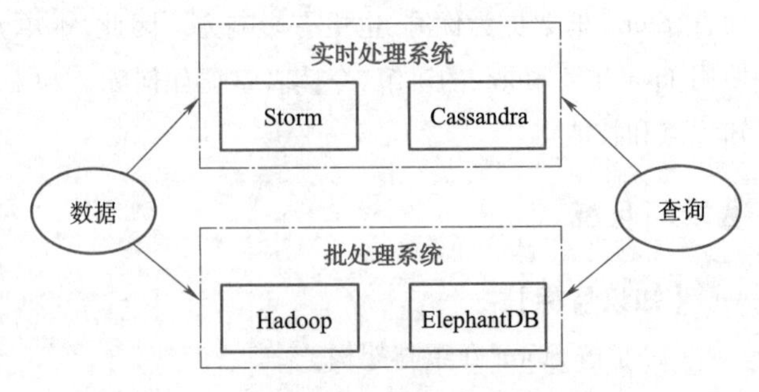

图 7-1-1　Twitter 采用分层数据处理架构

正,这种设计方式使得 Twitter 的数据处理系统显得与众不同。

2)Storm 的特点

Storm 具有以下主要特点:

①整合性。Storm 可以方便地与队列系统和数据库系统进行整合。

②简易的 API。Storm 的 API 在使用上既简单又方便。

③可扩展性。Storm 的并行特性使其可以运行在分布式集群中。

④容错性。Storm 可以自动进行故障节点的重启,以及节点故障时任务的重新分配。

⑤可靠的消息处理。Storm 保证每个消息都能完整处理。

⑥支持各种编程语言。Storm 支持使用各种编程语言来定义任务。

⑦快速部署。Storm 仅需要少量的安装和配置就可以快速进行部署和使用。

⑧免费、开源。Storm 是一款开源框架,可以免费使用。

Storm 可以用于许多领域中,如实时分析、在线机器学习、持续计算、远程 RPC、数据提取加载转换等。由于 Storm 具有可扩展、高容错性、能可靠地处理消息等特点,目前已经广泛应用于流计算中。此外,Storm 是开源免费的,用户可以轻易地进行搭建、使用,大大降低了学习和使用成本。

3)Storm 的设计思想

要了解 Storm,首先需要了解 Storm 的设计思想。Storm 对一些设计思想进行了抽象化,其主要术语包括 Streams、Spouts、Bolts、Topology 和 Stream Groupings。下面逐一介绍这些术语。

(1)Streams

在 Storm 对流数据 Streams 的抽象描述中,如图 7-1-2 所示,流数据是一个无限的 Tuple 序列(Tuple 即元组,是元素的有序列表,每一个 Tuple 就是一个值列表,列表中的每个值都有一个名称,并且该值可以是基本类型、字符串类型、字节数组等,也可以是其他可序列化的类型)。这些 Tuple 序列会以分布式的方式并行地创建和处理。

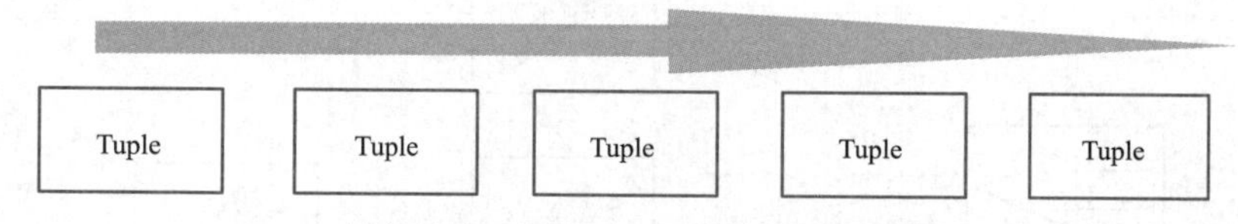

图 7-1-2 Streams 无限的 Tuple 序列

(2)Spouts

Storm 认为每个 Stream 都有一个源头,并把这个源头抽象为 Spouts。Spouts 会从外部读取流数据并持续发出 Tuple,如图 7-1-3 所示。

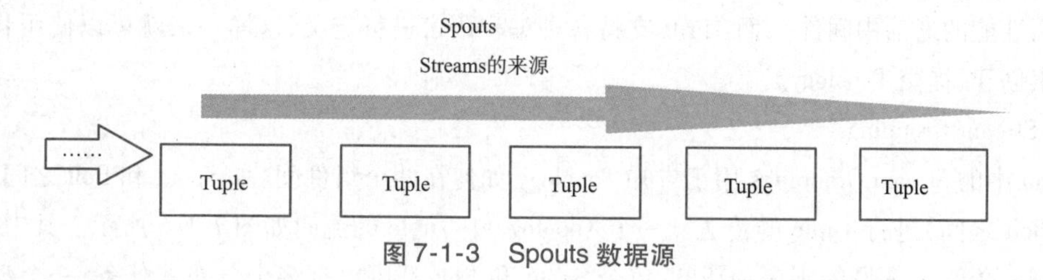

图 7-1-3 Spouts 数据源

(3)Bolts

如图7-1-4所示,Storm将Streams的状态转换过程抽象为Bolts。Bolts既可以处理Tuple,也可以将处理后的Tuple作为新的Streams发送给其他Bolts。对Tuple的处理逻辑都被封装在Bolts中,可以执行过滤、聚合、查询等操作。

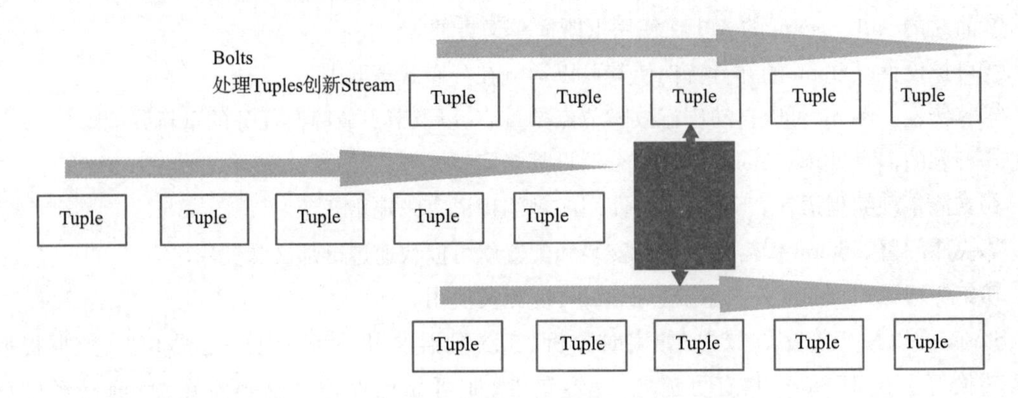

图7-1-4　Bolts:处理Tuple并产生新的Streams

(4)Topology

Storm将Spouts和Bolts组成的网络抽象成Topology。Topology是Storm中最高层次的抽象概念,它可以被提交到Storm集群执行。一个Topology就是一个流转图,如图7-1-5所示中的节点是一个Spout或Bolt,图中的边侧表示Bolt订阅了哪个Stream。当Spout或者Bolt发送元组时,它会把元组发送到每个订阅了该Stream的Bolt上进行处理。

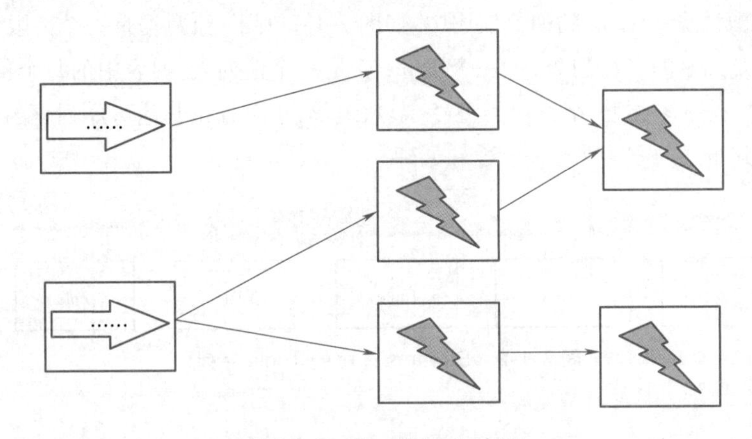

图7-1-5　Topology示意图

在Topology的具体实现上,Storm中的Topology定义仅仅是一些Thrift结构体(Thrift是基于二进制的高性能的通信中间件),而Thrift支持各种编程语言进行定义,这样一来就可以使用各种编程语言来创建、提交Topology。

(5)Stream Groupings

Storm中的Stream Groupings用于告知Topology如何在两个组件间(如Spout和Bolt之间,或者不同的Bolt之间)进行Tuple的传送。一个Topology中Tuple的流向如图7-1-6所示。其中,箭头表示Tuple的流向,而圆圈则表示任务,每个Spout和Bolt都可以有多个分布式任务,一个任务在什么时候、以什么方式发送 Tuple 就是由 Stream Groupings 决定的。

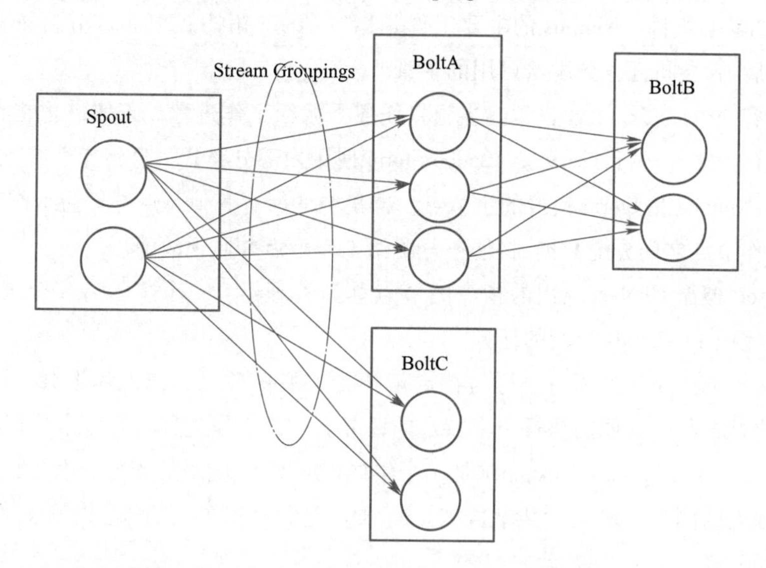

图 7-1-6 由 Stream Groupings 控制 Tuple 的流向

目前，Storm 中的 Stream Groupings 有如下 6 种方式。

①ShuffleGrouping：随机分组，随机分发 Stream 中的 Tuple，保证每个 Bolt 的 Task 接收的 Tuple 数量大致一致。

②FileGrouping：按照字段分组，保证相同字段的 Tuple 分配到同一个 Task 中。

③AllGrouping：广播发送，每个 Task 都会收到所有的 Tuple。

④GlobalGrouping：全局分组，所有 Tuple 都发送到同一个 Task 中。

⑤NonGrouping：不分组，和 ShuffleGrouping 类似，当前 Task 的执行会和它的被订阅者在同一个线程中执行。

⑥DirectGrouping：直接分组，直接指定由某个 Task 来执行 Tuple 的处理。

4）Storm 架构

Apache Storm 的一个主要亮点是它是一个容错、快速、没有“单点故障”（SPOF）的分布式应用程序。用户可以根据需要在尽可能多的系统中安装 Apache Storm，以增加应用程序的容量。

现在来看看 Apache Storm 集群的设计方式及其内部架构，如图 7-1-7 所示。

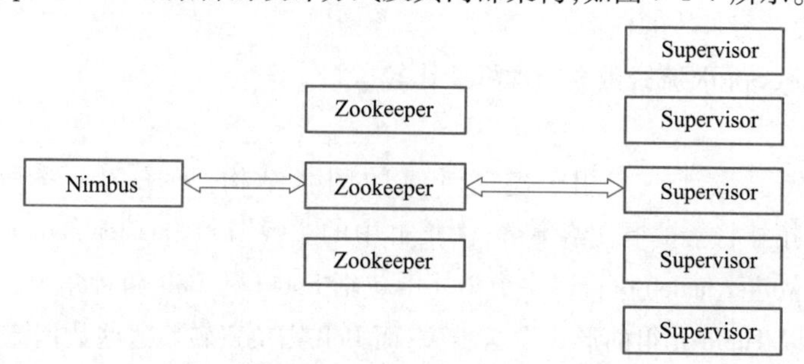

图 7-1-7 Storm 集群架构示意图

Apache Storm 有两种类型的节点，Nimbus（主节点）和 Supervisor（工作节点）。Nimbus 是 Apache Storm 的核心组件。Nimbus 的主要工作是运行 Storm 拓扑。Nimbus 分析拓扑并收集要执行的任务。然后，它会将任务分配给可用的主管。

主管将拥有一个或多个工作进程。主管将任务委派给工作进程。工作进程将根据需要生成尽可能多的执行程序并运行该任务。Apache Storm 使用内部分布式消息传递系统进行通信。

①Nimbus：Nimbus 是 Storm 集群的主节点。群集中的所有其他节点都称为工作节点。主节点负责在所有工作节点之间分配数据，将任务分配给工作节点并监视故障。

②Supervisor：遵循 Nimbus 给出的指令的节点称为管理器。一个主管有多个工作进程，它控制工作进程以完成由 Nimbus 分配的任务。

③Worker process：工作进程将执行与特定拓扑相关的任务。工作进程不会自己运行一个任务，而是创建执行者并要求他们执行一个特定的任务。一个工作进程将有多个执行器。

④Zookeeper 框架：Apache Zookeeper 是一个集群（节点组）使用的服务，用于在它们之间进行协调，并使用强大的同步技术维护共享数据。Nimbus 是无状态的，因此它依赖于 Zookeeper 来监视工作节点状态。

Storm 的工作流程如图 7-1-8 所示。

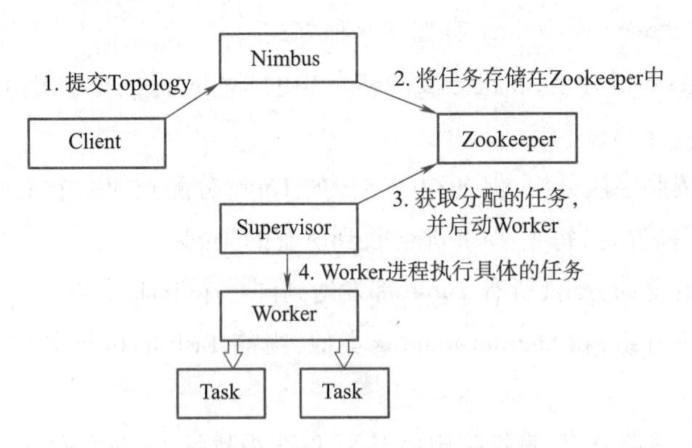

图 7-1-8　Storm 工作流程示意图

①客户端提交 Topology 到 Storm 集群中。

②Nimbus 将分配给 Supervisor 的任务写入 Zookeeper。

③Supervisor 从 Zookeeper 中获取所分配的任务，并启动 Worker 进程。

④Worker 进程执行具体的任务。

2. Storm、Flink、Spark 流式数据处理框架比较

（1）Storm

在 Storm 中，先要设计一个用于实时计算的图状结构，如图 7-1-9 所示，这称为拓扑（Topology）。这个拓扑将会被提交给集群，由集群中的主控节点（master node）分发代码，将任务分配给工作节点（worker node）执行。一个拓扑中包括 Spout 和 Bolt 两种角色，其中 Spout 发送消息，负责将数据流以 Tuple 元组的形式发送出去；而 Bolt 则负责转换这些数据流，在 Bolt 中可以完成计算、过滤等操作，Bolt 自身也可以随机将数据发送给其他 Bolt。由 Spout 发射出的 Tuple 是不可变数组，对应着固定的键值对。

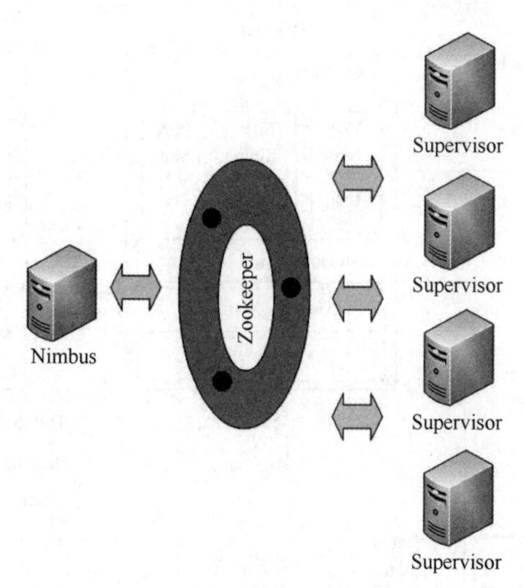

图 7-1-9 Storm 基本架构

- Nimbus(主节点):负责资源分配和任务调度。
- Supervisor(从节点):负责接收 Nimbus 分配的任务,启动和停止属于自己管理的 Worker 进程。通过配置文件设置当前 Supervisor 上启动多少个 Worker。
- Zookeeper(分布式协调服务):保存任务分配的信息、心跳信息、元数据信息。

(2) Flink

Flink 是一个针对流数据和批数据的分布式处理引擎,如图 7-1-10 所示。它主要是由 Java 代码实现。对 Flink 而言,其所要处理的主要场景就是流数据,批数据只是流数据的一个极限特例而已。再换句话说,Flink 会把所有任务当成流来处理,这也是其最大的特点。Flink 可以支持本地的快速迭代,以及一些环形的迭代任务。并且 Flink 可以定制化内存管理。在这点,如果要对比 Flink 和 Spark 的话,Flink 并没有将内存完全交给应用层。这也是为什么 Spark 相对于 Flink,更容易出现 OOM 的原因(out of memory)。就框架本身与应用场景来说,Flink 更相似于 Storm。

当 Flink 集群启动后,首先会启动一个 JobManger 和一个或多个 TaskManager。由 Client 提交任务给 JobManager,JobManager 再调度任务到各个 TaskManager 去执行,然后 TaskManager 将心跳和统计信息汇报给 JobManager。TaskManager 之间以流的形式进行数据的传输。上述三者均为独立的 JVM 进程。

Client 为提交 Job 的客户端,可以运行在任何机器上(与 JobManager 环境连通即可)。提交 Job 后,Client 可以结束进程(Streaming 的任务),也可以不结束并等待结果返回。

JobManager 主要负责调度 Job 并协调 Task 做 checkpoint,职责上很像 Storm 的 Nimbus。从 Client 处接收到 Job 和 JAR 包等资源后,会生成优化后的执行计划,并以 Task 的单元调度到各个 TaskManager 去执行。

TaskManager 在启动的时候就设置好了槽位数(Slot),每个 Slot 能启动一个 Task,Task 为线程。从 JobManager 处接收需要部署的 Task,部署启动后,与自己的上游建立 Netty 连接,接收数据并处理。

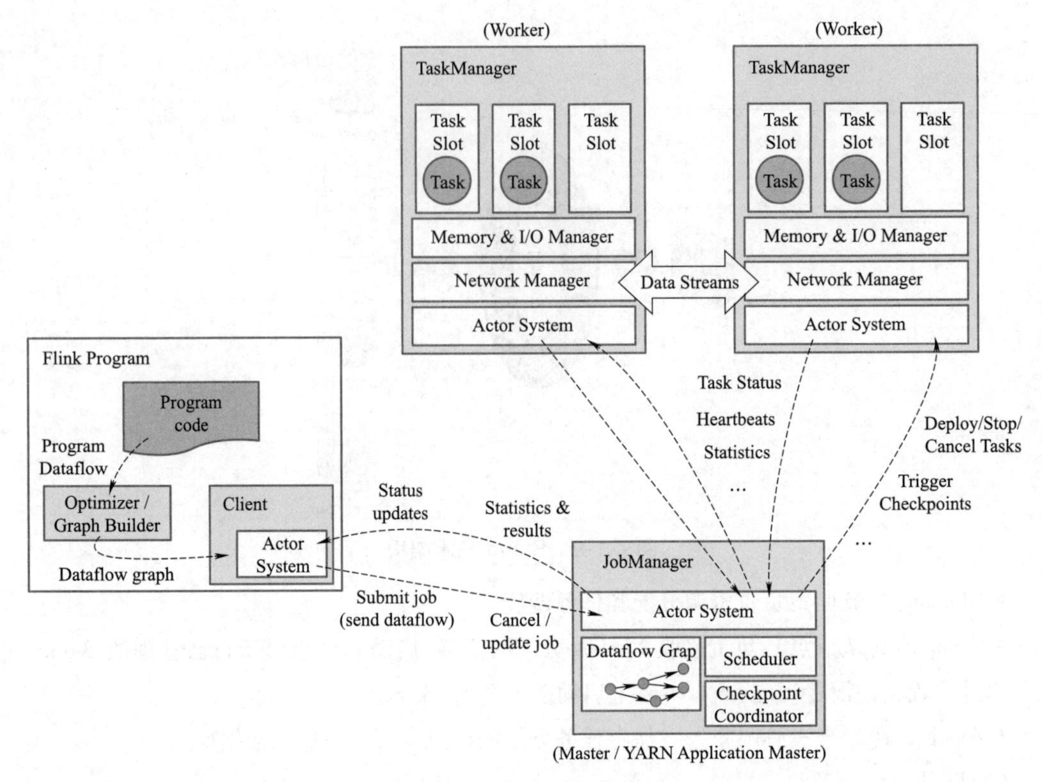

图 7-1-10　Flink 基本架构

(3) Spark

Spark 最初由美国加州大学伯克利分校(UC Berkeley)的 AMP 实验室于 2009 年开发,是基于内存计算的大数据并行计算框架。

Spark 运行架构如图 7-1-11 所示,包括集群管理器(Cluster Manager)、运行作业任务的工作节点(Worker Node)、每个应用的任务控制节点(Driver)和每个工作节点上负责具体任务的执行进程(Executor)。其中,集群资源管理器可以是 Spark 自带的资源管理器,也可以是 YARN 或 Mesos 等资源管理框架。

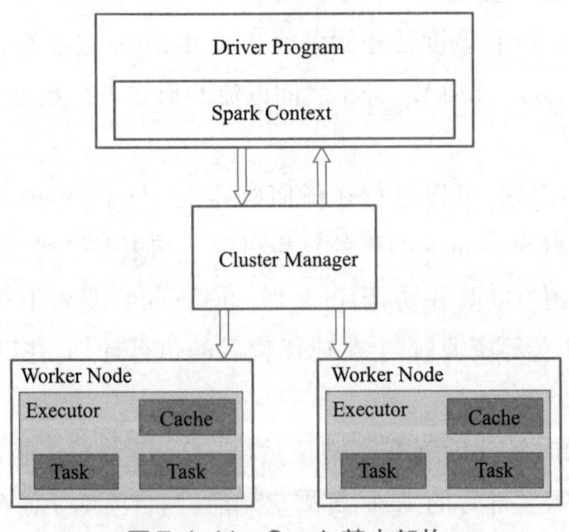

图 7-1-11　Spark 基本架构

Spark Streaming是核心Spark API的一个扩展,它并不会像Storm那样一次一个地处理数据流,而是在处理前按时间间隔预先将其切分为一段一段的批处理作业。Spark针对持续性数据流的抽象称为DStream(DiscretizedStream),一个DStream是一个微批处理(micro-batching)的RDD(Resilient Distributed Dataset,弹性分布式数据集);而RDD则是一种分布式数据集,能够以两种方式并行运作,分别是任意函数和滑动窗口数据的转换。

Spark Streaming是将流式计算分解成一系列短小的批处理作业。这里的批处理引擎是Spark,也就是把Spark Streaming的输入数据按照batch size(如1 s)分成一段一段的数据(Discretized Stream),每一段数据都转换成Spark中的RDD,然后将Spark Streaming中对DStream的Transformation操作变为针对Spark中对RDD的Transformation操作,将RDD经过操作变成中间结果保存在内存中。整个流式计算根据业务的需求可以对中间结果进行叠加,或者存储到外围设备。

简而言之,Spark Streaming把实时输入数据流以时间片Δt(如1 s)为单位切分成块,Spark Streaming会把每块数据作为一个RDD,并使用RDD操作处理每一小块数据,如图7-1-12。每个块都会生成一个Spark Job处理,然后分批次提交Job到集群中去运行,运行每个Job的过程和真正的Spark任务没有任何区别。

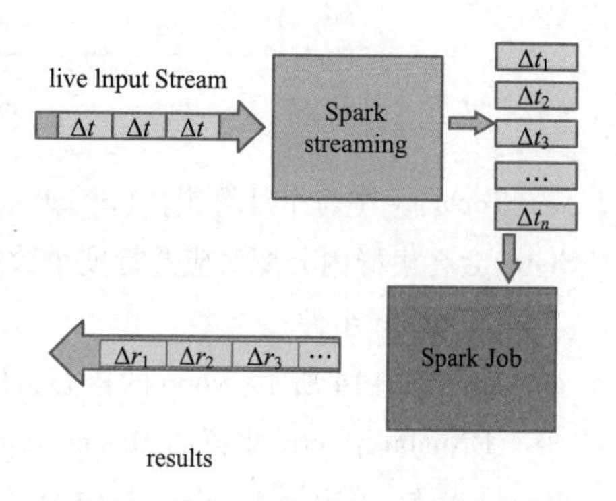

图7-1-12 Spark Streaming

3. Storm基本概念与组件

(1)Storm基本概念

Storm是一个分布式的、可靠的、容错的数据流处理系统、Storm主要包含Spout、Bolt、Topology、Streams、Task、Worker。在Storm中,通过拓扑,由集群中的主控节点(master node)分发代码,将任务分配给工作节点(worker node)执行。在Java代码中,可以通过TopologyBuilder类构建拓扑。

根据前面介绍的,一个拓扑中包括Spout和Bolt两种组件。其中Spout负责将数据流以Tuple的形式发送出去;而Bolt则负责转换这些数据流,或者将数据发送给其他Bolt。因此,Storm集群的输入流由Spout组件管理,Spout把数据传递给Bolt,Bolt要么把数据保存到某种存储器,要么把数据传递给其他Bolt。此处可以将一个Storm集群想象成一连串的Bolt之间转换Spout传过来的数据。

如图7-1-13所示,Spout作为Storm中的消息源,用于为Topology生产消息(数据),一般是从外部数据源不间断地读取数据并发送Topology消息(Tuple元组)。而Bolt作为Storm中的消息处理者,用于为Topology进行消息的处理,而Bolt可以被执行过滤、聚合、查询数据库等操作,而且可以一级一级地进行处理。最终,Topology会被提交到Storm集群中运行;也可以通过命令停止Topology的运行,将Topology占用的计算资源归还给Storm集群。

数据流(Stream)是Storm中对数据进行的抽象,它是Tuple元组序列。在Topology中,Spout是Stream的源头,负责为Topology从特定数据源发射Stream;Bolt可以接收任意多个Stream作为输入,然后进行数据的加工处理过程,如果需要,Bolt还可以发射出新的Stream给下级Bolt进行处理。

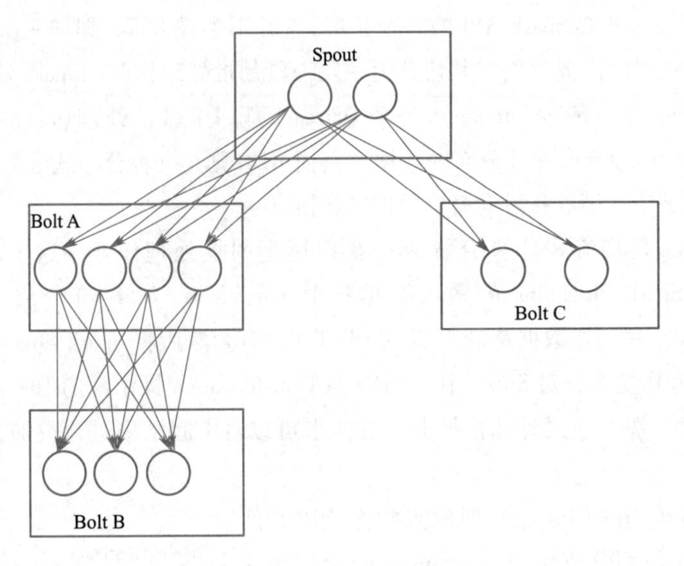

图 7-1-13　拓扑示意图

Topology 中每个计算组件(Spout 和 Bolt)都有一个并行执行度,在创建 Topology 时可以指定,Storm 会在集群内分配对应并行度个数的 Task 线程来同时执行这一组件。

(2)Storm 组件

如图 7-1-14 所示,Storm 的核心组件:

①Nimbus:Storm 集群的 Master 节点,负责分发用户代码,指派给具体的 Supervisor 节点上的 Worker 节点,去运行 Topology 对应的组件(Spout/Bolt)的 Task。

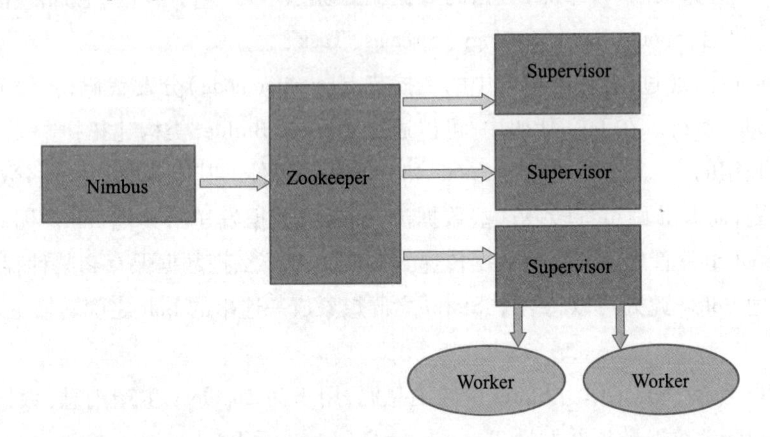

图 7-1-14　核心组件

②Supervisor:Storm 集群的从节点,负责管理运行在 Supervisor 节点上的每个 Worker 进程的启动和终止。通过 Storm 配置文件中的 supervisor. slots. ports 配置项,可以指定在一个 Supervisor 上最大允许多少个 Slot,每个 Slot 通过端口号唯一标识,一个端口号对应一个 Worker 进程(如果该 Worker 进程被启动)。

注意:Worker 的数量是由端口号决定的。

③Worker(进程):运行具体处理组件逻辑的进程(其实就是一个 JVM)。Worker 运行的任务

类型有两种,一种是 Spout 任务,一种是 Bolt 任务。

④Task(线程):Worker 中每个 Spout/Bolt 的线程称为一个 Task。在 Storm0.8 之后,Task 不再与物理线程对应,不同 Spout/Bolt 的 Task 可能会共享一个物理线程,该线程称为 Executor。

⑤Zookeeper(分布式协调服务):用来协调 Nimbus 和 Supervisor,如果 Supervisor 因故障出现问题而无法运行 Topology,Nimbus 会第一时间感知到,并重新分配 Topology 到其他可用的 Supervisor 上运行。

4. Storm 的扩展

(1)Twitter

Twitter 是一个在线社交网络服务,它提供了一个发送和接收用户 Twitter 的平台。注册用户可以阅读和发布 Twitter,但未注册用户只能阅读 Tweets。hashtag 用于按关键字对 Tweets 进行分类,而方法是附加在使用相关关键字之前。

(2)Spout Creation

Spout 的目的是让人们尽快提交 Tweet。Twitter 提供的"Twitter 流式应用程序接口"是一个基于 Web 服务的工具,用于实时检索人们提交的 Twitter。Twitter 流式 API 可以用任何编程语言访问。

Twitter 4J 是一个开源的非官方 Java 库,它提供了一个基于 Java 的模块,可以轻松地访问 Twitter 流 API。Twitter 4J 还提供了一个基于侦听器的框架来访问 Tweets。如果要访问 Twitter 流式 API,需要登录 Twitter 开发人员账户,并应获得客户密钥、客户记录和访问令牌这些 OAuth 身份验证详细信息。

Storm 在它的入门包中提供了一个 twitter spout"twittersamplespout"。用户将使用它来检索 Tweets。Spout 需要 OAuth 身份验证详细信息和至少一个关键字。Spout 将根据关键字发出实时的 Tweet。完整程序代码如下。

```
public class TwitterSampleSpout extends BaseRichSpout {
  SpoutOutputCollector _collector;
  LinkedBlockingQueue < Status > queue = null;
  TwitterStream _twitterStream;

  String consumerKey;
  String consumerSecret;
  String accessToken;
  String accessTokenSecret;
  String[] keyWords;

  public TwitterSampleSpout (String consumerKey, String consumerSecret,
     String accessToken, String accessTokenSecret, String [] keyWords ) {
       this.consumerKey = consumerKey;
       this.consumerSecret = consumerSecret;
       this.accessToken = accessToken;
       this.accessTokenSecret = accessTokenSecret;
       this.keyWords = keyWords;
     }
```

```
    public TwitterSampleSpout () {
        // TODO Auto-generated constructor stub
    }

    @ Override
    public void open (Map conf, TopologyContext context,
        SpoutOutputCollector collector ) {
            queue = new LinkedBlockingQueue < Status > (1000);
            _collector = collector;
            StatusListener listener = new StatusListener () {
                @ Override
                public void onStatus (Status status) {
                    queue.offer (status);
                }

                @ Override
                public void onDeletionNotice ( StatusDeletionNotice sdn) {}

                @ Override
                public void onTrackLimitationNotice (int i) {}

                @ Override
                public void onScrubGeo (long l, long l1) {}

                @ Override
                public void onException (Exception ex) {}

                @ Override
                public void onStallWarning (StallWarning arg0) {
                    // TODO Auto-generated method stub
                }
            };

            ConfigurationBuilder cb = new ConfigurationBuilder ();

            cb .setDebugEnabled (true)
                .setOAuthConsumerKey (consumerKey)
                .setOAuthConsumerSecret (consumerSecret)
                .setOAuthAccessToken (accessToken)
                .setOAuthAccessTokenSecret (accessTokenSecret);

            _twitterStream = new TwitterStreamFactory (cb.build ()).getInstance ();
            _twitterStream.addListener (listener);

            if (keyWords.length = = 0 ) {
                _twitterStream.sample ();
            }else {
                FilterQuery query = new FilterQuery ().track (keyWords );
                _twitterStream.filter (query );
```

```
            }
        }

        @ Override
        public void nextTuple () {
            Status ret = queue.poll ();

            if (ret = = null ) {
                Utils.sleep (50 );
            } else {
                _collector.emit (new Values (ret));
            }
        }

        @ Override
        public void close () {
            _twitterStream.shutdown ();
        }

        @ Override
        public Map < String, Object > getComponentConfiguration () {
            Config ret = new Config ();
            ret.setMaxTaskParallelism (1);
            return ret;
        }

        @ Override
        public void ack (Object id ) {}

        @ Override
        public void fail (Object id ) {}

        @ Override
        public void declareOutputFields (OutputFieldsDeclarer declarer ) {
            declarer.declare(new Fields ( "tweet "));
        }
    }
```

任务实施

1. 安装 Storm 集群

如何在本机上安装 Apache Storm 框架。这里有 3 个步骤：

①如果读者还没有 Java，首先在本机系统上安装 Java。

②安装 Zookeeper 框架。

③安装 Apache Storm 框架。

1）验证 Java

使用以下命令检查系统上是否已安装 Java。

```
$ java -version
```

如果 Java 已经存在,那么读者会看到它的版本号。否则,需下载最新版本的 JDK。

最新版本是 JDK 8u 60,文件是 jdk-8u60-linux-x64. tar. gz。在本地计算机上下载该文件。

(1)提取文件

通常将文件下载到下载文件夹中。使用以下命令提取 tar 设置。

```
$ cd /go/to/download/path
$ tar -zxf jdk-8u60-linux-x64.gz
```

(2)移至 opt 目录

要使 Java 可供所有用户使用,请将提取的 Java 内容移动到/usr/local/java 文件夹。

```
$ su
password: (type password of root user)
$ mkdir /opt/jdk
$ mv jdk-1.8.0_60 /opt/jdk/
```

(3)设置路径

要设置路径和 JAVA_HOME 变量,需将以下命令添加到 ~/ . bashrc 文件中。

```
export JAVA_HOME =/usr/jdk/jdk-1.8.0_60
export PATH= $PATH: $JAVA_HOME/bin
```

现在将所有更改应用于当前正在运行的系统。

```
$ source ~/.bashrc
```

2)Zookeeper 框架安装

(1)下载 Zookeeper

要在本地计算机上安装 Zookeeper 框架,可通过官方网站 http://zookeeper. apache. org/releases. html 下载最新版本的 Zookeeper,截至目前,最新版本的 Zookeeper 是 Zookeeper-3.4.6. tar. gz。

(2)提取 tar 文件

使用以下命令提取 tar 文件。

```
$ cd opt/
$ tar -zxf zookeeper-3.4.6.tar.gz
$ cd zookeeper-3.4.6
$ mkdir data
```

(3)创建配置文件

使用命令 vi conf/zoo. cfg 打开 conf/zoo. cfg 配置文件,并将以下所有参数设置为起始点。

```
$ vi conf/zoo.cfg
tickTime=2000
dataDir=/path/to/zookeeper/data
clientPort=2181
initLimit=5
syncLimit=2
```

成功保存配置文件后,即可启动 Zookeeper 服务器。

(4)启动 Zookeeper Server

使用以下命令启动 Zookeeper 服务器。

```
$ bin/zkServer.sh start
```

执行此命令后,将得到如下响应:

```
$ JMX enabled by default
$ Using config: /Users/../zookeeper-3.4.6/bin/../conf/zoo.cfg
$ Starting zookeeper ... STARTED
```

(5)启动 CLI

使用以下命令启动 CLI。

```
$ bin/zkCli.sh
```

执行上述命令后,将连接到 Zookeeper 服务器并获得以下响应。

```
Connecting to localhost:2181
...
...
...
Welcome toZookeeper!
...
...
WATCHER::
WatchedEvent state:SyncConnected type: None path:null
[zk: localhost:2181(CONNECTED) 0]
```

(6)停止 Zookeeper 服务器

连接服务器并执行所有操作后,可以使用以下命令停止 Zookeeper 服务器。

```
bin/zkServer.sh stop
```

已在计算机上成功安装了 Java 和 Zookeeper。下面开始安装 Apache Storm 框架。

3) Apache Storm Framework 安装

(1)下载 Storm

要在本地计算机上安装 Storm 框架,可通过官方网站 http://storm. apache. org/downloads. html 下载最新版本的 Storm。截至目前,最新版本的 Storm 是 apache-storm-0. 9. 5. tar. gz。

(2)提取 tar 文件

使用以下命令提取 tar 文件。

```
$ cd opt/
$ tar -zxf apache-storm-0.9.5.tar.gz
$ cd apache-storm-0.9.5
$ mkdir data
```

(3)打开配置文件

当前版本的 Storm 包含一个配置 Storm 守护进程的 conf/storm. yaml 文件。将以下信息添加到该文件中。

```
$ vi conf/storm.yaml
storm.zookeeper.servers:
- "localhost"
storm.local.dir: "/path/to/storm/data(any path)"
nimbus.host: "localhost"
supervisor.slots.ports:
 - 6700
 - 6701
 - 6702
 - 6703
```

应用所有更改后,保存并返回终端。

(4)启动 Nimbus

```
$ bin/storm nimbus
```

(5)启动主管(Supervisor)

```
$ bin/storm supervisor
```

(6)启动 UI

```
$ bin/storm ui
```

启动 Storm 用户界面应用程序后,在浏览器中输入 URL http:// localhost:8080,可以看到 Storm 群集信息及其运行拓扑。

2. Storm UI 的访问

Storm UI 首页主要分为 4 块:Cluster Summary、Topology summary、Supervisor summary、Nimbus Configuration,如图 7-1-15 ~ 图 7-1-18 所示。

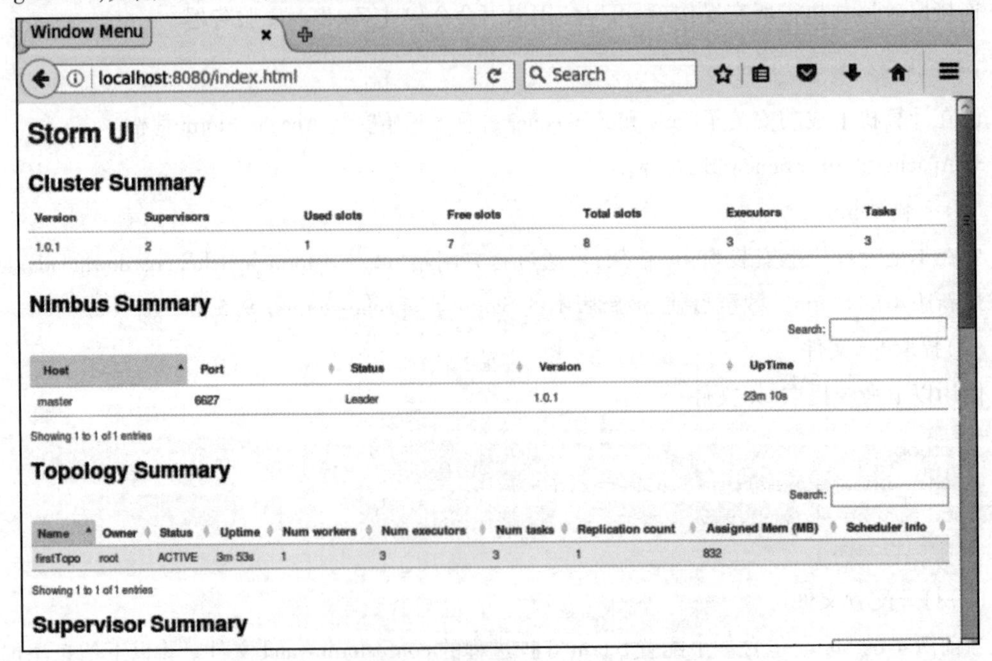

图 7-1-15　Storm UI 总览

(1)Cluster Summary(集群概况)

Version（版本）	Nimbus uptime（nimbus运行时长）	Supervisors（supervisor节点数）	Used slots（集群上已被使用的slots数目）	Free slots（集群上空闲的slots数目）	Total slots（集群上的slots数目）	Executors（集群上各个top的workers总数）	Tasks（集群上各个top的tasks总数）
0.9.2-incubating	44m 48s	2	8	0	8	84	84

图 7-1-16　集群概况

(2)Topology summary(Topology 概况)

Name（top名）	Id（top id）	Status(top状态：ACTIVE激活状态、Kill死亡状态、Deactivate失效状态、Rebalance调整状态)	Uptime（top运行时长）	Num workers（Num tasks）	Num executors（每个Topology运行时的worker的数目，默认值是1，若在代码中设置，则此选项值被覆盖）	Num tasks（top的并发度，是由TopologyBuilder.setSpout()和TopologyBuilder.setBolt()第三个参数parallelism_hint之和加workers组成）
log2master	log2master-1-1411120914	ACTIVE	2d 17h 8m 18s	28	3	28
havedata	havedata-4-1411029946	ACTIVE	3d 18h 24m 28s	28	3	28
nodata	nodata-3-1411029925	ACTIVE	3d 18h 24m 49s	28	2	28
havedatahavelog2master	havedatahavelog2master-1-1411116976	ACTIVE	2d 18h 13m 57s	0	0	0

图 7-1-17　Topology 概况

(3)Supervisor summary(Supervisor 概况)

Id（supervisor id）	Host(supervisor所在主机名称)	Uptime（supervisor节点运行时长）	Slots（supervisor上的slots数目，默认是4个，其端口分别是6700-6703)	Used slots（supervisor上已被使用的slots数目）
5e959828-9098-4a23-bccc-ed5e5860b891	slave1	42m 59s	4	4
ced12451-73fd-4dd9-95ea-4e646848e9c7	slave2	41m 27s	4	4

图 7-1-18　Supervisor 概况

任务 7.2　使用 Java 开发 Storm

视　频

使用Java开发Storm

任务描述

本任务将深入剖析 Storm Nimbus 和 Supervisor、Storm Worker、Executor 和 Task 以及讲解 Storm 的应用开发和调试过程，最后需要读者独立完成 Java 搭建 Storm 开发环境、使用 Java 开发 Storm 案例和集群运行 Storm 等 3 个实验。

知识学习

1. 深入剖析 Storm Nimbus 和 Supervisor

一个工作的 Storm 集群应该有一个 Nimbus 和一个或多个 Supervisor。另一个重要的节点是 Apache Zookeeper，它将用于 Nimbus 和 Supervisor(主管)之间的协调。

Apache Storm 的工作流程如下：

①最初,Nimbus 将等待"Storm 拓扑"提交给它。

②提交拓扑后,它将处理拓扑并收集要执行的所有任务以及执行任务的顺序。

③然后,Nimbus 将把任务均匀地分配给所有可用的 Supervisor(主管)。

④在特定的时间间隔内,所有 Supervisor(主管)都会将心跳发送到 Nimbus,通知它们仍然活着。

⑤当一个 Supervisor(主管)死了并且没有向 Nimbus 发送心跳时,Nimbus 会将任务分配给另一个 Supervisor(主管)。

⑥当 Nimbus 自身死亡时,Supervisor(主管)将毫无问题地处理已分配的任务。

⑦所有任务完成后,Supervisor(主管)将等待新任务进入。

⑧同时,死掉的 Nimbus 将由服务监控工具自动重启。

⑨重新启动的 Nimbus 将从停止的地方继续运行。同样,死掉的 Supervisor(主管)也可以自动重新启动。由于 Nimbus 和 Supervisor(主管)都可以自动重新启动,并且都将像以前一样继续,所以 Storm 保证至少处理一次所有任务。

⑩处理完所有拓扑后,Nimbus 将等待新拓扑到达,类似地,Supervisor(主管)将等待新任务。

默认情况下,Storm 集群中有两种模式:

➢本地模式:此模式用于开发、测试和调试,因为它是查看所有拓扑组件一起工作的最简单方法。在这种模式下,可以调整参数,使用户能够了解拓扑结构如何在不同 Storm 配置环境中运行。在本地模式下,Storm 拓扑在单个 JVM 中的本地计算机上运行。

➢生产模式:在此模式下,用户将拓扑提交给工作 Storm 集群,该集群由许多流程组成,通常运行在不同的机器上。正如在 Storm 工作流中讨论的,工作集群将无限期运行,直到关闭为止。

(1)Storm Nimbus

主控节点运行 Nimbus 守护进程,类似于 Hadoop 中的 JobTracker,负责在集群中分发代码,对节点分配任务,并监视主机故障。

Nimbus 启动时候,运行了一个 Thrift Server。它会在 Topology 提交之前做以下 4 个工作。

①清理一些中断了的 Topology(Nimbus 目录下/storm. local. dir/stormdist 下存在,Zookeeper 中 storms/topologyid 中不存在的 Topology):删除 Zookeeper 上相关信息(清理 tasks/topologyid; storms/topologyid; assignments/topologyid 三个目录)。

②将 storms/下所有的 Topology 设置为启动状态:能转换成 startup 状态的两种状态分别是:killed 和 rebalancing。Nimbus 的状态转换是很有意思的事情,killed 状态的 Topology 在 Nimbus 启动时会被干掉;rebalancing 状态的 Topology 在 Nimbus 启动时会重新分发任务,状态会变成 rebalancing 的上一个状态。

③每间隔 NIMBUS-MONITOR-FREQ-SECS 长时间将 Zookeeper 上/storms 下所有的 Topology 状态转换成 monitor 状态,并且将不活跃的 Storm 清理掉。只有当状态为 active 和 inactive 时,才能转换成 monitor 状态,转换成该状态就是将任务重新分发,监控是否与上一次的分配情况不同,如果存在不同,则替换,这个过程中 Zookeeper 上存储的 Topology 的状态是不会被设置的。

④删除过期的 JAR 包:过期时间为 NIMBUS-INBOX-JAR-EXPIRATION-SECS。每间隔 NIMBUS-CLEANUP-INBOX-FREQ-SECS 长时间进行一次清理。

(2)Supervisor(主管)

每个工作节点运行Supervisor守护进程,负责监听工作节点上已经分配的主机作业,启动和停止Nimbus已经分配的工作进程。

Supervisor(主管)会定时从Zookeeper获取拓扑信息Topologies、任务分配信息assignments及各类心跳信息,以此为依据进行任务分配。

在Supervisor(主管)同步时,会根据新的任务分配情况启动新的Worker或者关闭旧的Worker并进行负载均衡。

(3)Nimbus或者Supervisor进程死亡

Nimbus和Supervisor被设计成是快速失败且无状态的,它们的状态都保存在Zookeeper或者磁盘上,如果这两个进程死亡,它们不会像Worker一样自动重启,但是集群上的作业仍然可以在Worker中运行,并且它们重启之后会像什么都没发生一样正常工作。

2. Storm Worker、Executor和Task深入分析

Storm在集群上运行一个Topology时,主要通过以下3个实体来完成Topology的执行工作,如图7-2-1所示。

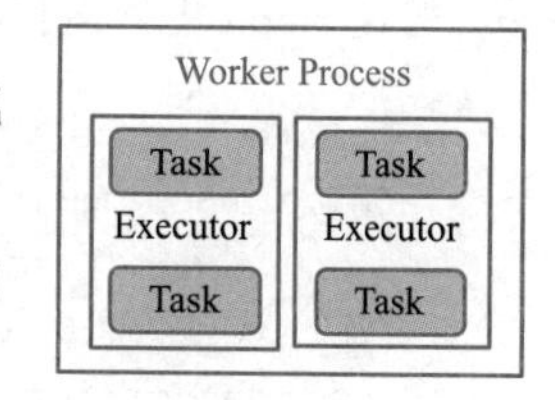

图7-2-1 三者之间关系

①Worker Process(工作进程):在Spout/Bolt中运行具体处理逻辑的进程。

②Executor(线程、执行器):物理线程。

③Task(任务):具体的处理逻辑对象。

➢ Storm集群里的一台物理机会启动1个或多个Worker进程(即JVM进程),所有的Topology将在这些Worker进程里被运行。

➢ 在一个单独的Worker进程里会运行1个或多个Executor线程。每个Executor只运行1个Topology的一个component(Spout和Bolt)的Task实例。

➢ 1个Task是最终完成数据处理的实体单元。

从微观上来看:Worker即进程,一个Worker就是一个进程,进程里面包含一个或多个线程,一个线程就是一个Executor,一个线程会处理一个或多个任务,一个任务就是一个Task,一个Task就是一个节点类的实例对象。

Storm集群的一个节点可能有一个或者多个工作进程(Worker)运行在一个或多个拓扑上,一个工作进程执行拓扑的一个子集。工作进程属于一个特定的拓扑,并可能为这个拓扑的一个或者多个组件(Spout/Bolt)运行一个或多个执行器(Executor线程)。一个运行中的拓扑包括多个运行在Storm集群内多个节点的进程。

1个Worker进程执行的是1个Topology的子集(注:不会出现1个Worker为多个Topology服务)。1个Worker进程会启动1个或多个Executor线程来执行1个Topology的component(Spout或Bolt)。因此,1个运行中的Topology就是由集群中多台物理机上的多个Worker进程组成的。

Executor是1个被Worker进程启动的单独线程。每个Executor只会运行1个Topology的1个component(Spout或Bolt)的Task(注:Task可以是1个或多个,Storm默认是1个component,只生成1个Task,Executor线程里会在每次循环里顺序调用所有Task实例)。

Task是最终运行Spout或Bolt中代码的单元(注:1个Task即为Spout或Bolt的1个实例,

Executor 线程在执行期间会调用该 Task 的 nextTuple 或 execute 方法)。Topology 启动后,1 个 component(Spout 或 Bolt)的 Task 数目是固定不变的,但该 component 使用的 Executor 线程数可以动态调整(例如:1 个 Executor 线程可以执行该 component 的 1 个或多个 Task 实例)。这意味着,对于 1 个 component 存在这样的条件:#threads < = #tasks(即线程数小于或等于 Task 数目)。默认情况下 Task 的数目等于 Executor 线程数目,即 1 个 Executor 线程只运行 1 个 Task。

3. Storm 的应用开发和调试过程介绍

1)创建 Maven 工程

在 Eclipse 下创建 Maven 工程,如图 7-2-2 所示。

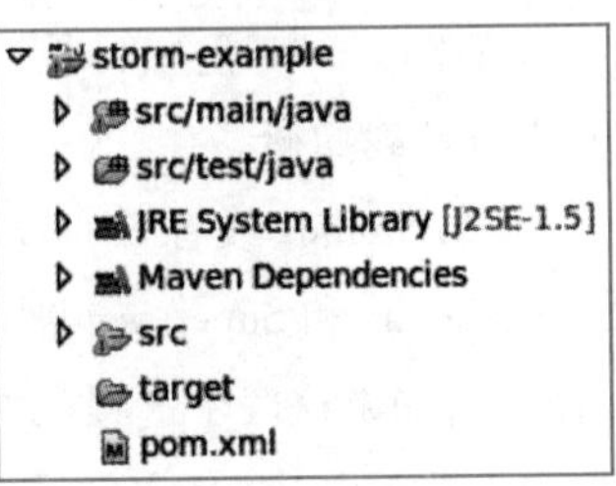

图 7-2-2 创建 Maven 工程

2)修改 pom. xml 添加依赖包

使用 maven-assembly-plugin 插件将工程依赖的 JAR 都一起打包,Storm 的 <scope> 设置 provided,主要原因是编译时需要 Storm 包,当在 Storm 集群运行时就不需要将它一起打包。

```
<projectxmlns = "http://maven.apache.org/POM/4.0.0 " xmlns:xsi = "http://www.w3.org/2001/XMLSchema-instance "
    xsi:schemaLocation = "http://maven.apache.org/POM/4.0.0 http://maven.apache.org/xsd/maven-4.0.0.xsd ">
    <modelVersion>4.0.0</modelVersion>

    <groupId>com.test</groupId>
    <artifactId>storm-example</artifactId>
    <version>0.0.1-SNAPSHOT</version>
    <packaging>jar</packaging>

    <name>storm-example</name>
    <url>http://maven.apache.org</url>

    <properties>
      <project.build.sourceEncoding>UTF-8</project.build.sourceEncoding>
    </properties>

    <dependencies>
        <dependency>
            <groupId>org.apache.storm</groupId>
          <artifactId>storm-core</artifactId>
          <version>0.9.2-incubating</version>
          <scope>provided</scope>
        </dependency>
    </dependencies>

    <build>
      <plugins>
        <plugin>
          <artifactId>maven-assembly-plugin</artifactId>
          <version>2.4</version>
          <configuration>
```

```
            <descriptorRefs>
              <descriptorRef>jar-with-dependencies</descriptorRef>
            </descriptorRefs>
          </configuration>
          <executions>
            <execution>
              <id>make-assembly</id>
              <phase>package</phase>
              <goals>
                <goal>single</goal>
              </goals>
            </execution>
          </executions>
        </plugin>
      </plugins>
    </build>
  </project>
```

3)编写 Topology

(1)编写 Spout

```
    public class WordReader implements IRichSpout{
      private SpoutOutputCollector collector;
      private FileReader fileReader;
      private Boolean completed = false;
      private TopologyContext context;
      public Boolean isDistributed(){return false;}
      public void ack(Object msgid){System.out.println("OK:"+msgid);}
      public void close(){}
      public void fail(Object msgId){
          System.out.println("FALL:"+msgId);
      }
      //创建一个读文件对象,并维持一个 collector 对象.这是第一个被调用的 spout 方法,它接收如
下参数:配置对象.在定义 topology 对象时创建;TopologyContext 对象,包含所有拓扑数据;
SpoutOutputCollector 对象,它能让用户发布交给 Bolts 处理的数据
      public void open(Map conf, TopologyContext context, SpoutOutputCollector collector){
        try{
        this.context = context;
        //读文件
            this.fileReader = new FileReader(conf.get("wordsFile").toString());
        }catch(FileNotFoundExxception e){
            throw new RuntimeException("Error reading file [" + conf.get("wordFile")
+"]");
        }
        this.collector = collector;
      }
      //这个方法是读取文件并逐行发布数据,通过这个方法向 Bolts 发布待处理的数据.这个方法会不
断地被调用,直到整个文件都读完
      Public void nextTuple(){
```

```
        /* * nextTuple()会被 ack()和 fail()周期性调用.没有任务时它必须释放对线程的控制,其
他方法才有机会得以执行.因此 nextTuple 的第一行就要检查是否已处理完成.如果完成,则文件中的每
一行都已被读出并分发
        * /
        if(completed){
            try {
                //如果完成,会休眠一毫秒,以降低处理器负载
                Thread.sleep(1000);
            }catch(InterruptedExceptione){
            //什么也不需要做
            }
            return;
        }
        String str;
        //创建 reader
        BufferedReader reader = new BufferedReader(fileReader)
        try {
            //读取所有文本行
            while((str = reader.readLine())! = null){
                //按行发布一个新值
                this.collector.emit(new Values(str),str);
            }
        }catch(Exceptione){
            throw new RuntimeException("Error reading tuple",e);
        }finally {
                completed = true;
        }
      }
      //声明输入域"word"
      public void declareOutputFields(OutputFieldsDeclarer declarer){
        declarer.declare(new Fields("line"));
      }
    }
```

Spout 是输入流模块,读取原始数据,为 Bolt 提供数据。Spout 最终会发送一个流(Stream),就是文件中的一行。上面代码中的注解详细解释了每个方法的作用和用法。

(2)编写 Bolt

现在已经有了一个 Spout,用来按行读取文件并按照每行发布一个元组。还要创建两个 Bolt,第一个 Bolt 用来标准化单词,第二个 Bolt 为单词计数。Bolt 最重要的方法是 void execute(Tuple input),每次接收到元组时都会被调用一次,还会再发布若干个元组。

第一个 Bolt:WordNormalizer,负责接收并标准化每行文本。它把文本行切分成单词,大写转换成小写,去掉头尾空白符。代码如下:

```
    public class WordNormalizer implements IRichBolt{
        private OutputCollector collector;
        public void cleanup(){}
        /* * 处理传入的元组:Bolt 从单词文件接收到文本行,并标准化它.文本行会全部转换成小写,
并切分它,从中得到所有单词
```

```
    * /
    public void execute (Tuple input ){
        Stringsentence = input.getString (0 );          //从元组读取值
        Stirng[] words = sentence.split ("");
        for(String word: words ){
            word = word.trim ();
            if(!word.isEmpty ()){
            word = word.toLowerCase ();
            //发布这个单词
            List a = new ArrayList ();
            a.add(input );
            collector.emit(a,new Values (word ));
        }
        //每次都调用 collector 对象的 ack ()方法确认已成功处理了一个元组
        collector.ack(input );
        }
        Public void prepare(Map stormConf,TopologyContext context,OutputCollector collector){
            this.collector = collector;
        }
        //声明 bolt 只会发布一个名为"Word"的域
        public void declareOutputFields (OutputFieldsDeclarer declarer){
            declarer.declare(new Fields("word"));
        }
    }
}
```

上面这段代码是在一次 execute 调用中发布多个元组。如果这个方法在一次调用中接收到句子"This is storm",它将会发布三个元组。

第二个 Bolt:WordCounter,负责为单词计数。当拓扑结束时(cleanup()方法被调用时),它将显示每个单词的数量。这个例子中的 Bolt 什么也没发布,它把数据保存在 map 中,但是在真实场景中可以把数据保存到数据库。

```
public class WordCounter implements IRichBolt{
  Integer id;
  String name;
  Map<String,Integer>counters;
  private OutputCollector collector;
  //拓扑结束(集群关闭)时,显示单词数量。通常情况下,当拓扑关闭时,应当关闭活动的连接和其他资源
  public void cleanup(){
      System.out.println("—单词数["+name+"-"+id+"] --");
      for(Map.Entry<String,Integer> entry : counters.entrySet()){
          System.out.println(entry.getKey()+":"+entry.getValue());
      }
  }
  //使用一个 map 收集单词并计数
  public void execute(Tuple input ){
      String str = input.getString(0);
```

```
        //如果单词尚不存在于 map,就创建一个,如果已存在,就为它加 1
        if(!counters,containsKey(str)){
            conters.put(str,1);
        }else {
            Integer c = counters.get(str) + 1;
            Counters.put(str,c);
        }
        //对元组作为应答
        collector.ack(input);
    }
    //初始化
    public void prepare(Map stormConf,TopologyContext context,OutputCollector collector){
        this.counters = new HashMap<String,Integer>();
        this.collector = collector;
        this.name = context.getThisComponentId();
        this.id = context.getThisTaskId();
    }
    public void declareOutputFields(OutputFieldsDeclarer declarer){}
}
```

从上面的例子可以看出,Bolt 是这样一种组件,它把元组作为输入,然后产生新的元组作为输出。Bolt 拥有如下方法:

```
//为 Bolt 声明输出模式
declareOutputFields(OutputFieldsDeclarer declarer)
//仅在 Bolt 开始处理元组之前调用
prepare(java.util.Map stormConf, TopologyContext context, OutputCollector collector)
//处理输入的单个元组
execute(Tuple input)
//在 Bolt 即将关闭时调用
cleanup()
```

4)编写 Topology

Topology 是拓扑结构,为 Storm 的一个任务单元。下面在主类中创建这个拓扑和一个本地集群对象。此时要用一个 Spout 读取文本,第一个 Bolt 用来标准化单词,第二个 Bolt 为单词计数。这个拓扑决定 Storm 如何安排各节点,以及它们交换数据的方式。为了便于在本地测试和调试,LocalCluster 可以通过 Config 对象,尝试不同的集群配置。

```
public calss TopologyMain {
    public static void main(String[] args)throws InterruptedException {
        //创建一个拓扑
        TopologyBuilder builder = new TopologyBuilder();
        builder.setSpout("word-reader",new WordReader());
        //在 Spout 和 Bolts 之间通过 shuffleGrouping 方法连接,这种分组方法决定了 Storm
会以随机分配方式从源节点向目标节点发送消息
        builder. setBolt ( " word-normalizer ", new WordNormalizer ( )). shuffleGrouping
("word-reader");
```

```
        builder.setBolt("word-counter", new WordCounter(),2).fieldsGrouping("word-normalizer",new Fields("word"));
            //创建一个包含拓扑配置的 Config 对象,它会在运行时与集群配置合并,并通过 prepare 方法发送给所有节点
            config conf = new Config();
            conf.put("wordFile",args[0]);//由 Spout 读取的文件的文件名,赋值给 wordFile 属性,在开发阶段,可设置 debug 属性为 true,Storm 会打印节点间交换的所有消息,以及其他有帮助于理解拓扑运行方式的调试数据
            conf.setDebug(false);
            //运行拓扑
            conf.put(Config.TOPOLOGY_MAX_SPOUT_PENDING,1);
            LocalCluster cluster = new LocalCluster();
            cluster.submitTopology(" Getting-Started-Topologie ", conf, builder.createTopology());
            Thread.sleep(1000);
            cluster.shutdown();
        }
    }
```

在生产环境中,拓扑会持续运行。对于上面这个例子而言,只要运行它几秒就能看到结果。最后几行代码是调用 createTopology 和 submitTopology,运行拓扑,休眠一秒(拓扑在另外的线程运行),然后关闭集群。

上面这个例子中,每类节点只有一个实例。但是如果用户有一个非常大的文件呢?如何能够很轻松地改变系统中的节点数量实现并行工作?这个时候,就要创建两个 WordCounter 实例:

```
    builder.setBolt("word-normalizer", new WordNormalizer()).shuffleGrouping("word-normalizer");
```

每个实例都会运行在单独的机器上。当用户调用 shuffleGrouping 时,就决定了 Storm 会以随机分配的方式向用户的 Bolt 实例发送消息,在上面的这个例子中,理想的做法是相同的单词发送给同一个 WordCounter 实例。只要把 shuffleGrouping("word-normalizer")换成 fieldsGrouping("word-normalizer",new Fields("word"))就能达到目的。

5)运行结果

本地运行时,在 Eclipse 中的输出如图 7-2-3 所示。

```
<terminated> FirstTopo [Java Application] /usr/java/jdk1.
out=I'm happy!
out=I'm angry!
out=I'm happy!
out=I'm angry!
out=I'm angry!
out=I'm happy!
out=I'm excited!
out=I'm happy!
out=I'm angry!
out=I'm happy!
out=I'm happy!
out=I'm angry!
out=I'm happy!
out=I'm angry!
out=I'm happy!
out=I'm happy!
```

图 7-2-3 Eclipse 中的输出结果

在 Storm 集群中运行时输出可以通过 Storm UI 进行查看，如图 7-2-4 所示。

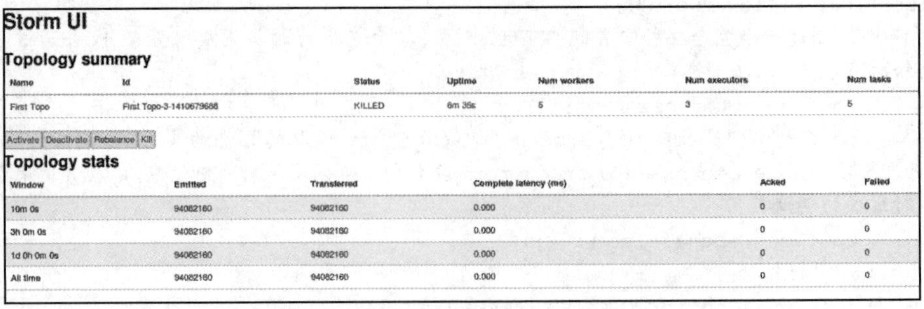

Storm UI

Topology summary

Name	Id	Status	Uptime	Num workers	Num executors	Num tasks
First Topo	First Topo-3-1410679688	KILLED	6m 35s	5	3	5

Activate | Deactivate | Rebalance | Kill

Topology stats

Window	Emitted	Transferred	Complete latency (ms)	Acked	Failed
10m 0s	94082160	94082160	0.000	0	0
3h 0m 0s	94082160	94082160	0.000	0	0
1d 0h 0m 0s	94082160	94082160	0.000	0	0
All time	94082160	94082160	0.000	0	0

图 7-2-4　通过 Storm UI 查看 Storm 集群运行结果

6）总结

在 Storm 集群中，有两类节点：主节点 Master Node 和工作节点 Worker Nodes。主节点运行着一个 Nimbus 守护进程。这个进程负责在集群中分发代码，为工作节点分配任务，并监控故障。Supervisor 守护进程作为拓扑的一部分运行在工作节点上。一个 Storm 拓扑结构在不同的机器上运行着众多的工作节点。

Storm 生态系统的一大优势在于其拥有丰富的流类型组合，足够从任何类型的来源出获取数据。Storm 适配器的存在使其能够轻松与 HDFS 文件系统进行集成，可以与 Hadoop 实现互操作。Storm 的另一大优势在于它对多语言编程方式的支持能力。尽管 Storm 本身基于 Clojure 且运行在 JVM 之上，其输入流与处理与输出模块仍然能够通过几乎所有语言进行编写。

总之，Storm 是一套极具有扩展能力、快速且具备容错能力的开源分布式计算系统，其高度专注于流处理领域。Storm 在事件处理与增量计算方面表现突出，能够以实时方式根据不断变化的参数对数据流进行处理。尽管 Storm 同时提供原语以实现通用性分布 RPC，并在理论上能够被用于任何分布式计算任务的处理速度，单节点可以达到每秒百万个元组，此外，它还具有高扩展、容错、保证数据处理等特性。实时数据处理的应用场景很广泛，如商品推荐、广告投放等，它能根据当前情景上下文（用户偏好、地理位置、已发生的查询和单击等）来估计用户单击的可能性并实时做出调整。

任务实施

本案例主要通过 RandomWordSpout 类继承 Spout 方法实现从数组中随机获取元素，并产生相关消息；由 RandomWordSpout 类产生的相关消息，通过 UpperBolt 类接收，并将此消息中的单词转换为大写；最后通过 SuffixBolt 类接收来自 UpperBolt 类的消息，并从消息中获取处理好的单词后加上后缀_itisok，输出以单词_itisok 的文件。

1. Java 搭建 Storm 开发环境

①安装 Storm 集群，参考任务 7.1 相关内容。

②创建项目。创建一个 Java 工程，并将 STORM_HOME/lib 目录下的 jar 包添加到项目的 classpath 路径下。

③修改 pom. xml 添加依赖包。

2. Java 开发 Storm 案例

(1)创建 RandomWordSpout 类

创建 RandomWordSpout 类,此类继承 backtype. storm. topology. base. BaseRich Spout,主要功能是,从数组中随机获取元素,并产生消息。

具体代码如下:

```
/* *
* 模拟产生随机商品,产生消息
*
* /
public class RandomWordSpout extends BaseRichSpout{
    private static final long serialVersionUID = -5694853370249658735L;
    private SpoutOutputCollector collector;
    //模拟一些数据
    String[] words = {"iphone ","xiaomi ","mate ","sony ","sumsung ","moto ","meizu "};
    //不断地往下一个组件发送 Tuple 消息
    //这里面是该 spout 组件的核心逻辑
    @ Override
    public void nextTuple() {
        //可以从 Kafka 消息队列中拿到数据,简便起见,从 words 数组中随机挑选一个商品名发送
出去
        Random random = new Random();
        int index = random.nextInt(words.length );
        //通过随机数拿到一个商品名
        String godName = words[index ];
        //将商品名封装成 tuple,发送消息给下一个组件
        collector.emit(new Values(godName ));
        //每发送一个消息,休眠 500 ms
        Utils.sleep(500 );
    }
    //初始化方法,在 Spout 组件实例化时调用一次
    @ Override
    public void open(Map conf, TopologyContext context, SpoutOutputCollector collector ) {
    this.collector = collector;
    }
    //声明本 Spout 组件发送出去的 Tuple 中的数据的字段名
    @ Override
    public void declareOutputFields(OutputFieldsDeclarer declarer) {
        declarer.declare(new Fields("orignname "));
    }
}
```

(2)创建 UpperBolt 类

创建 UpperBolt 类,此类继承 backtype. storm. topology. base. BaseRichSpout,主要功能是,接收 RandomWordSpout 类产生的消息,并将消息中的单词转换为大写,同时,将单词发送给下一业务逻辑。

具体代码如下:

```
/* *
* 将得到的模拟商品名称转换为大写
*
* /
public class UpperBolt extends BaseBasicBolt{
    private static final long serialVersionUID = 3968956714937045377L;
    //业务处理逻辑
    @ Override
    public void execute(Tuple tuple, BasicOutputCollector collector ) {
        //先获取到上一个组件传递过来的数据,数据在 Tuple 里面
        String godName = tuple.getString(0 );
        //将商品名转换成大写
        String godName_upper = godName.toUpperCase();
        //将转换完成的商品名发送出去
        collector.emit(new Values(godName_upper ));
    }
    //声明该 Bolt 组件要发出去的 Tuple 的字段
    @ Override
    public void declareOutputFields(OutputFieldsDeclarer declarer ) {
        declarer.declare(new Fields("uppername "));
    }
}
```

(3)创建 SuffixBolt 类

创建 SuffixBolt 类,此类继承 backtype. storm. topology. base. BaseRichSpout,主要的功能是,接收 UpperBolt 发送的消息,获取单词,并在单词后面添加后缀_itisok,输出文件。

具体代码如下:

```
/* *
* 将收到的商品加上后缀"_itisok "
* /
public class SuffixBolt extends BaseBasicBolt {
    private static final long serialVersionUID = 5122871763103743706L;
    private FileWriter fileWriter = null;
    //在 Bolt 组件运行过程中只会被调用一次
    @ Override
    public void prepare(Map stormConf, TopologyContext context ) {
        try {
            fileWriter = new FileWriter("/usr/local/storm_data/ "+UUID.randomUUID());
        } catch (IOException e ) {
            throw new RuntimeException(e );
        }
    }
    //该 Bolt 组件的核心处理逻辑
    //每收到一个 Tuple 消息,就会被调用一次
    @ Override
    public void execute(Tuple tuple, BasicOutputCollector collector) {
        //先拿到上一个组件发送过来的商品名称
        String upper_name = tuple.getString(0 );
```

```
            //为上一个组件发送过来的商品名称添加后缀
            String suffix_name = upper_name + "_itisok ";
            try {
                fileWriter.write(suffix_name );
                fileWriter.write("\n ");
                fileWriter.flush();
            } catch (IOException e ) {
                throw new RuntimeException(e );
            }
        }
        //本 Bolt 已经不需要发送 Tuple 消息到下一个组件,所以不需要再声明 tuple 字段
        @ Override
        public void declareOutputFields(OutputFieldsDeclarer arg0 ) {
        }
    }
```

(4)创建 TopoMain 类

创建 TopoMain 类,主要功能是,作为程序启动的入口,同时组织各个处理组件形成一个完整的处理流程,并且将该 Topology 提交给 Storm 集群去运行,Topology 提交到集群后就将永无休止地运行,除非人为或者异常退出。

具体代码如下:

```
    /* *
    * 组织各个处理组件形成一个完整的处理流程,就是所谓的 Topology(类似于 MapReduce 程序中的
job),并且将该 Topology 提交给 Storm 集群去运行,Topology 提交到集群后就将永无休止地运行,除非
人为或者异常退出
    * /
    public class TopoMain {
        public static void main(String[] args ) throws Exception {
            TopologyBuilder builder = new TopologyBuilder();
            //将 Spout 组件设置到 Topology 中去
            //parallelism_hint :4   表示用 4 个 Excutor 来执行这个组件
            //setNumTasks(8) 设置的是该组件执行时的并发 Task 数量,也就意味着 1 个 Excutor 会
运行 2 个 Task
            builder.setSpout("randomspout ", new RandomWordSpout(), 4 ).setNumTasks(8);
            //转换 Bolt 组件为大写并设置到 Topology,并且指定它接收 randomspout 组件的消息
            //.shuffleGrouping("randomspout ")包含两层含义:
            //1.upperbolt 组件接收的 Tuple 消息一定来自于 randomspout 组件
            //2.randomspout 组件和 upperbolt 组件的大量并发 Task 实例之间收发消息时采用的
分组策略是随机分组 shuffleGrouping
            builder.setBolt("upperbolt ", new UpperBolt(), 4 ).shuffleGrouping("randomspout ");
            //将添加后缀的 Bolt 组件设置到 Topology,并且指定它接收 upperbolt 组件的消息
            builder.setBolt("suffixbolt ", new SuffixBolt(), 4 ).shuffleGrouping("upperbolt ");
            //用 builder 创建一个 topology
            StormTopology demotop = builder.createTopology();
            //配置一些 Topology 在集群中运行时的参数
            Config conf = new Config();
            //这里设置的是整个 demotop 所占用的槽位数,也就是 Worker 的数量
            conf.setNumWorkers(4 );
```

```
            conf.setDebug(true );
            conf.setNumAckers(0);
            //将这个 Topology 提交给 Storm 集群运行
            StormSubmitter.submitTopology("demotopo", conf, demotop);
        }
    }
```

3. 集群运行 Storm

(1)创建文件目录

在类 SuffixBolt 中有一行代码如下:

fileWriter = new FileWriter("/usr/local/storm_data/" + UUID. randomUUID());

为了要将结果文件输出到目录/usr/local/storm_data/中,所以,首先在服务器上执行如下命令:

mkdir -p /usr/local/storm_data/

(2)打包程序

将写好的 Java 工程打包成 Jar 包,比如在 Eclipse 中导出为 Jar 包,此处将这个 jar 包的名字定义为 storm_test. jar。

(3)上传 jar 包

这里直接将 jar 包上传到服务器的/usr/local/storm_data/目录下。

(4)运行 jar 包

输入以下命令:

storm jar storm_test. jar com. lyz. storm. demo. TopoMain

运行 Jar 包,此时 Storm 会提示 Jar 包已提交到 Storm 集群,并在服务器的/usr/local/storm_data/下创建四个随机文件,如图 7-2-5 所示。

```
[root@liuyazhuang121 storm_data]# ll
total 16872
-rw-r--r--. 1 root root      660 Oct 25 00:02 4032b669-7933-404a-af11-66566f685df3
-rw-r--r--. 1 root root      643 Oct 25 00:02 8214677e-47e9-4952-a9c5-68efa8e47414
-rw-r--r--. 1 root root      635 Oct 25 00:02 9f9cf344-aa0f-480a-82c7-7041e50a5a6f
-rw-r--r--. 1 root root      644 Oct 25 00:02 edfa0cd6-e4b0-4cf9-a42b-926be2bb88e5
-rw-r--r--. 1 root root 17257982 Oct 24 22:26 storm_test.jar
[root@liuyazhuang121 storm_data]#
```

图 7-2-5　4 个随机文件

打开其中一个文件,内容如图 7-2-6 所示。

```
[root@liuyazhuang121 storm_data]# tail -f 4032b669-7933-404a-af11-66566f685df3
MEIZU_itisok
SONY_itisok
MEIZU_itisok
SONY_itisok
XIAOMI_itisok
MOTO_itisok
MATE_itisok
MEIZU_itisok
SUMSUNG_itisok
MATE_itisok
SUMSUNG_itisok
```

图 7-2-6　文件内容

小结

本单元详细介绍了流式数据处理框架 Storm 相关知识。Storm 就是一套专门用于事件流处理的分布式计算框架。Storm 大大简化了面向庞大规模数据流的处理机制,从而在实时处理领域扮演着 Hadoop 之于批量处理领域的重要角色。

Storm 的拓扑结构运行在集群之上,而 Storm 调度程序则根据具体拓扑(topology)配置,将处理任务分发给集群中的各个工作节点。Storm 保证每个消息至少能够得到一次完成的处理。任务失败时,它会负责从消息源重试消息。Storm 的应用场景主要有三个类:信息流处理、持续计算以及分布式远程程序调用。

Storm 的关注重点放在了实时、以流为基础的处理机制上,因此其拓扑结构默认永远运行或者说直到手动中止。一旦拓扑流程启动,挟带着数据的流就会不断涌入系统,并将数据交付给处理与输出模块,这正是整个计算任务的主要实现方式。

通过本单元的学习,令读者对流式数据处理框架 Storm 有了一定的了解,并掌握如何配置和安装 Storm 以及如何使用 Java 开发 Storm 的知识点和技能点。

习题

一、选择题

下列(　　)方式不是 Storm 中 Stream Groupings 的方式。

A. NonGrouping　　B. Tuples　　C. AllGrouping　　D. DirectGrouping

二、填空题

1. Storm 的特点有________、________、________、________、________。

2. FieldsGrouping 按照字段分组,保证相同字段的________分配到同一个 Task 中。

三、简答题

1. 为什么说使用 Storm 流处理框架开发实时应用的开发成本较低?

2. 一个 Topology 由哪些组件组成?

3. Nimbus 进程和 Supervisor 进程都是快速失败(Fail-fast)和无状态(Stateless)的,这样的设计有什么优点?

四、操作题

1. 上机练习,安装 Storm 集群。

2. 上机练习,搭建 Java 的 Storm 开发环境并使用 Java 开发 Storm 案例。

3. 上机练习,运行 Storm 集群环境。

试　题

单元7 试题

参 考 文 献

[1] 刘鹏. 实战 Hadoop:开启通向云计算的捷径[M]. 北京:电子工业出版社,2011.

[2] 曾刚. 实战 Hadoop 大数据处理[M]. 北京:清华大学出版社,2017.

[3] 杨正洪. 大数据技术入门[M]. 北京:清华大学出版社,2016.

[4] 陆嘉恒. Hadoop 实战[M]. 2 版. 北京:机械工业出版社,2012.

[5] 蔡斌,陈湘萍. Hadoop 技术内幕:深入解析 Hadoop Common 和 HDFS 架构设计与实现原理[M]. 北京:机械工业出版社,2013.

[6] HDFS High Availability[EB/OL]. http://hadoop. apache. org/docs/r2. 0. 0-alpha/hadoop-yarn/hadoop-yarn-site/HDFSHighAvailability. html.

[7] HDFS API[EB/OL]. http://Hadoop. apache. org/docs/r1. 2. 1/api/.

[8] 刘军. Hadoop 大数据处理[M]. 北京:人民邮电出版社,2013.

[9] Apache Hadoop. HDFS User Guide. http://Hadoop. apache. org/docs/r1. 0. 4/hdfs_user_guide. html.

[10] MapReduce 编程实例(一):求平均数[EB/OL]. http://www. linuxidc. com/Linux/2014-03/98262. html.

[11] MapReduce 工作原理讲解[EB/OL]. http://www. aboutyun. com/thread-6723-1-1. html.

[12] 张月. HadoopMapReduce 开发最佳实战[EB/OL]. http://www. infoq. com. cn/articles/MapReduce-Best-Practice-1.

[13] 数据去重[EB/OL]. http://www. cnblogs. com/xuqiang/archive/2012/06/04/2534533. html.

[14] MapReduce 编程基础[EB/OL]. http://www. cnblogs. com/xuqiang/archive/2011/06/05/2071935. html.

[15] Zookeeper. http://www. ibm. com/developerworks/cn/opensource/os-cn-zookeeper.

[16] Apache Hive[EB/OL]. https://cwiki. apache. org/confluence/display/Hive/Home.

[17] Hive[EB/OL]. http://hive. apache. org/

[18] Hive 的安装和配置[EB/OL]. http://blog. chinaunix. net/uid-451-id-3143781. html.

[19] 林子雨. 大数据技术原理与应用:概念、存储、处理、分析与应用[M]. 2 版. 北京:人民邮电出版社,2017.

[20] HBase[EB/OL]. http://HBASE. apache. org.

[21] 刘刚. Hadoop 应用开发技术详解[M]. 北京:机械工业出版社,2014.

[22] 话题讨论:Storm,Spark,Hadoop 三个大数据处理工具谁将成为主流[EB/OL]. http://www. itpub. net/thread-1845750-1-1. html.

[23] Storm[EB/OL]. http://storm. apache. org.

[24] 阿里巴巴集团数据平台事业部商家数据业务部. Storm 实战:构建大数据实时计算[M]. 北京:电子工业出版社,2014.